高等职业教育教材（医药卫生类专业适用）

"十二五"职业教育国家规划教材
经全国职业教育教材审定委员会审定

无机化学

第三版

黄晓英　郭幼红　主编

化学工业出版社

·北　京·

内容提要

《无机化学》（第三版）主要介绍了原子组成、核外电子的运动状态和排布、同位素和核反应的概念及应用、元素周期律和周期表、化学键等物质结构基础理论知识，溶液和胶体溶液、化学反应速率和化学平衡、氧化还原和电极电势、电解质溶液、同离子效应和缓冲溶液、配位化合物等知识，常见金属、非金属及其化合物，人体中元素的分类、人体必需元素的生理功能及某些有害微量元素，环境污染的概念、主要类型及其危害，环境化学的主要研究领域和内容、绿色化学的特点和原则等。实验部分包含溶液的配制、化学反应速率和化学平衡、电解质溶液、氧化还原和电极电势、同离子效应和缓冲溶液、醋酸电离常数的测定、粗盐的提纯、硫酸铜结晶水的测定，共 8 个实验。本书每章配自测题，可扫描二维码进行在线测试或下载试题。

本书可作为高中后三年制高职高专医学检验、临床检验、卫生检验、药学、中药、药物制剂和医学营养等专业无机化学课程教学用书，也可供初中后五年制高职相关专业作为教材使用。

图书在版编目（CIP）数据

无机化学/黄晓英，郭幼红主编. —3 版. —北京：化学
工业出版社，2020.8（2023.4重印）
"十二五"职业教育国家规划教材：医药卫生类专业适用
ISBN 978-7-122-36967-3

Ⅰ.①无… Ⅱ.①黄… ②郭… Ⅲ.①无机化学-
高等职业教育-教材 Ⅳ.①O61

中国版本图书馆 CIP 数据核字（2020）第 084381 号

责任编辑：窦 臻 林 媛　　　　　　　　装帧设计：刘丽华
责任校对：李雨晴

出版发行：化学工业出版社（北京市东城区青年湖南街 13 号　邮政编码 100011）
印　　装：大厂聚鑫印刷有限责任公司
787mm×1092mm　1/16　印张 11¾　彩插 1　字数 278 千字　　2023 年 4 月北京第 3 版第 3 次印刷

购书咨询：010-64518888　　　　　　　售后服务：010-64518899
网　　址：http://www.cip.com.cn
凡购买本书，如有缺损质量问题，本社销售中心负责调换。

定　　价：33.00 元

编 写 说 明

无机化学、有机化学和分析化学是医学相关类各专业的基础课，本系列教材包括《无机化学》《有机化学》《分析化学》三个分册。自出版以来，以"贴近专业、贴近学生、贴近生活"、体现"浅、宽、新"为特色，受到广大师生的欢迎。第二版均被教育部评审为"十二五"职业教育国家规划教材。该系列教材第三版在"不断完善、不断优化"和"服务专业、学以致用"的思想指导下，在原有教材基础上进行了完善和优化，并结合专业需要适当增加了部分内容。

根据"化学直接为医学相关类各专业课程奠定必要的理论和实践基础；同时体现化学在人们日常生活中指导科学饮食、预防疾病、环境保护等方面的重要作用"的课程定位，在教材修订过程中，注重理论与实践的联系，突出职业能力的培养，弱化其理论性；依据专业课和岗位的需求，筛选教材内容；依据认知规律和学生的实际情况对教材内容进行组织编排。从专业角度出发，以相应的职业资格为导向，吸纳新知识、新技术、新方法。围绕必需的知识点组织编排教材内容，内容简明扼要，便于学生接受，充分体现高职教学的特点，体现以学生为主的教学理念。

本系列教材适用于高中后三年制高职高专医学检验、临床检验、卫生检验、药学、中药、药物制剂和医学营养等专业学生；初中后五年制高职相关专业学生也可选用。

本系列教材的三个分册既有一定的联系，在内容编排上又具有各自的完整性与独立性，各学校可以整体配套使用，也可以根据不同专业课程设置的需要单独选择使用。

教材编写组

2020 年 1 月

前言

本教材第一版 2010 年由化学工业出版社出版，入选为教育部第一批"十二五"职业教育国家规划教材，2015 年出版第二版。多年来，在全国多所高职高专院校使用，受到众多好评。为了在继承和巩固前二版教材建设成果的基础上不断创新和发展，进一步提高教材的水平和质量，更好地发挥国家级规划教材的作用，我们特对全书内容再次进行修订和补充。

第三版修订的教材仍维持第二版的章节顺序，共十章，主要在每章开始，均增设了"知识导图"，清晰梳理了章节内容，便于学生学习、理解和记忆；每章的结尾，均设有"二维码"，学生可利用智能手机扫描二维码，通过在线测试完成自测题，检查学习效果，还可下载自测题，方便复习和巩固；在适当的章节增加了"致用小贴"，体现课程知识与生活、专业的联系，提高学生学习兴趣，同时也考虑各院校在使用中的意见和建议，对各章内容进行不同程度的修改和精简。第一章介绍原子的组成，原子核外电子的运动状态和排布，同位素和核反应的概念及应用，元素周期律和周期表，化学键、离子键、共价键的概念、特点及形成条件，分子的极性判断，分子间作用力和氢键及其对物质性质的影响等物质结构基础理论知识。第二章至第七章主要介绍溶液和胶体溶液、化学反应速率和化学平衡、电解质溶液、氧化还原和电极电势、同离子效应和缓冲溶液、配位化合物等知识。第八章和第九章分别介绍常见金属和非金属及其化合物，注重于举例医学上常见的物质，并介绍人体中元素的分类、必需元素的生理功能及某些有害微量元素。第十章介绍环境污染的概念、主要类型及其危害，环境化学的主要研究领域和内容，绿色化学的特点和原则等。实验部分包括溶液的配制、化学反应速率和化学平衡、电解质溶液、氧化还原和电极电势、同离子效应和缓冲溶液、醋酸电离常数的测定、粗盐的提纯、硫酸铜结晶水的测定等实验。

本教材第三版坚持原书的指导思想，在整体上以简明为特点，基本内容覆盖面较宽，各学校可根据不同专业的课程标准和教学课时数，对教材的授课和实验内容进行选取。教材适用于高中后三年制高职高专医学检验、药学和医学营养等专业学生；初中后五年制高职医学检验、药学和医学营养等专业学生也可选用。为教学方便，本书配有 PPT 课件及练习参考答案，使用本教材的学校可与化学工业出版社（cipedu@163.com）联系，免费索取。

本教材由苏州卫生职业技术学院黄晓英、泉州医学高等专科学校郭幼红任主编，苏州卫生职业技术学院陆文静、张新胜等老师参加了编写工作。在编写过程中，得到了许多学校同行专家和临床老师的大力帮助和支持，在此表示衷心感谢！

限于编者水平，疏漏和不当之处在所难免，恳请使用本书的师生批评指正，以便不断修改，更臻完善。

编者

2020 年 2 月

第一版前言

随着高等职业教育的普及与深入发展，作为高职高专类医学检验、药学、医学营养等专业的一门重要的基础课程——无机化学课程建设也面临着新的挑战。高职高专类的医学检验、药学、医学营养等专业，既不同于本科类专业，也不同于中专类专业，与它们相比，不仅学生的知识水平发生了变化，教学的内容和要求也有了重要变化。针对这一情况，我们在江苏省卫生厅卫生职业技术教育研究课题"三年制检验、药学、营养专业化学类课程标准定位与教学方法研究"成果的基础上，成立了由具有多年丰富教学经验的一线教师组成的《无机化学》教材编写组，对职业教育课程模式进行全面和深入的调查，在充分了解相关医药专业的现状、水平、发展趋势，以及后续专业课程对无机化学课程需求的基础上，依据无机化学课程标准，编写了本教材。

本教材的编写降低了无机化学理论的难度，减少了元素化学的内容，主要介绍物质结构、溶液和胶体溶液、化学平衡、氧化还原、电解质溶液、缓冲溶液、配位化合物、常见非金属元素及其化合物和常见金属元素及其化合物等知识。教材后面附有溶液的配制、电解质溶液、同离子效应和缓冲溶液等实验内容。除了在编写说明中介绍的特点外，本教材还设计了"主副篇"框架，"主篇"是对学生的基本要求，严格按照课程标准精选内容，适当增加与专业有关的知识，删减偏深的化学理论知识，使教材更贴近目前学生的水平；"副篇"以"知识拓展"的形式延伸"主篇"的内容，供学生选读和教师选用，以满足一部分学有余力的学生的需要。

无机化学课程一般在新生入学后第一学期开设，各学校可根据不同专业的课程标准和教学课时数，对教材内容进行选择讲授。

本教材由苏州卫生职业技术学院郭小仪、泉州医学高等专科学校郭幼红任主编，苏州卫生职业技术学院黄晓英任副主编，苏州卫生职业技术学院宋素英、泉州医学高等专科学校罗婉妹、鞍山师范学院附属卫生学校范春红参加了编写工作。

为方便教学，本书配有 PPT 课件以及思考与练习参考答案，使用本教材的学校可以与化学工业出版社联系（cipedu@163.com），免费索取。

教材在编写过程中，得到了苏州卫生职业技术学院检验药学系的老师和临床专家的大力帮助和支持，在此表示衷心感谢！对本书所引用文献资料的作者表示深深的谢意！

限于编者水平，疏漏和不当之处在所难免，恳请使用本书的师生批评指正，以便不断修改，更臻完善。

编者
2010 年 4 月

第二版前言

本教材自 2010 年出版后，历时 4 年多，经多所高职高专院校的使用，受到众多好评，并被教育部评审为"十二五"职业教育国家规划教材。为了更好地发挥国家级规划教材的作用，我们对全书内容进行了修订和补充。

这次再版修改了一些不够准确和严谨的地方，增加了介绍环境污染和环境化学的内容，补充了不少与专业紧密相关的例子。例如在第二章中将"乳浊液在医学上的应用"改为"悬浊液和乳浊液在医学上的应用"，增加举例胃镜检查用的"钡餐"；在第七章配位化合物中增加了血红素的结构介绍等，其他补充这里不一一列举说明。

新版教材共有十章，第一章介绍了原子的组成、原子核外电子的运动状态和排布、同位素和核反应的概念及应用、元素周期律和周期表，化学键、离子键、共价键的概念、特点及形成条件，分子的极性判断、分子间作用力和氢键及其对物质性质的影响等物质结构基础理论知识。第二章至第七章主要介绍溶液和胶体溶液、化学反应速率和化学平衡、氧化还原和电极电势、电解质溶液、同离子效应和缓冲溶液、配位化合物等知识。第八章和第九章分别介绍了常见金属和非金属及其化合物，注重于列举医学上常见的物质，并介绍了人体中元素的分类、必需元素的生理功能及某些有害微量元素。第十章介绍了环境污染的概念、主要类型及其危害、环境化学的主要研究领域和内容、绿色化学的特点和原则等。

书后附有 8 个实验，分别是溶液的配制、化学反应速率和化学平衡、电解质溶液、氧化还原和电极电势、同离子效应和缓冲溶液，醋酸电离常数的测定、粗盐的提纯、硫酸铜结晶水的测定。实验内容注重基本操作规范化，注重与专业有关的基本技能训练，以此培养学生观察、分析、解决问题的能力及认真、求实、严谨的科学态度；培养学生的团队协作精神；为后续专业课程的学习奠定实践基础。为教学方便，本书配有 PPT 课件及练习题参考答案，使用本教材的学校可以与化学工业出版社联系（cipedu@163.com），免费索取。

本书再版坚持原书的指导思想，在整体上以简明为特点，基本内容覆盖面较宽，各学校可根据不同专业的课程标准和教学课时数，对教材的授课和实验内容进行选取。教材适用于高中后三年制高职医学检验、药学和医学营养等专业学生，初中后五年制高职医学检验、药学和医学营养等专业学生也可选用。

本教材由苏州卫生职业技术学院郭小仪、黄晓英任主编，泉州医学高等专科学校郭幼红任副主编，泉州医学高等专科学校罗婉妹、扬州职业大学孙成、承德护理职业学院董丽萍、鞍山师范学院附属卫生学校范春红参加了编写。在编写过程中，得到了许多学校同行专家和临床老师的大力帮助和支持，在此表示衷心感谢！

限于编者水平，疏漏和不当之处在所难免，恳请使用本书的师生批评指正，以便不断修改，日臻完善。

编者
2015 年 1 月

目 录

第一章 物质结构

 知识导图

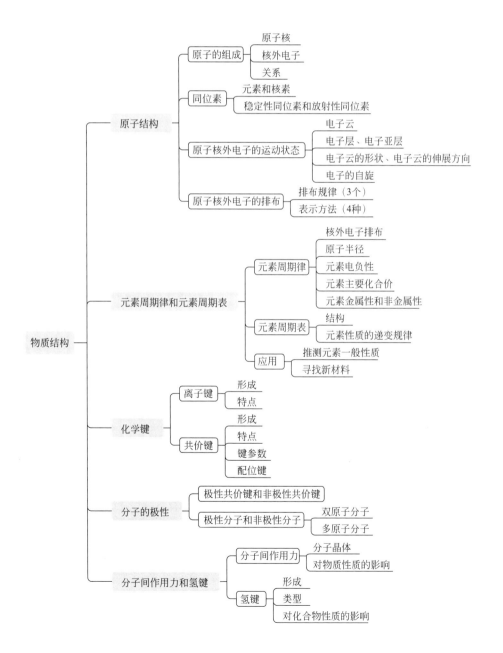

自然界的物质种类繁多，其性质各不相同，而物质在性质上的差异是由物质的内部结构不同引起的。因此要了解物质的性质、深刻地认识物质世界的变化规律，就必须进一步了解物质的内部结构。

第一节　原子结构

一、原子的组成

19 世纪初，英国科学家道尔顿（J. Dalton）提出了原子论，认为物质是由不可再分的原子组成，以致 19 世纪的人们几乎都认为原子是不能再分的。直到 19 世纪末，电子和放射性的发现，才使人们舍弃原子不能再分的传统观念，打开了原子结构的大门。20 世纪初，英国物理学家卢瑟福（E. Rutherford）利用 α 粒子散射实验确认了原子核的存在，建立了原子结构的行星模型：电子绕原子核运动，好似太阳系中的行星运动。通过众多科学家的不断探索，使人们认识了原子的内部结构：原子（atom）是由带正电荷的原子核和核外带负电荷的电子构成。原子核位于原子的中心，电子在核外作高速运动。由于原子核所带的正电量和核外电子所带的负电量相等，因此，整个原子是电中性的。原子很小，其直径约为 10^{-10} m，而原子核的直径更小，约为原子直径的万分之一，而它的体积只占原子体积的几千亿分之一。

原子核（atomic nucleus）由质子和中子构成。每个质子（proton）带 1 个单位的正电荷，中子（neutron）是电中性的，因此，核电荷数由质子数决定。按核电荷数由小到大的顺序给元素编号，所得的序号称为该元素的原子序数（atomic number）。显然，原子序数在数值上等于这种原子的核电荷数，在原子中存在以下关系：

原子序数＝核电荷数＝核内质子数＝核外电子数

例如，6 号碳元素，碳原子的核电荷数为 6，原子核内有 6 个质子，核外有 6 个电子。

质子的质量为 1.6726×10^{-27} kg，中子的质量为 1.6748×10^{-27} kg。由于质子、中子的质量都很小，计算不方便，所以通常用它们的相对质量进行计算。相对原子质量衡量的标准为 ^{12}C 原子质量的 $\dfrac{1}{12}$，其质量为 1.6606×10^{-27} kg。质子和中子对它的相对质量分别为 1.007 和 1.008，取近似整数值为 1。由于电子的质量很小，约为质子质量的 $\dfrac{1}{1836}$，所以在原子的质量中，电子的质量可以忽略不计，因此原子的质量主要集中在原子核上。将原子核内所有的质子和中子的相对质量取近似整数值相加，所得的数值称为原子的质量数（mass number）。用符号 A 表示质量数，用符号 N 表示中子数，用符号 Z 表示质子数，则：

$$质量数（A）＝质子数（Z）＋中子数（N）$$

如以 $_{Z}^{A}X$ 代表一个质量数为 A、质子数为 Z 的原子，则构成原子的粒子间的关系可以表示如下：

$$原子（_{Z}^{A}X）\begin{cases}原子核\begin{cases}质子\quad Z个\\中子（A-Z）个\end{cases}\\核外电子\quad Z个\end{cases}$$

例如，$_{11}^{23}Na$ 表示钠原子的质量数为 23，质子数为 11，中子数为 12，核外电子数为 11，钠是第 11 号元素；$_{17}^{37}Cl$ 表示氯原子的质量数为 37，质子数为 17，中子数为 20，核外电子数为 17，氯是第 17 号元素。

原子失去电子成为阳离子，原子得到电子成为阴离子。因此，同种元素的原子和离子间的区别只是核外电子数目不同。例如，$_{11}^{23}Na^+$ 表示带一个单位正电荷的钠离子的质量数为 23，质子数为 11，中子数为 12，核外电子数为 10，钠是第 11 号元素；$_{17}^{37}Cl^-$ 表示带一个单位负电荷的氯离子的质量数为 37，质子数为 17，中子数为 20，核外电子数为 18。

二、同位素

元素是具有相同核电荷数（即质子数）的同一类原子的总称。具有一定数目质子和一定数目中子的一种原子称为核素。同种元素原子都具有相同的质子数。若在同种元素的原子核里含有不同数目的中子时，就形成多种核素。如氢元素有三种不同的原子，即有三种核素，分别为氕（$_{1}^{1}H$）、氘（$_{1}^{2}H$）、氚（$_{1}^{3}H$），它们的原子核内都只有 1 个质子，但中子数不同，分别为 0、1、2，是质量不同的三种氢原子。像这种质子数相同而中子数不同的同种元素的一组核素互称为同位素（isotope）。

大多数元素都有同位素，氢元素的同位素有 $_{1}^{1}H$、$_{1}^{2}H$、$_{1}^{3}H$；碳元素的同位素有 $_{6}^{12}C$、$_{6}^{13}C$ 和 $_{6}^{14}C$，其中 $_{6}^{12}C$ 就是人们把它质量的 $\frac{1}{12}$ 作为相对原子质量标准的碳原子，通常表示为 ^{12}C；碘元素的同位素有 $_{53}^{127}I$、$_{53}^{131}I$；钴元素的同位素有 $_{27}^{59}Co$、$_{27}^{60}Co$ 等。同一元素的各种同位素原子，它们的核电荷数（质子数）相同，核外电子数相同，而中子数不同，质量数不同，它们物理性质有差异，但化学性质几乎完全相同。

同位素可分为稳定性同位素和放射性同位素两类。放射性同位素能自发地放出不可见的 α、β 或 γ 射线，这种性质称为放射性。稳定性同位素没有放射性。放射性同位素又分为天然放射性同位素和人造放射性同位素：

$$同位素\begin{cases}稳定性同位素\\放射性同位素\begin{cases}天然放射性同位素\\人造放射性同位素\end{cases}\end{cases}$$

放射性同位素的原子放出的射线，可以用灵敏的探测仪器测定出它们的踪迹，所以放射性同位素的原子又称为"示踪原子"。放射性同位素在科学研究和医学上被广泛应用。例如，$_{53}^{131}I$ 用于甲状腺功能亢进的诊断和治疗；$_{27}^{60}Co$ 放出的射线能深入组织，对癌细胞有破坏作用；$_{6}^{14}C$ 含量的测定可推算文物或化石的"年龄"；用放射性同位素作示踪原子，用于研究药物的作用机制，药物的吸收和代谢等。近年来，放射性同位素的应用得到迅速发展，如放射性同位素扫描，已成为诊断脑、肝、肾、肺等病变的一种安全简便的方法。

知识拓展　　　　　核　反　应

核反应（nuclear reaction），是指粒子（如中子、光子、π介子等）或原子核与原子核之间的相互作用引起的各种变化。

核反应通常分为四类：衰变、粒子轰击、裂变和聚变。前者为自发发生的核转变，而后三种为人工核反应（即用人工方法进行的非自发核反应）。

核反应有如下特点：

（1）连锁反应　某些核反应存在连锁反应的现象，如：^{235}U 和中子的核反应，只要有一个中子轰击 ^{235}U，就会放出 3 个中子，3 个中子再去轰击 ^{235}U 就会生成 9 个中子，这样连续下去，在几微秒的时间里，就使反应进行得非常剧烈而放出巨大的能量，具有这种特点的反应，称之为连锁反应。原子弹的爆炸能够如此剧烈，就是由于发生了连锁反应。

（2）伴随核辐射　在 ^{235}U 与中子的核反应中，如果反应不密封，产生的中子会以光速射向周围环境，形成辐射。以光速运动的微小粒子都能产生辐射。辐射看不见、摸不着。但是可以通过仪器测得。少量的辐射对人体不产生影响，而且人类还可利用辐射为人类造福，例如医院用 X 射线给病人做胸透，放疗是治疗癌症比较常用的方法，其原理就是利用辐射来杀死癌细胞。但是辐射量一多，就会对人体产生伤害。比如 X 射线可以用于检查疾病，但是如果孕妇照 X 射线，就有可能导致婴儿畸形或基因变异。同样，接受放疗的病人会有脱发、恶心、乏力等副反应出现。剂量再大一点的辐射，还会使成人产生基因变异，诱发白血病（血癌）、皮肤癌等疾病，大量的辐射还会烧伤甚至烧死一切有生命的物质。

（3）高效

（4）清洁、无污染　核能是清洁、无污染的新能源，以法国为例，1980～1986 年间，法国核电占总发电量的比例由 24% 上升至 70%，在此期间法国总发电量增加 40%，而排放的含硫物质降低 9%，尘埃减少 36%。大气质量明显改善。

三、原子核外电子的运动状态

（一）电子云

电子是质量很小的粒子，它像光一样，既具有波动性，又具有粒子性。电子的运动规律与宏观世界物体的运动规律完全不同，电子在原子核外运动没有固定的运动轨迹，人们不可能同时准确地测定一个核外电子在某一区域所处的位置和运动速度，但能用统计的方法来判断电子在核外空间某一区域内出现的机会。这种机会的多少，在数学上称为概率。例如氢原子核外只有一个电子，这个电子在核外空间各处都有可能出现，但出现的概率不同。如果用单位体积内小黑点的数目来表示电子出现概率的大小，则氢原子核外电子的运动状态如图 1-1 所示。

图中小黑点密集的地方，表示电子出现的概率大，黑点稀疏的地方，表示电子出现的概率小，其形象犹如笼罩在原子核

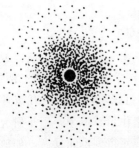

图 1-1　氢原子的电子云示意

周围的一层带负电荷的云雾，故称为电子云（electron cloud）。但要注意，氢原子核外只有一个电子，所以决不能将电子云图中每一个小黑点理解为一个电子。电子云只是原子核外电子行为统计结果的一种形象化的比喻。

图像表明氢原子的电子云呈球形对称，在核附近电子出现的概率大，在离核 53pm（$1pm=10^{-12}m$）附近的一薄层球壳内电子出现的概率最大，而在球壳以外的地方，电子出现的概率极小。因此把电子出现概率相等的地方连接起来，作为电子云的界面，这个界面所包括的空间范围称为原子轨道。由此可见，原子轨道实际上就是电子经常出现的区域，与宏观的轨道有着完全不同的含义。

（二）核外电子的运动状态

电子在原子核外一定区域内作高速运动，都具有一定的能量。实验证明，电子离核越近，能量越低；离核越远，能量越高。电子离核的远近，反映出电子能量的高低。对于多电子原子，其核外电子的运动状态比较复杂，需要从电子层、电子亚层和电子云形状、电子云的伸展方向和电子的自旋四个方面来描述。

1. 电子层

在含有多电子的原子里，电子的能量并不相同。能量低的电子，通常在离核近的区域运动；能量较高的电子，通常在离核较远的区域运动。根据电子的能量差异和通常运动区域离核的远近不同，可以将核外电子分成不同的电子层：

电子层（n）　　　1　　2　　3　　4　　5　　6　　7

电子层符号　　　K　　L　　M　　N　　O　　P　　Q

电子层 n 值越大，电子离核越远，电子的能量越高。因此，电子层数 n 不仅表示电子离核距离的远近，也是决定电子能量高低的主要因素。

必须指出，电子层并不是指电子固定地在某些地方运动，只不过表示电子在这些地方出现的概率较大而已。

2. 电子亚层和电子云的形状

科学研究发现，在同一电子层中，电子的能量还稍有差别，电子云的形状也不相同。根据这个差别，又可以把一个电子层分成一个或几个亚层，分别用 s、p、d、f 等符号来表示。每一电子层中所包含的亚层数等于其电子层数。

$n=1$ 有一个亚层，称 1s 亚层；

$n=2$ 有两个亚层，称 2s 亚层和 2p 亚层；

$n=3$ 有三个亚层，称 3s 亚层、3p 亚层和 3d 亚层；

$n=4$ 有四个亚层，称 4s 亚层、4p 亚层、4d 亚层和 4f 亚层；

……

s 亚层的电子称为 s 电子，p 亚层的电子称为 p 电子，以此类推。在同一电子层中，亚层电子的能量按 s、p、d、f 的顺序依次增大，即 $E_{ns}<E_{np}<E_{nd}<E_{nf}$。由此可知，电子亚层是决定电子能量高低的次要因素。

在多电子的原子中的各个电子之间存在相互作用，研究某个外层电子的运动状态时，必须同时考虑到核及其他电子对它的作用。由于其他电子的存在，往往减弱了原子核对外层电子的作用力，从而使多电子原子的电子能级产生交错现象，从第三电子层起就出现能级交错现象。例如，3d 的能量似乎应该低于 4s，而实际上 $E_{3d}>E_{4s}$。按能量最低原理，电子在进入核外电子层时，不是排完3p就排3d，而是先排4s，排完4s才排3d。由于能级交错，在次外层未达最大容量之前，已出现了最外层，而且最外层未达最大容量时，又进行次外层电子的填充。所以原子最外层和次外层电子数一般达不到最大容量。

不同的亚层其电子云的形状也不相同。s亚层的电子云是以原子核为中心的球形，p亚层的电子云为哑铃形。d亚层、f亚层的电子云形状比较复杂，这里不作介绍。

3. 电子云的伸展方向

电子云不仅有一定的形状，而且在空间有一定的伸展方向。s电子云是球形对称的，在空间各个方向上伸展的程度相同（见图1-2）。p电子云在空间有三种互相垂直的伸展方向（见图1-3）。d电子云有五种伸展方向，f电子云有七种伸展方向。

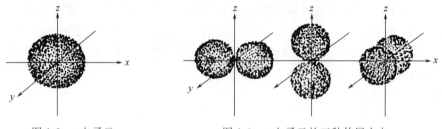

图 1-2　s电子云　　　　　　　图 1-3　p电子云的三种伸展方向

把在一定电子层上、具有一定形状和伸展方向的电子云所占据的空间称为一个原子轨道（orbital），则s、p、d、f四个亚层就分别有1、3、5、7个原子轨道。这样各电子层可能有的最多轨道数如下：

电子层（n）	亚层	原子轨道数
$n=1$	1s	$1=1^2$
$n=2$	2s、2p	$1+3=4=2^2$
$n=3$	3s、3p、3d	$1+3+5=9=3^2$
$n=4$	4s、4p、4d、4f	$1+3+5+7=16=4^2$
n	……	n^2

由此可知，每个电子层中可能有的最多原子轨道数为n^2。

4. 电子的自旋

原子中的电子在围绕原子核旋转的同时，还在作自旋运动。电子自旋有两种状态，即顺和反两种方向。通常用向上箭头"↑"和向下箭头"↓"表示。实验证明，自旋方向相同的两个电子相互排斥，不能在同一个原子轨道内运动。自旋方向相反的两个电子相互吸引，能在同一个原子轨道内运动。由此可得，每个原子轨道最多可以容纳自旋方向相反的两个电子。

综上所述，原子核外每个电子的运动状态都要由它所处的电子层、电子亚层、电子云在空间的伸展方向和自旋状态四个方面来决定。

　　知识拓展　　　　　四个量子数

原子核外电子的运动状态比较复杂，不仅可以用电子层、电子亚层、电子云在空间的伸展方向和自旋状态来描述，还可用四个量子数（quantum number）来描述。这四个量子数

是主量子数（n）、角量子数（l）、磁量子数（m）和自旋量子数（m_s）。它们的物理意义和取值如下。

（1）主量子数（n）——电子层 描述电子在核外空间出现概率最大的区域离核的远近。主量子数 n 可以取非零的任意正整数，即 1、2、3、…、n，每个 n 值对应着一个电子层，所以 n 也可称为电子层数。

（2）角量子数（l）——电子亚层 角量子数 l 决定电子云的形状（或原子轨道的形状），也表示电子亚层。角量子数 l 的取值受主量子数的限制，可取 0、1、2、…、$(n-1)$，共 n 个整数值。

（3）磁量子数（m）——电子云的伸展方向 描述原子轨道在空间的伸展方向。磁量子数 m 的取值受角量子数的限制，m 可取 0、± 1、± 2、…、$\pm l$ 等整数，即 m 可以取 $+l \sim -l$ 并包括 0 在内的整数值，每一个数值代表一个原子轨道。因此，每一电子亚层所具有的原子轨道的总数为 $(2l+1)$ 个。

（4）自旋量子数（m_s）——电子的自旋 描述电子的自旋方向。自旋量子数 m_s 可能的取值只有两个，即 $m_s = +\dfrac{1}{2}$ 和 $-\dfrac{1}{2}$。这说明电子的自旋有两种相反方向，即顺和反两种方向。

四、原子核外电子的排布

（一）原子核外电子的排布规律

人们根据原子光谱实验和量子力学理论，总结出原子核外电子的排布遵循以下三个规律。

1. 泡利（Pauli）不相容原理

1925 年奥地利物理学家泡利（W. Pauli，1900～1958）提出，每个原子轨道最多只能容纳 2 个自旋方向相反的电子。或者说，在同一原子中，没有运动状态完全相同的电子存在，这就是泡利不相容原理。

根据这个原理，可以推算出各电子层中最多可容纳的电子数为 $2n^2$。1～4 电子层可容纳电子的最大数目见表 1-1。

表 1-1 1～4 电子层可容纳电子的最大数目

电子层(n)	K(1)	L(2)		M(3)			N(4)			
电子亚层	s	s	p	s	p	d	s	p	d	f
亚层中的轨道数	1	1	3	1	3	5	1	3	5	7
亚层中的电子数	2	2	6	2	6	10	2	6	10	14
每个电子层中可容纳电子的最大数目($2n^2$)	2	8		18			32			

2. 能量最低原理

在不违背泡利不相容原理的前提下，核外电子总是尽先占有能量最低的轨道，只有当能量最低的轨道占满后，电子才依次进入能量较高的轨道，这个规律称为能量最低原理。即电子在原子中所处的状态总是要尽可能使体系的能量最低，这样的体系最稳定。

鲍林（Pauling）根据光谱实验的结果，总结出多电子原子中原子轨道能量由低到高的一般顺序（见图 1-4），图中一个方框代表一个原子轨道。

根据能量最低原理，基态的多电子原子中，随着原子序数的递增，核外新增加的电子逐个按图 1-5 中箭头所指顺序填充，以保证原子体系能量最低。

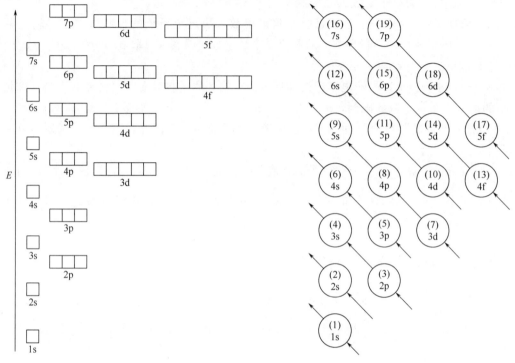

图 1-4　原子轨道近似能级示意　　　　　图 1-5　电子填入原子轨道的顺序

3. 洪特（Hund）规则

原子中能量相等的轨道称为简并轨道或等价轨道，如同一亚层的 3 个 p 轨道或 5 个 d 轨道。德国科学家洪特根据光谱实验总结出一条规则：在同一亚层的各个轨道（即简并轨道）中，电子尽可能分占不同的轨道，且自旋方向相同，这个规则称为洪特规则。

【例 1-1】 以一个方框表示一个原子轨道，写出碳原子、氮原子核外电子排布的轨道式。

解：碳原子核外有 6 个电子，其中 2 个先填入 1s 轨道，2 个填入 2s 轨道，最后两个电子根据洪特规则，应分占 2p 亚层的两个能量相等的轨道，且箭头方向相同，则碳原子轨道式为：￼，而不是：￼ 或￼。

同理氮原子轨道式为：￼。

洪特规则还指出，在简并轨道（等价轨道）中，当电子全充满（p^6、d^{10}、f^{14}）、半充满（p^3、d^5、f^7）或全空（p^0、d^0、f^0）的状态都是能量较低的稳定状态。这就解释了 24 号元素铬的电子排布式为 $1s^2 2s^2 2p^6 3s^2 3p^6 3d^5 4s^1$，而不是 $1s^2 2s^2 2p^6 3s^2 3p^6 3d^4 4s^2$，也说明了 29 号铜的电子排布式为 $1s^2 2s^2 2p^6 3s^2 3p^6 3d^{10} 4s^1$，而不是 $1s^2 2s^2 2p^6 3s^2 3p^6 3d^9 4s^2$。

根据上述规律，将核电荷数为 1～36 的元素原子的核外电子排布情况列入表 1-2 中。

表 1-2 核电荷数为 1～36 的元素原子的核外电子排布

核荷电数	元素符号	电 子 层				核荷电数	元素符号	电 子 层			
		K	L	M	N			K	L	M	N
		1s	2s 2p	3s 3p 3d	4s 4p			1s	2s 2p	3s 3p 3d	4s 4p
1	H	1				19	K	2	2 6	2 6	1
2	He	2				20	Ca	2	2 6	2 6	2
3	Li	2	1			21	Sc	2	2 6	2 6 1	2
4	Be	2	2			22	Ti	2	2 6	2 6 2	2
5	B	2	2 1			23	V	2	2 6	2 6 3	2
6	C	2	2 2			24	Cr	2	2 6	2 6 5	1
7	N	2	2 3			25	Mn	2	2 6	2 6 5	2
8	O	2	2 4			26	Fe	2	2 6	2 6 6	2
9	F	2	2 5			27	Co	2	2 6	2 6 7	2
10	Ne	2	2 6			28	Ni	2	2 6	2 6 8	2
11	Na	2	2 6	1		29	Cu	2	2 6	2 6 10	1
12	Mg	2	2 6	2		30	Zn	2	2 6	2 6 10	2
13	Al	2	2 6	2 1		31	Ga	2	2 6	2 6 10	2 1
14	Si	2	2 6	2 2		32	Ge	2	2 6	2 6 10	2 2
15	P	2	2 6	2 3		33	As	2	2 6	2 6 10	2 3
16	S	2	2 6	2 4		34	Se	2	2 6	2 6 10	2 4
17	Cl	2	2 6	2 5		35	Br	2	2 6	2 6 10	2 5
18	Ar	2	2 6	2 6		36	Kr	2	2 6	2 6 10	2 6

（二）原子核外电子排布的表示方法

原子核外电子排布有几种不同的化学表示方法。

1. 原子结构示意

用小圆圈表示原子核，圆圈内的＋X 表示核电荷数，弧线表示电子层，弧线上的数字表示该电子层上的电子数。图 1-6 是四种元素原子结构示意。

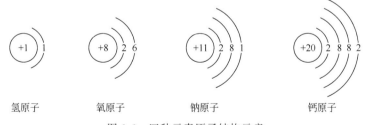

氢原子　　　　氧原子　　　　钠原子　　　　钙原子

图 1-6 四种元素原子结构示意

2. 电子式

用元素符号表示原子核和内层电子，并在元素符号周围用・或×表示原子最外层的电子。第 11～18 号元素原子的电子式如下：

$$Na\cdot \quad \cdot Mg\cdot \quad \cdot \overset{\cdot}{Al}\cdot \quad \cdot \overset{\cdot}{Si}\cdot \quad \cdot \overset{\cdot\cdot}{P}\cdot \quad \cdot \overset{\cdot\cdot}{\underset{\cdot}{S}}\cdot \quad \cdot \overset{\cdot\cdot}{\underset{\cdot\cdot}{Cl}}\colon \quad \overset{\cdot\cdot}{\underset{\cdot\cdot}{:Ar}}\colon$$

钠原子 镁原子 铝原子 硅原子 磷原子 硫原子 氯原子 氩原子

3. 轨道表示式

用方框表示原子轨道，方框内箭头的数目表示该轨道中的电子数，箭头的指向表示电子的自旋方向，并在轨道的上方标明相应的亚层。电子填充的顺序按原子核外电子的排布规律进行。如：

氢（$_1$H）

1s
[↑]

氧（$_8$O）

1s　2s　　2p
[↑↓] [↑↓] [↑↓][↑][↑]

钠（$_{11}$Na）

1s　2s　　2p　　3s
[↑↓] [↑↓] [↑↓][↑↓][↑↓] [↑]

钙（$_{20}$Ca）

1s　2s　　2p　　3s　　3p　　4s
[↑↓] [↑↓] [↑↓][↑↓][↑↓] [↑↓] [↑↓][↑↓][↑↓] [↑↓]

4. 电子排布式

电子排布式是用来表示原子核外电子在各亚层中的分布情况。在书写电子排布式时，按照电子的填充顺序由左向右进行，并标明各亚层的符号，将各亚层中的电子数标在各相应亚层符号的右上角。如：

氢（$_1$H）　　　$1s^1$

氧（$_8$O）　　　$1s^2 2s^2 2p^4$

钠（$_{11}$Na）　　$1s^2 2s^2 2p^6 3s^1$

钙（$_{20}$Ca）　　$1s^2 2s^2 2p^6 3s^2 3p^6 4s^2$

在书写电子排布式时，为避免电子排布式书写过长，通常把内层已达到稀有气体电子层结构的部分，用稀有气体的元素符号加方括号表示，并称为原子实。如 O、Na 和 Ca 的电子排布式可以分别写成 $[He] 2s^2 2p^4$、$[Ne] 3s^1$ 和 $[Ar] 4s^2$。

电子最后填入的能量最高的能级组中的轨道合称为价电子层，价电子层上的电子分布称为价层电子构型。在化学反应中原子实部分的电子排布并不发生变化，只是价电子的排布发生变化，所以常用价层电子构型来表示原子核外电子排布的情况。如 O、Na 和 Ca 的价层电子构型分别为 $2s^2 2p^4$、$3s^1$ 和 $4s^2$。

【例 1-2】 试写出 19 号元素钾的电子排布式和价层电子构型。

解：19 号元素钾原子核外共有 19 个电子，根据能量最低原理和泡利不相容原理，1s 轨道中填 2 个电子；2s 轨道中填 2 个电子；2p 有三个轨道，应填 6 个电子；3s 轨道填 2 个电子；3p 有三个轨道，应填 6 个电子；剩下的 1 个电子应填入 4s 轨道，因为 4s 能量比 3d 低。其电子排布式为 $1s^2 2s^2 2p^6 3s^2 3p^6 4s^1$ 或 $[Ar] 4s^1$，价层电子构型为 $4s^1$。

第二节　元素周期律和元素周期表

一、元素周期律

为了认识元素间的相互关系和内在规律，将原子序数为 3~18 的元素原子的价层电子构型、原子半径、电负性、金属性、非金属性和主要化合价等性质列于表 1-3 中，并加以讨论。

表 1-3　元素性质随原子序数（核电荷数）的变化情况

原子序数	3	4	5	6	7	8	9	10
元素符号	Li	Be	B	C	N	O	F	Ne
价层电子构型	$2s^1$	$2s^2$	$2s^2 2p^1$	$2s^2 2p^2$	$2s^2 2p^3$	$2s^2 2p^4$	$2s^2 2p^5$	$2s^2 2p^6$
原子半径/pm	152	111	88	77	70	66	64	160
电负性	0.98	1.57	2.04	2.55	3.04	3.44	3.98	
金属性和非金属性	活泼金属	两性元素	不活泼非金属	非金属	活泼非金属	很活泼非金属	最活泼非金属	稀有气体元素
最高价氧化物的水化物性质	LiOH 碱	$Be(OH)_2$ 两性氢氧化物	H_3BO_3 弱酸	H_2CO_3 弱酸	HNO_3 强酸			
最高正化合价	+1	+2	+3	+4	+5			
气态氢化物及其化合价				CH_4 −4	NH_3 −3	H_2O −2	HF −1	
原子序数	11	12	13	14	15	16	17	18
元素符号	Na	Mg	Al	Si	P	S	Cl	Ar
价层电子构型	$3s^1$	$3s^2$	$3s^2 3p^1$	$3s^2 3p^2$	$3s^2 3p^3$	$3s^2 3p^4$	$3s^2 3p^5$	$3s^2 3p^6$
原子半径/pm	186	160	143	117	110	104	99	191
电负性	0.93	1.31	1.61	1.90	2.19	2.58	3.16	
金属性和非金属性	很活泼金属	活泼金属	两性元素	不活泼非金属	非金属	活泼非金属	很活泼非金属	稀有气体元素
最高价氧化物的水化物性质	NaOH 强碱	$Mg(OH)_2$ 中强碱	$Al(OH)_3$ 两性氢氧化物	H_2SiO_3 弱酸	H_3PO_4 中强酸	H_2SO_4 强酸	$HClO_4$ 很强酸	
最高正化合价	+1	+2	+3	+4	+5	+6	+7	
气态氢化物及其化合价				SiH_4 −4	PH_3 −3	H_2S −2	HCl −1	

由表 1-3 可以看出，元素的原子随着原子序数的递增，各种性质都呈现出一种周期性变化，即每间隔一定数目的元素之后，又出现了与前面元素相类似的性质。这种周期性变化的规律如下。

1. 原子核外电子排布的周期性变化

原子序数从 3～10 的元素，即从锂到氖，有 2 个电子层，价层电子排布由 $2s^1$ 到 $2s^2 2p^6$，最外层电子数从 1 个递增到 8 个，达到稳定结构。原子序数从 11～18 的元素，即从钠到氩，有 3 个电子层，价层电子排布由 $3s^1$ 到 $3s^2 3p^6$，最外层电子数也从 1 个递增到 8 个，达到稳定结构。即随着原子序数的递增，元素原子的价层电子排布呈现周期性的变化。

2. 原子半径的周期性变化

从锂到氟，随着原子序数的递增，原子半径由大逐渐变小。再从钠到氯，随着原子序数的递增，原子半径也是由大逐渐变小。即随着原子序数的递增，元素的原子半径呈周期性的变化（稀有气体元素的原子半径的数据比邻近非金属元素原子半径的数据大，这是由于稀有气体元素的原子半径为范德华半径）。

3. 元素电负性的周期性变化

所谓电负性是指元素的原子在分子中吸引成键电子的能力。电负性越大，原子在分子中吸引成键电子的能力越强，反之就越弱。从锂到氟，随着原子序数的递增，电负性逐渐增大。再从钠到氯，随着原子序数的递增，电负性也是逐渐增大。即随着原子序数的递增，元素的电负性呈周期性的变化。

4. 元素主要化合价的周期性变化

元素最高正化合价周期性地从 +1 价依次递变到 +7 价（氧、氟例外），非金属元素的负化合价周期性地从 -4 价依次递变到 -1 价。并且，非金属元素的最高正化合价与最低负化合价绝对值之和等于 8。

5. 元素金属性和非金属性的周期性变化

元素的金属性是指原子失去电子成为阳离子的趋势。原子越容易失去电子，则生成的阳离子越稳定，该元素的金属性越强。元素的非金属性是指原子得到电子成为阴离子的趋势。原子越容易得到电子，则生成的阴离子越稳定，该元素的非金属性越强。

从锂到氖，随着原子序数的递增，元素的性质从活泼的金属逐渐过渡到活泼的非金属，最后是稀有气体。再从钠到氩，随着原子序数的递增，元素的性质又重新从活泼的金属逐渐过渡到活泼的非金属，最后是稀有气体，产生相似的循环。

如果对 18 号以后的元素继续讨论，同样会发现与前面 18 种元素有相似的变化规律。由此可得：元素的性质随着原子序数的递增呈现周期性变化的规律，称为元素周期律（periodic law）。

元素周期律深刻揭示了原子结构和元素性质的内在联系，元素性质的周期性变化是元素原子核外电子排布的周期性变化的必然结果。但应该指出，元素性质所呈现的这种周期性变化，并不是简单地、机械地重复，而是在不断地变化和发展。

二、元素周期表

根据元素周期律，把现在已知的 118 种元素中电子层数相同的各种元素，按原子序数递增的顺序从左到右排成横行，再把不同横行中最外电子层上电子数相同、性质相似的元素，按电子层数递增的顺序由上而下排成纵行，这样制成的表称为元素周期表（periodic table）。元素周期表是元素周期律的具体表现形式，它反映了元素之间相互联系和变化的规律。

（一）元素周期表的结构

1. 周期（period）

元素周期表中，具有相同电子层数而又按照原子序数递增的顺序从左到右排列成一横行的一系列元素，称为一个周期。每个横行为一个周期，共有 7 个横行，即 7 个周期。依次用 1、2、3、…、7 表示。周期的序数等于该周期元素原子具有的电子层数。

各周期里元素的数目不完全相同。第 1 周期只有 2 种元素，第 2、3 周期各有 8 种元素，第 4、5 周期各有 18 种元素，第 6、7 周期各有 32 种元素。把含元素较少的第 1、2、3 周期称为短周期；含元素较多的第 4、5、6、7 周期称为长周期。

除第 1 周期外，其余每一周期的元素都是从活泼的金属元素开始，逐渐过渡到活泼的非金属元素，最后以稀有气体元素结束。

第 6 周期中 57 号元素镧到 71 号元素镥共 15 种元素，它们的电子层结构和性质非常相似，总称为镧系元素；第 7 周期中 89 号元素锕到 103 号元素铹也有 15 种元素，它们的电子层结构和性质也非常相似，总称为锕系元素。为了使周期表的结构紧凑，将镧系元素、锕系元素分别放在周期表的相应周期的同一格里，并按原子序数递增的顺序分列两个横行在表的下方，实际上它们每一种元素在周期表中还是各占一格。

2. 族（group）

元素周期表中共有 18 个纵行，除第 8、9、10 三个纵行标为第ⅧB族外，其余 15 个纵行，每个纵行标为一族。族序数用罗马数字Ⅰ、Ⅱ、Ⅲ、Ⅳ、Ⅴ、Ⅵ、Ⅶ、Ⅷ表示。族可分为主族、副族。

（1）主族　由短周期元素和长周期元素共同构成的族称为主族。共有 8 个主族，在族序数后标"A"，如ⅠA、ⅡA…ⅧA。同一主族元素的价层电子构型相同，主族的族序数等于该主族元素原子的最外层电子数。

由稀有气体元素构成的ⅧA族也称为 0 族。0 族元素原子的价层电子构型为稳定结构，它们的化学性质很不活泼，在通常情况下难以发生化学反应，把它们的化合价看作 0，因而称 0 族。

（2）副族　完全由长周期元素构成的族称为副族。共有 8 个副族，在族序数后标"B"，如ⅠB、ⅡB…ⅧB。副族元素价层电子构型比较复杂，不仅包括最外层，还包括次外层和倒数第三层。

通常把副族元素称为过渡元素，其中的镧系元素和锕系元素又称为内过渡元素。过渡元素常呈现多种化合价，它们的性质与主族元素有较大的差别。

这样，在整个元素周期表里有 8 个主族、8 个副族，共有 16 个族。

3. 周期表中元素的分区

元素周期表中的元素，除了按周期和族划分外，还可以根据原子的价层电子构型将元素周期表中的元素划分为 s 区、p 区、d 区、f 区（见图 1-7）。

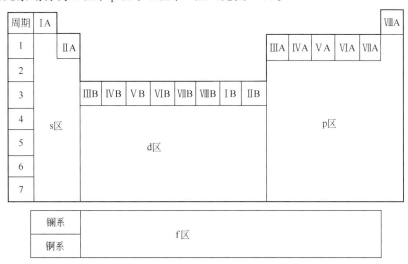

图 1-7　周期表中元素的分区

（1）s 区元素　包括ⅠA 和ⅡA 族元素，价层电子构型为 $ns^{1\sim2}$，它们都是活泼的金属元素（H 除外）。

（2）p 区元素　包括ⅢA～ⅧA 族元素，除 He 以外，价层电子构型为 $ns^2np^{1\sim6}$，该区有金属元素、非金属元素和稀有气体。

（3）d 区元素　包括ⅠB～ⅧB 族元素，价层电子构型为 $(n-1)d^{1\sim10}ns^{1\sim2}$，d 区元素

又称为过渡元素，它们都是金属元素，常有多种化合价。

（4）f区元素　包括镧系和锕系元素，价层电子构型是 $(n-2)f^{0\sim14}(n-1)d^{0\sim2}ns^2$，它们的最外层电子数目相同，次外层电子数目也大部分相同，只有倒数第三层的f轨道上的电子数目不同，所以镧系和锕系元素的化学性质极为相似，都是金属元素，又称它们为内过渡元素。

（二）元素周期表中元素性质的递变规律

1. 原子半径

原子半径的数值是通过实验测定组成物质的相邻两个原子的原子核之间的距离（核间距）得到的，核间距通常看作是相邻两个原子的半径之和。由于各元素原子之间的成键类型不同，得到原子半径的数据不相同。表1-4列出了一些元素的原子半径，其中除金属为金属半径、稀有气体为范德华半径外，其余均为共价半径。

表 1-4　元素的原子半径　　　　　　　　　　　　单位：pm

H 37																	He 122
Li 152	Be 111											B 88	C 77	N 70	O 66	F 64	Ne 160
Na 186	Mg 160											Al 143	Si 117	P 110	S 104	Cl 99	Ar 191
K 227	Ca 197	Sc 161	Ti 145	V 132	Cr 125	Mn 124	Fe 124	Co 125	Ni 125	Cu 128	Zn 133	Ga 122	Ge 122	As 121	Se 117	Br 114	Kr 198
Rb 248	Sr 215	Y 181	Zr 160	Nb 143	Mo 136	Tc 136	Ru 133	Rh 135	Pd 138	Ag 144	Cd 149	In 163	Sn 141	Sb 141	Te 137	I 133	Xe 217

从表中数据看出，元素的原子半径随着原子序数的递增呈现周期性的变化。对于主族元素，同周期元素的原子半径从左到右逐渐减小，同主族元素的原子半径从上到下逐渐增大。

副族元素的原子半径的变化趋势不如主族明显，这里不作讨论。

2. 元素的电负性

电负性的概念首先是由鲍林在1932年提出的。鲍林指定氟的电负性为3.98，依此通过对比求出其他元素的电负性数值。表1-5列出了元素的电负性数值。

表 1-5　元素的电负性（鲍林）

H 2.18																
Li 0.98	Be 1.57											B 2.04	C 2.55	N 3.04	O 3.44	F 3.98
Na 0.93	Mg 1.31											Al 1.61	Si 1.90	P 2.19	S 2.58	Cl 3.16
K 0.82	Ca 1.00	Sc 1.36	Ti 1.54	V 1.63	Cr 1.66	Mn 1.55	Fe 1.8	Co 1.88	Ni 1.91	Cu 1.90	Zn 1.65	Ga 1.81	Ge 2.01	As 2.18	Se 2.55	Br 2.96
Rb 0.82	Sr 0.95	Y 1.22	Zr 1.33	Nb 1.60	Mo 2.16	Tc 1.9	Ru 2.28	Rh 2.2	Pd 2.20	Ag 1.93	Cd 1.69	In 1.78	Sn 1.96	Sb 2.05	Te 2.10	I 2.66

由表 1-5 可以看出，元素的电负性也呈周期性的变化。在同一周期中，从左到右元素的电负性逐渐增大；在同一主族中，从上到下元素的电负性逐渐减小。副族元素的电负性变化规律不明显。

根据电负性的大小，可以判断元素的金属性和非金属性的强弱。一般说来，非金属元素的电负性大于金属元素的电负性。非金属元素的电负性一般在 2.0 以上，金属元素的电负性一般在 2.0 以下。应注意的是元素的金属性与非金属性之间并没有严格的界限，因此电负性 2.0 作为金属元素与非金属元素的分界也不是绝对的。

3. 元素的金属性与非金属性

通常元素的金属性和非金属性的强弱可由下列化学性质来判断：

元素金属性的强弱 { ①元素的单质与水或酸起反应，置换出氢的难易
②元素最高价氧化物的水化物（氢氧化物）的碱性强弱

元素非金属性的强弱 { ①元素的单质与氢气反应，生成气态氢化物的难易
②元素最高价氧化物的水化物（含氧酸）的酸性强弱

（1）同周期元素的金属性与非金属性的递变规律　在同一周期中（第 1 周期除外），各元素的原子核外电子层数相同，从左到右，核电荷数依次增多，原子半径逐渐减小，电负性逐渐增大，失去电子的能力逐渐减弱，得到电子的能力逐渐增强。因此，同周期元素从左到右，金属性逐渐减弱，非金属性逐渐增强。这个结论可以由第 3 周期元素化学性质的递变来证实。

11 号元素钠的单质能与冷水剧烈反应，放出氢气，生成的氢氧化钠是强碱，其反应式如下：

$$2Na + 2H_2O =\!=\!= 2NaOH + H_2 \uparrow$$

12 号元素镁的单质不易与冷水作用，但能与沸水起反应，放出氢气，反应后的溶液使无色酚酞试液变红，反应生成的氢氧化镁的碱性比氢氧化钠的碱性弱，说明镁的金属活动性不如钠强，其反应式如下：

$$Mg + 2H_2O \xrightarrow{\triangle} Mg(OH)_2 + H_2 \uparrow$$

13 号元素铝的单质能与盐酸起反应，置换出氢气，但不如镁与盐酸的反应剧烈，说明铝的金属活动性不如镁强，其反应式如下：

$$Mg + 2HCl =\!=\!= MgCl_2 + H_2 \uparrow$$
$$2Al + 6HCl =\!=\!= 2AlCl_3 + 3H_2 \uparrow$$

铝的氧化物（Al_2O_3）的对应水化物氢氧化铝，既能与酸反应，又能与碱反应，它是一种两性氢氧化物，其反应式如下：

$$Al(OH)_3 + 3HCl =\!=\!= AlCl_3 + 3H_2O$$
$$H_3AlO_3 + NaOH =\!=\!= NaAlO_2 + 2H_2O$$
$$\quad\quad 铝酸 \quad\quad\quad\quad\quad 偏铝酸钠$$

当 $Al(OH)_3$ 与碱起反应时，它的分子式可以写成 H_3AlO_3 的形式。$Al(OH)_3$ 既然呈两性，说明铝已表现出一定的非金属性。

14 号元素硅是非金属。硅的氧化物（SiO_2）是酸性氧化物，它对应的水化物硅酸（H_2SiO_3）是一种很弱的酸。硅只有在高温下才能与氢气生成气态氢化物 SiH_4。

15 号元素磷是非金属。磷的最高价氧化物 P_2O_5 的对应水化物磷酸（H_3PO_4）是一种中强酸。磷的蒸气跟氢气能生成气态氢化物 PH_3，但相当困难。

16 号元素硫是比较活泼的非金属。硫的最高价氧化物 SO_3 的对应水化物硫酸（H_2SO_4）

是一种强酸。在加热的条件下，硫的蒸气跟氢气化合生成气态氢化物 H_2S。

17 号元素氯是很活泼的非金属。氯的最高价氧化物 Cl_2O_7 的对应水化物高氯酸（$HClO_4$）是已知酸中最强的一种酸。氯气与氢气在光照或点燃时，就能剧烈化合生成气态氢化物 HCl。

18 号元素氩是一种稀有气体。

综上所述，可以得出如下结论：

$$\text{Na　Mg　Al　Si　P　S　Cl} \longrightarrow$$
金属性逐渐减弱，非金属性逐渐增强

对其他周期元素的化学性质逐一进行探讨，也会得到类似的结论。

（2）同主族元素的金属性与非金属性的递变规律　在同一主族里，各元素原子的最外层电子数相等，价层电子构型相同。从上到下，电子层数逐渐增多，原子半径逐渐增大，电负性逐渐减小，得到电子的能力逐渐减弱，失去电子的能力逐渐增强。因此，同主族元素，从上到下，金属性逐渐增强，非金属性逐渐减弱。如第Ⅶ A 族，元素的非金属性按照氟、氯、溴、碘、砹的顺序依次减弱；第 Ⅰ A 族，元素的金属性按照锂、钠、钾、铷、铯、钫的顺序依次增强。

主族元素的最高正化合价等于它所在的族序数（氧、氟例外），非金属元素的最高正化合价与它的最低负化合价的绝对值之和等于 8。

元素的最高价氧化物对应水化物酸碱性的强弱，与该元素的金属性或非金属性的强弱有关。一般而言，元素的金属性越强，它的最高价氧化物的水化物的碱性越强；元素的非金属性越强，它的最高价氧化物的水化物的酸性越强。

副族元素化学性质的递变规律比较复杂，这里不作讨论。

元素周期表中主族元素性质递变的一般规律见表 1-6。

表 1-6　主族元素性质递变的一般规律

主族\周期			I A	II A	III A	IV A	V A	VI A	VII A	VIII A
1	金属性逐渐增强，非金属性逐渐减弱	原子半径逐渐增大，电负性逐渐减小	原子半径逐渐减小，电负性逐渐增大 金属性逐渐减弱，非金属性逐渐增强 →							稀有气体元素
2			Li	Be	B	C	N	O	F	
3			Na	Mg	Al	Si	P	S	Cl	
4			K	Ca	Ga	Ge	As	Se	Br	
5			Rb	Sr	In	Sn	Sb	Te	I	
6			Cs	Ba	Tl	Pb	Bi	Po	At	
7			Fr	Ra						
最高正化合价			+1	+2	+3	+4	+5	+6	+7	
最低负化合价						-4	-3	-2	-1	

从表 1-6 可以看出，虚线的左边是金属元素（metallic element），虚线的右边是非金属元素（non-metallic element）。左下方是金属性最强的元素，右上方是非金属性最强的元素，最后一个纵行是稀有气体元素。由于元素的金属性、非金属性没有严格的界限，所以在虚线

附近的元素，既表现出某些金属性质，又表现出某些非金属性质。

由此可见，元素的性质、原子结构和该元素在周期表中的位置有着密切的关系。可以根据元素在周期表中的位置，推测它的原子结构和性质；也可以根据元素的原子序数，写出元素原子的电子排布式，确定它在周期表中的位置，推测它的性质。

【例1-3】　已知某元素位于元素周期表的第3周期、ⅦA族，试写出该元素原子的核外电子排布式、价层电子构型、最高正化合价和最低负化合价、元素的名称和符号，并指出是金属元素还是非金属元素。

解：已知该元素在第3周期，因此，该元素原子核外有3个电子层，又知它属ⅦA族，即它的原子最外层电子数是7，则：

核外电子排布式　$1s^2 2s^2 2p^6 3s^2 3p^5$

价层电子构型　$3s^2 3p^5$

由价层电子构型可知：最高正化合价为+7价，最低负化合价为-1价，该元素是氯，元素符号是Cl。

根据核外电子排布式推断，它在化学反应中易得到1个电子形成8电子的稳定结构，因此，它是非金属元素。

【例1-4】　已知某元素原子序数为11，写出该元素原子的核外电子排布式和价层电子构型，并确定该元素在元素周期表中的位置。

解：该元素原子序数为11，即核外有11个电子；其核外电子排布式为：$1s^2 2s^2 2p^6 3s^1$；价层电子构型为：$3s^1$；所以11号元素位于元素周期表的第3周期ⅠA族。

三、元素周期律和元素周期表的应用

元素周期律和元素周期表充分证明了量变引起质变规律的普遍性，揭示了元素间相互联系的自然规律，有力地推动了化学的发展，是学习和研究化学学科的重要工具，并对科学技术的发展起着重要促进作用。

1. 推测元素的一般性质

元素周期表能反映元素性质的递变规律，根据元素在元素周期表中所处的位置，可以推测它的一般性质。如ⅦA族中的氟，位于周期表的右上角，可推测它在所有元素中非金属性最强，与任何元素反应，氟的化合价总是-1价。

2. 寻找新材料

通过实践和分析研究，发现性质相似而有类似用途的元素一般都在周期表的某一区域内。如氟、氯、硫、磷、砷等元素通常用来制造农药，而这些元素在周期表里占有一定的区域，对这个区域里的元素作进一步的研究，可能找到制造新品种农药的原料。又如在金属与非金属分界线附近去寻找新的半导体材料，在过渡元素中寻找催化剂和耐高温、耐腐蚀的合金材料等。

第三节　化　学　键

物质是由微粒构成的，微粒之间能相互结合，说明微粒之间存在着相互作用力，这种物质相邻微粒间的强烈的相互作用称为化学键（chemical bond）。化学键可分为离子键、共价键和金属键。本节重点讨论离子键和共价键。

一、离子键

1. 离子键的形成

以氯化钠为例来说明离子键的形成。钠是活泼的金属，钠原子在反应时容易失去最外层上的 1 个电子，形成带正电荷的钠离子；氯是活泼的非金属，氯原子在反应时容易得到 1 个电子，形成带负电荷的氯离子，而使双方最外层都形成 8 个电子的稳定结构。当金属钠与氯气起反应时，钠原子最外层的 1 个电子，转移到氯原子的最外电子层上，形成带正电荷的钠离子和带负电荷的氯离子。带相反电荷的钠离子和氯离子，通过静电引力相互吸引而彼此接近；与此同时，还存在着电子与电子、原子核与原子核之间的相互排斥作用。当两种离子接近到一定程度时，离子间的吸引作用和排斥作用达到平衡，便形成了稳定的化学键。NaCl 的形成过程可用电子式表示如下：

氯化钠 $\qquad$ Na $\times$ + $\cdot$ Cl： $\longrightarrow$ Na$^+$ [：Cl：]$^-$

这种阴、阳离子间通过静电作用所形成的化学键称为离子键（ionic bond）。形成离子键的条件是成键原子间的电负性相差较大，一般要相差 1.7 以上。像活泼的金属（如钾、钠、钙等）与活泼的非金属（如氟、氯、氧等）化合时，都能形成离子键。如 KCl、MgO、CaF_2 等都是由离子键形成的，它们的形成过程也可用以下的电子式表示：

氯化钾 $\qquad$ K$\times$ + $\cdot$Cl： $\longrightarrow$ K$^+$[：Cl：]$^-$

氧化镁 $\qquad$ $\times$Mg$\times$ + $\cdot$O： $\longrightarrow$ Mg^{2+}[：O：]$^{2-}$

氟化钙 $\qquad$ ：F$\cdot$ + $\times$Ca$\times$ + $\cdot$F： $\longrightarrow$ [：F：]$^-$Ca^{2+}[：F：]$^-$

由离子键形成的化合物称为离子化合物，如 NaCl、CaF_2、MgO、KBr 等都是离子化合物。在离子化合物中，离子具有的电荷数，就是它们的化合价。如 Na$^+$、K$^+$ 带一个单位的正电荷，所以 Na、K 的化合价为 +1 价；Ca^{2+}、Mg^{2+} 带两个单位的正电荷，所以 Ca、Mg 的化合价为 +2 价；F$^-$、Cl$^-$、Br$^-$ 带一个单位的负电荷，所以 F、Cl、Br 的化合价为 -1 价；O^{2-} 带两个单位的负电荷，所以 O 的化合价为 -2 价。

2. 离子键的特点

离子键没有方向性和饱和性。这是由于离子键是正、负离子通过静电吸引作用结合而成，离子是带电体，它的电荷分布是球形对称的，只要空间条件许可，它可以在空间各个方向上与带相反电荷的离子相互吸引而成键；每一个离子还可以同时与多个带相反电荷的离子相互吸引而成键。因此，离子键既没有方向性也没有饱和性。例如，在氯化钠晶体中，每个 Na$^+$ 周围吸引 6 个 Cl$^-$，每个 Cl$^-$ 周围吸引 6 个 Na$^+$，这样交替延伸而成为有规则排列的离子晶体（见图 1-8）。

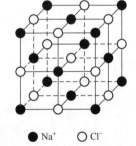

●Na$^+$　○Cl$^-$

图 1-8　NaCl 的晶体结构

在离子化合物的晶体中，没有单个的分子存在，所以 NaCl 是化学式而不是分子式，它仅表示在氯化钠中这两种元素间原子的比例。

二、共价键

（一）共价键的形成

以氢分子为例来说明共价键的形成。两个氢原子形成氢分子时，由于得失电子的能力相同，电子不是从一个氢原子转移到另一个氢原子，而是在两个氢原子间共用，形成共用电子对，同时围绕两个氢原子核运动，使每个氢原子都达到稳定的电子构型。这样两个氢原子通过共用电子对结合成一个氢分子。氢分子的形成过程，也可用电子云的重叠来说明。每个氢原子里有 1 个 1s 电子，当两个氢原子相遇时，它们的电子云发生部分重叠，两个氢原子核间电子云密集，成为负电荷中心，它对两个氢原子核都产生吸引作用，使两个氢原子相互接

近，但由于两个氢原子核电性相同，又有相互排斥作用，当两个氢原子接近到一定程度时，原子间的吸引作用和排斥作用达到平衡，从而形成稳定的氢分子（见图 1-9）。电子云重叠越多，形成的分子越稳定。

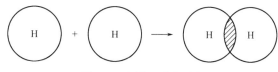

图 1-9　电子云重叠示意

像氢分子这种，分子中原子间通过共用电子对（电子云重叠）所形成的化学键称为共价键（covalent bond）。

当电负性相同或相差不大的原子相互结合时，通常形成共价键。例如，H_2、Cl_2、HCl 等都是由共价键形成的，其形成过程可用电子式表示，也可用一根短线表示一对共用电子：

$$H\times + \cdot H \longrightarrow H\overset{\times}{\cdot}H \quad H{-}H$$

$$\overset{\times\times}{\underset{\times\times}{\times}}Cl\times + \cdot \overset{\cdot\cdot}{\underset{\cdot\cdot}{Cl}}\colon \longrightarrow \overset{\times\times}{\underset{\times\times}{\times}}Cl\overset{\times}{\cdot}\overset{\cdot\cdot}{\underset{\cdot\cdot}{Cl}}\colon \quad Cl{-}Cl$$

$$H\times + \cdot \overset{\cdot\cdot}{\underset{\cdot\cdot}{Cl}}\colon \longrightarrow H\overset{\times}{\cdot}\overset{\cdot\cdot}{\underset{\cdot\cdot}{Cl}}\colon \quad H{-}Cl$$

全部由共价键形成的化合物称为共价化合物。例如，HCl、H_2O、NH_3 等都是共价化合物。在共价化合物中，元素的化合价是该元素一个原子与其他原子间共用电子对的数目。共用电子对偏向的一方为负价，偏离的一方为正价。例如，HCl 中，H 为 +1 价、Cl 为 −1 价；H_2O 中，H 为 +1 价、O 为 −2 价；NH_3 中，H 为 +1 价、N 为 −3 价。

（二）共价键的特点

共价键具有方向性和饱和性。因为原子核外的电子，除 s 轨道的电子云是球形对称外，p、d 等轨道的电子云都有一定的伸展方向。当有 p 电子或 d 电子参加形成共价键时，必须在一定的方向上才能使电子云有最大限度的重叠，形成的共价键才能稳定。因此，共价键的形成在尽可能范围内将沿着原子轨道最大重叠方向进行（见图 1-10），可见共价键有方向性。

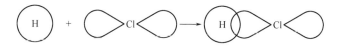

图 1-10　共价键的方向性

形成共价键时，一个未成对电子只能和另一个自旋方向相反的未成对电子配对成键。因此，一个原子有几个未成对电子，就只能和几个自旋方向相反的未成对电子配对成键，这说明共价键具有饱和性。如氯化氢分子中，氯原子和氢原子各有 1 个未成对电子，所以一个氯原子只能和一个氢原子结合生成氯化氢分子。

（三）共价键的键参数

能表征化学键性质的物理量称为键参数（bond parameter）。共价键的键参数主要有键

能、键长、键角。

1. 键能（E）

在101.3kPa、298.15K下，将1mol理想气态分子AB离解为理想的气态原子A和B所需的能量称为键能（bond energy）。一般来说，键能愈大，键愈牢固，由该化学键形成的分子也就愈稳定。

2. 键长（L）

分子中两成键原子核间的平衡距离称为键长（bond length）。一般来说，两个原子之间形成的键越短，键越牢固。

3. 键角（θ）

分子中键和键之间的夹角称为键角（bond angle）。键角是反映分子空间结构的一个重要参数。如H_2O分子中的键角为104.5°，这就决定了水分子是V形结构；CO_2分子中的键角为180°，表明CO_2分子为直线形结构。一般来说，根据分子的键角和键长可确定分子的空间构型。

（四）配位键

在共价键中，共用电子对通常由成键的两个原子各提供1个电子配对而成。但还有一类共价键，其共用电子对是由一个原子单独提供和另一个原子共用。这种由一个原子单独供给电子对为两个原子共用而形成的共价键，称为配位键（coordinate bond）。配位键是一种特殊的共价键，常用"→"表示，箭头方向由提供电子对的原子指向接受电子对的原子。

例如，氨分子与氢离子反应生成铵离子（NH_4^+）时，就形成配位键。在氨分子中，氮原子的价电子层上有一对没有与其他原子共用的电子，这对电子称为孤对电子。氢离子是氢原子失去1s上的电子而形成，具有一个1s空轨道。当氨分子与氢离子作用时，氨分子中氮原子上的孤对电子进入氢离子的空轨道，这一对电子在氮、氢原子间共用，形成配位键：

$$H\!:\!\overset{\cdot\cdot}{\underset{H}{N}}\!:\!H + H^+ \longrightarrow [H\!:\!\overset{H}{\underset{H}{N}}\!:\!H]^+ \text{ 或 } [H\!-\!\overset{H}{\underset{H}{N}}\!-\!H]^+$$

在铵离子中，虽然1个N→H键和其他3个N—H键的形成过程不同，但一旦形成了铵离子，这4个氮氢键的性质完全相同。

在由多种原子组成的分子中，往往不只含有一种化学键。如氯化铵中，NH_4^+与Cl^-之间是离子键，NH_4^+中有3个N—H共价键和1个N→H配位键。

第四节　分子的极性

一、极性共价键和非极性共价键

键的极性是由于成键原子的电负性不同而引起的。当成键的两个原子相同时，由于相同原子的电负性相同，吸引电子的能力相同，则共用电子对不偏向任何一个原子，成键的原子都不显电性，这种共价键称为非极性共价键，简称非极性键。如H—H、Cl—Cl等相同原子之间形成的共价键都是非极性键。

当成键的两个原子不同时，由于不同原子的电负性不同，吸引电子的能力不同，所以共用电子对必然偏向吸引电子能力较强的原子一方，使其带部分负电荷，而吸引电子能力较弱的原子则带部分正电荷，这种共价键称为极性共价键，简称极性键。如 H—Cl 键是极性键，共用电子对偏向 Cl 原子一端，使 Cl 原子带部分负电荷，H 原子带部分正电荷。

共价键极性的大小与成键原子电负性的差值有关，差值越大，极性越大。如 H—F 键的极性大于 H—Cl 键的极性。

二、极性分子和非极性分子

分子从总体上看是不显电性的。但因为分子内部电荷分布情况的不同，分子可分为非极性分子和极性分子。非极性分子（non-polar molecule）是指分子内正、负电荷重心重合的分子，极性分子（polar molecule）是指分子内正、负电荷重心不重合的分子。

1. 双原子分子

双原子分子的极性与键的极性是一致的。以非极性键相结合的双原子分子是非极性分子。如 H_2 分子，两个氢原子是以非极性键相结合，共用电子对不偏向任何一个原子，整个分子中电荷分布均匀，正、负电荷重心重合，所以 H_2 分子是非极性分子。以非极性键相结合的 Cl_2、O_2、N_2、I_2 等双原子分子都是非极性分子。

以极性键相结合的双原子分子是极性分子。如 HCl 分子，两个原子是以极性键相结合，共用电子对偏向 Cl 原子，使 Cl 原子一端带部分负电荷，H 原子一端带部分正电荷，整个分子中电荷分布不均匀，正、负电荷重心不重合，所以 HCl 分子是极性分子。以极性键相结合的 HF、HBr、HI 等双原子分子都是极性分子。

2. 多原子分子

多原子分子的极性取决于键的极性和分子的空间构型。完全由非极性键形成的多原子分子，一般是非极性分子。由极性键形成的多原子分子，如果分子的空间构型完全对称，则分子中正、负电荷重心重合，是非极性分子。例如，CO_2 分子是直线形分子，两个碳氧键之间的键角为 $180°$（O═C═O），两个氧原子对称地位于碳原子的两侧。虽然每一个 C═O 键都是极性键，但由于两个键的极性大小相等、方向相反，从整体来看，正、负电荷的重心都在两个氧原子连线的中点上，正好重合。所以 CO_2 分子是极性键结合的非极性分子。同理具有平面正三角形构型的 BF_3、正四面体构型的 CH_4 和 CCl_4 也是非极性分子。

如果分子的空间构型不对称，分子中正、负电荷重心不重合，则是极性分子。例如，水分子为 V 形（H_OH），两个氢氧键之间的键角为 $104.5°$，每一个 H—O 键都是极性键，共用电子对偏向氧原子，氧原子带部分负电荷，氢原子带部分正电荷。由于分子的空间构型不对称，从整体来看，负电荷重心在氧原子上，正电荷重心在两个氢原子连线的中点上，正、负电荷的重心不重合。因此，水分子是极性键结合的极性分子。同理具有三角锥形的 NH_3 也是极性分子。

第五节　分子间作用力和氢键

一、分子间作用力

前面讨论的离子键、共价键是原子或离子间强烈的相互作用，其键能约为 $100～800kJ/$

mol。除了这种较强的作用力之外，在分子与分子之间还存在一种较弱的作用力，其大小在十几到几十千焦每摩尔，比化学键能约小 1~2 个数量级，它最早由荷兰物理学家范德华（van der Waals）提出，因此人们把分子与分子之间的作用力称为分子间作用力，又称范德华力。

分子通过分子间范德华力所形成的有规则排列的晶体称为分子晶体。极性分子和非极性分子都可形成分子晶体，如 HCl、H_2O、NH_3、CO_2、O_2、H_2 等。由于分子间范德华力很弱，所以分子晶体的硬度小，熔点和沸点都很低。

分子间的范德华力是决定物质熔点、沸点等物理性质的一个重要因素。分子间范德华力越大，物质的熔点、沸点越高。一般来说，组成和结构相似的物质，随着分子量的增大，分子内的电子数目增多，分子间作用力就增强。所以同类物质的熔沸点（都是分子型物质）随分子量增大而升高。例如卤素的熔沸点按氟、氯、溴、碘的顺序依次升高，在常温下，氟、氯是气体，溴是液体，而碘则为固体。

二、氢键

按照分子间作用力来解释，同主族元素的氢化物的熔点和沸点一般随分子量的增大而升高，H_2O 的熔点和沸点应低于 H_2S、H_2Se、H_2Te，但实际上 H_2O 的熔点和沸点却最高，这表明在 H_2O 分子之间除了存在一般的分子间作用力外，还存在一种特殊的分子间作用力，这就是氢键。

1. 氢键的形成

以水为例来说明氢键的形成。在水分子中，由于 O—H 键的极性很强，共用电子对强烈地偏向氧原子一端，使氢原子几乎变成了一个"裸露"的带正电荷的原子核。这个氢原子还可以和另一个水分子中带部分负电荷的氧原子产生较强的静电吸引作用，从而形成氢键。水分子间的氢键可表示如下：

$$\begin{array}{ccccccc} H & & H & & H & \\ | & & | & & | & \\ \cdots\cdots O & - & H\cdots\cdots O & - & H\cdots\cdots O & - & H\cdots\cdots \end{array}$$

其中虚线表示所形成的氢键。

凡是与非金属性很强、原子半径很小的原子（F、O、N）以共价键结合的氢原子，还可以再和这类元素的另一个原子结合，这种结合力称为氢键（hydrogen bond）。氢键不是化学键，而是一种特殊的分子间作用力。

图 1-11 邻硝基苯酚中的分子内氢键

2. 氢键的类型

氢键可分为分子间氢键和分子内氢键两类。相同分子间或不同分子之间形成的氢键称为分子间氢键，如水分子、氨分子、氟化氢分子间的氢键。同一分子内形成的氢键称为分子内氢键，如邻硝基苯酚形成的分子内氢键见图 1-11。

3. 氢键的形成对化合物性质的影响

在同类化合物中，能形成分子间氢键的物质，其熔点、沸点比不能形成分子间氢键的物质要高，这是因为要使固体熔化或液体汽化需要消耗更多的能量来破坏分子间的氢键，如水（H_2O）的沸点高于硫化氢（H_2S）、氟化氢（HF）的沸点高于氯化氢（HCl）就是这个缘故；能形成分子内氢键的物质，其熔点、沸点比同类化合物要低，这是因为氢原子形成分子内氢键后，就不能再和其他分子形成分子间氢键，同时形成分子内氢键后，分子的极性减弱，所以其熔点、沸点比同类化合物的要低，如邻硝基苯酚（能形成分子内氢键）的熔点比对硝基苯酚（不能形成分子内氢键而只能形成分子间氢键）的熔点低。

如果溶质和溶剂分子之间能形成氢键，则溶质在该溶剂中的溶解度就会增大。

氢键的存在不仅影响化合物的物理性质，还与生物大分子空间结构的形成及其活性有关。如蛋白质、核酸中都存在分子内氢键，这些生物大分子之所以具有多种生理功能，其中氢键起着重要的作用。

 致用小贴

同位素脏器显影

同位素脏器显影是常用的临床诊断方法。同位素脏器显影，是将放射性同位素制成的药物通过口服或注射使其进入体内，不同的药物将在不同的脏器分布，然后利用 γ 相机、单光子发射计算机断层仪（SPECT）、正电子发射计算机断层仪（PECT）等体外显像设备探测出放射性同位素药物发出的射线，根据其分布使脏器显影，从而检查和诊断疾病。目前，同位素脏器显影法能检测脑、肝、胆、肺、肾、甲状腺等几乎所有的脏器以及骨组织。该方法不仅可以检查组织病变，还可以动态地观察器官功能，测定血流。

目标测试

1. 为什么各个电子层所能容纳的最多电子数是 $2n^2$？

2. 某元素原子的电子排布式是 $1s^2 2s^2 2p^6 3s^2 3p^6 3d^{10} 4s^1$，说明这个元素的原子核外有多少个电子层？每个电子层有多少个轨道？有多少个电子？

3. 已知下列元素原子的最外电子层结构（内层已填满）为：$3s^1$，$4s^2 4p^1$，$3s^2 3p^3$，它们各属于第几周期？第几族？最高正化合价是多少？

4. 某元素 A 0.9g 和稀盐酸反应生成 ACl_3，置换出 1.12L 氢气（标准状况），A 的原子核内有 14 个中子，根据计算结果，写出 A 的电子排布式，说明它是什么元素。

5. 比较离子键和共价键的区别。为什么说离子键和共价键没有绝对的界限？

6. 下列分子中，哪些是极性分子？哪些是非极性分子？

（1）CO；（2）CO_2；（3）HI；（4）Br_2；（5）NH_3

7. 氢键的形成条件是什么？为什么说氢键是分子间的作用力？

资 源 获 取 步 骤

第一步 微信扫描二维码
第二步 关注"易读书坊"公众号
第三步 进入公众号，在线自测或下载自测题

知识导图

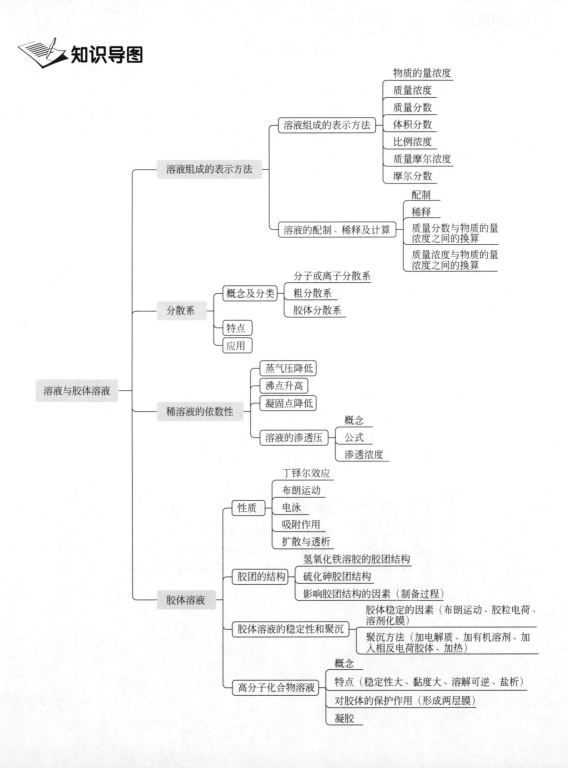

学习目标

1.熟悉物质的量浓度、质量浓度、质量分数、体积分数等定义、单位及符号。

2.掌握相关浓度的互相换算和溶液配制、稀释的操作。

3.掌握渗透压产生的条件，等渗、低渗、高渗溶液的概念及渗透压、渗透浓度的有关计算。

4.熟悉分散系的概念、三类分散系的分类原则和特点。

5.了解乳浊液在医学上的应用。

6.熟悉胶体溶液的光学、动力学、电学等性质。

7.掌握溶胶稳定的因素和聚沉胶体的方法。

8.了解高分子化合物溶液的概念、特点、对胶体的保护作用及纳米材料在医学上的应用。

人体内有相当多的物质是以溶液的形式存在的，例如血液、淋巴液、组织液等。食物的消化和吸收，营养物质的运送和转化，代谢物的排泄等都离不开溶液。很多药物和试剂必须配成一定浓度的溶液才能使用。因此，掌握溶液的基本知识、学会溶液的配制和浓度的计算是十分重要的。

第一节　溶液组成的表示方法

溶液（solution）是指一种或几种物质以分子、原子或离子状态分散于另一种物质中所形成的均匀而又稳定的分散系。能分散其他物质的化合物叫作溶剂（solvent），被分散的物质叫作溶质（solute）。

水是无机化学中最常见的溶剂，通常所说的溶液一般指水溶液（aqueous solution）。溶液的任何部分都是均匀的、透明的。

溶解过程是一种特殊的物理化学过程，往往伴随着能量变化、体积变化、颜色变化。溶质质点的分散是物理过程，伴有吸热、体积增大；溶剂分子与溶质分子间产生水合作用（"溶剂化"作用）为化学过程，伴有放热、体积减小。这两个过程对不同的溶质来说，吸收的热量和放出的热量并不相等，当吸热多于放热，例如硝酸钾溶解在水中时，因为它和水分子结合得不稳定，吸收的热量比放出的热量多，就表现为吸热，在溶解时，溶液的温度就降低。反之，当放热多于吸热，例如浓硫酸溶解在水中时，因为它和水分子生成稳定的化合物，放出的热量多于吸收的热量，就表现为放热，所以溶液的温度显著升高。

一、溶液组成的表示方法

根据不同的需要，在实际工作中，表示溶液组成的方法有以下几种。

（一）物质的量浓度

在法定计量单位制中，"浓度"就是"物质的量浓度"的简称。物质的量浓度的符号用小写 c 表示。例如，物质 B 的浓度的符号应写成 c_B 或 $c(B)$，也可以用 [B] 表示。物质的量浓度的定义为：物质的量 n 除以溶液的体积 V。即：

$$c_B = \frac{n_B}{V} \tag{2-1}$$

物质的量浓度的 SI 单位为 mol/m^3。在化学和医学上常用 mol/L 和 $mmol/L$。

【例 2-1】 临床上使用的生理盐水（即 NaCl 注射液）的规格为 0.5L，生理盐水中含 4.5gNaCl。求 NaCl 注射液的物质的量浓度。

解：

$$n_{NaCl} = \frac{m_{NaCl}}{M_{NaCl}} = \frac{4.5g}{58.5g/mol} = 0.077mol$$

$$c_{NaCl} = \frac{n_{NaCl}}{V} = \frac{0.077mol}{0.5L} = 0.154mol/L = 154mmol/L$$

即生理盐水的物质的量浓度为 154mmol/L。

【例 2-2】 配制 2mol/L NaOH 溶液 2L，需要 NaOH 多少克？

解： 因为 $n_{NaOH} = \dfrac{m_{NaOH}}{M_{NaOH}} = c_{NaOH}V$，所以：

$$m_{NaOH} = n_{NaOH}M_{NaOH} = c_{NaOH}VM_{NaOH} = 2mol/L \times 2L \times 40g/mol = 160g$$

故配制 2mol/L NaOH 溶液 2L，需要 NaOH 160g。

（二）质量浓度

质量浓度又称物质 B 的质量浓度，符号为 ρ_B。物质 B 的名称在符号中必须注明，如 $\rho(NaOH)$ 或 ρ_{NaOH}。质量浓度的定义为物质 B 的质量除以溶液的体积。即：

$$\rho_B = \frac{m_B}{V} \tag{2-2}$$

质量浓度的单位是 kg/m^3，化学和医学上常用 g/L 或 mg/L 来表示。

要注意质量浓度 ρ_B 与密度（$\rho = m/V$）的区别。如 $\rho_{NaOH} = 52.7g/L$ 的溶液，其密度为 $\rho = 1.052kg/L$。它们的符号相同但含义不一样。即密度中的 m 是溶液的质量，而质量浓度中的 m_B 是溶质的质量。

世界卫生组织提议：凡是已知分子量的物质在溶液内的含量均应用物质的量浓度表示。例如人体血液中葡萄糖含量正常值为 $c_{C_6H_{12}O_6} = 3.9 \sim 5.6mmol/L$。对于其未知分子量的物质，则可用质量浓度表示。规定质量浓度单位中，表示质量的单位可以改变，但表示溶液体积的单位一般不能改变，统一用升（L）表示。

（三）质量分数

质量分数又称物质 B 的质量分数，符号为 w_B。物质 B 的名称在符号中必须注明，如硫酸的质量分数记为 $w_{H_2SO_4}$。质量分数的定义为物质 B 的质量除以溶液的质量。即：

$$w_B = \frac{m_B}{m} \tag{2-3}$$

质量分数的量值可用小数或百分数表示。但要注意，溶质和溶液的质量单位必须相同。

【例 2-3】 500mL $w_{HCl} = 0.36$ 的浓盐酸（$\rho = 1.18kg/L$）中含氯化氢多少克？

解： $m = \rho V = 1.18kg/L \times 0.5L = 0.59kg = 590g$，又 $w_{HCl} = \dfrac{m_{HCl}}{m}$，所以：

$$m_{HCl} = w_{HCl}m = 0.36 \times 590g = 212.4g$$

市售的硫酸、盐酸、硝酸、氨水等都是用此种方法来表示含量。

（四）体积分数

体积分数又称物质 B 的体积分数，符号为 φ_B。体积分数的定义为纯物质 B 与混合物在相同温度和压强下的体积之比。即：

$$\varphi_B = \frac{V_B}{V} \tag{2-4}$$

体积分数的量值可用小数或百分数表示，但纯物质（溶质）与混合物（溶液）的体积单位必须相同。

【例 2-4】 药典规定，药用酒精的 $\varphi_{酒精} = 0.95$，则 500mL 药用酒精中含纯酒精多少毫升？多少克？（已知纯酒精 $\rho = 0.789kg/L$）

解： $$V_{酒精} = \varphi_{酒精} V = 0.95 \times 0.5L = 0.475L = 475mL$$
$$m_{酒精} = \rho V_{酒精} = 0.789kg/L \times 0.475L = 0.375kg = 375g$$

在医药领域，一般情况下溶液浓度用物质的量浓度或质量浓度来表示。除此而外溶质是固体或气体，溶液是液体，其浓度常用质量分数来表示；溶质是液体，溶液也是液体，其浓度常用体积分数来表示。

（五）比例浓度

对浓度要求不是十分精确的溶液，为了减少计算和配制的麻烦，可以用比例浓度。常用的比例浓度有两种表示方法：

1. 溶质比溶液

药典规定常见的比例浓度符号为 $1 : x$，即溶质是固体为 1g 或溶质是液体为 1mL，加溶剂配成 x 体积（mL）溶液。不特别指定溶剂时，都是以水为溶剂，例如 1 : 1000 的高锰酸钾溶液，就是 1g 高锰酸钾用水配成 1000mL 溶液。1 : 3 的硝酸溶液就是 1mL 浓硝酸加水配成 3mL 稀硝酸。

2. 溶质比溶剂

一般实验室中用的比例浓度是溶质比溶剂。例如：溴化钾（1 : 5）就是 1g 溴化钾溶于 5mL 水中配成的溶液；硝酸（1 : 3）就是 1 体积浓硝酸与 3 体积水配成的溶液。

因此，配制比例浓度时，要根据具体工作的要求进行。

（六）质量摩尔浓度

物质 B 的质量摩尔浓度等于溶液中物质 B 的物质的量除以溶剂的质量，用符号 b_B 表示，单位为 mol/kg。即：

$$b_B = \frac{n_B}{m_{溶剂}} \tag{2-5}$$

（七）摩尔分数（物质的量分数）

物质 B 的摩尔分数，等于物质 B 的物质的量与混合物的物质的量的比值，符号为 x_B。若溶液由溶质 B 和溶剂 A 两种组分构成，则：

$$x_B = \frac{n_B}{n_B + n_A}, x_A = \frac{n_A}{n_B + n_A}, x_B + x_A = 1 \tag{2-6}$$

二、溶液的配制、稀释和有关计算

(一)溶液的配制

溶液配制的方法基本上分为以下两种。

1. 用一定质量的溶液中所含溶质的质量来表示溶液的浓度

如用质量分数表示溶液的浓度。这种溶液的配制是将定量的溶质和溶剂混合均匀即得。如配制 100g $w_{NaCl} = 0.1$ 的 NaCl 溶液是将 10g 干燥的 NaCl 和 90g 水混合均匀即得。

2. 用一定体积的溶液中所含溶质的量来表示溶液的浓度

如用体积分数、质量浓度和物质的量浓度等来表示的溶液。由于溶质和溶剂混合后的体积往往比溶质和溶剂单独存在的体积之和增大或缩小。配制这些溶液一般操作步骤为:计算、称量、溶解、定量转移、定容、混匀。

【例 2-5】 如何配制 1mol/L NaOH 溶液 500mL?

解:配制 500mL 1mol/L 溶液所需溶质的质量:

$$m_{NaOH} = c_{NaOH} V M_{NaOH} = 1mol/L \times 0.5L \times 40g/mol = 20g$$

配制方法:用称量纸或表面皿在台秤上称取固体氢氧化钠 20g,放于 250mL 烧杯中,先加适量水溶解后倒入 500mL 量筒中,再用少量蒸馏水把烧杯荡洗 2~3 次,洗液也倒入量筒中(此过程即为定量转移),最后再加入蒸馏水使溶液总体积为 500mL,搅拌均匀。

若配制的溶液浓度需十分精确时(如滴定分析操作),则不能用托盘天平、量杯或量筒配制溶液,而需用分析天平和容量瓶配制。在称量、溶解和定量转移时,应尽量不丢失溶质。

(二)溶液的稀释

在实际工作中应用的溶液浓度都比较稀,通常先配成浓溶液,有许多试剂,如硫酸等市售的就是浓溶液,用时再进行稀释。

稀释溶液的原则是:前后溶质的量不变。稀释的方法有以下两种。

1. 用一种浓溶液配成稀溶液

设浓溶液浓度为 c_1,体积为 V_1,配成稀溶液浓度为 c_2,体积为 V_2,则稀释公式为:

$$c_1 V_1 = c_2 V_2$$

必须注意:溶液的浓度与体积(或质量)单位必须相适应。

【例 2-6】 怎样用市售 $\varphi_{酒精} = 0.95$ 酒精配制成消毒用 500mL $\varphi_{酒精} = 0.75$ 酒精?

解:设需要 $\varphi_{酒精} = 0.95$ 酒精 V_1,因为:

$c_1 V_1 = c_2 V_2$,$c_1 = 0.95$,$c_2 = 0.75$,$V_2 = 500mL$,则:

$$V_1 = \frac{c_2 V_2}{c_1} = \frac{0.75 \times 500mL}{0.95} = 395mL$$

配制方法:取 $\varphi_{酒精} = 0.95$ 酒精 395mL,加蒸馏水稀释至 500mL,搅拌均匀即得。

【例 2-7】 怎样用市售的 18mol/L 的浓硫酸配成 500mL 3mol/L 的硫酸溶液?

解：先计算所需 18mol/L 的浓硫酸的体积，设为 V_1，因为：

$c_1 V_1 = c_2 V_2$，$c_1 = 18mol/L$，$c_2 = 3mol/L$，$V_2 = 500mL$，则：

$$V_1 = \frac{c_2 V_2}{c_1} = \frac{3mol/L \times 500mL}{18mol/L} = 83.3mL$$

配制方法：用干燥量筒取浓硫酸 83.3mL，慢慢加入盛有 $200 \sim 300mL$ 蒸馏水的烧杯中，边加边搅拌，冷却后，定量转移至量杯或量筒中，再加蒸馏水使溶液总体积为 500mL，搅拌均匀即得。

必须注意以下两点：

① 用浓硫酸配制稀硫酸时，一定要把浓硫酸慢慢地加入水中，不能把水加入浓硫酸中，量取浓硫酸的量杯应干燥；

② 配制过程中放热效应大的溶液如硫酸溶液及固体溶质溶解比较慢的溶液，如硫酸钠，都应先在烧杯中溶解，不能直接在量杯或量筒中溶解。

2. 用同一溶质几种不同浓度的溶液配所需浓度的溶液

经常使用一种简捷的经验方法——十字交叉法，即：

$$
\begin{array}{ccc}
\text{浓溶液浓度 } c_1 & & V_1 \text{ 浓溶液体积份数}(c - c_2) \\
& \text{所需浓度 } c & \\
\text{稀溶液浓度 } c_2 & & V_2 \text{ 稀溶液体积份数}(c_1 - c)
\end{array}
$$

$V_1 + V_2 = V_{\text{所需浓度溶液的体积}}$，或把浓溶液与稀溶液按 V_1 与 V_2 的比例混合就得到所需浓度的溶液。

【例 2-8】 现有 $\varphi_{\text{酒精}} = 0.85$ 和 $\varphi_{\text{酒精}} = 0.05$ 的酒精，怎样配制 75% 的 500mL 酒精？

解：根据十字交叉法：

$$
\begin{array}{ccc}
0.85 & & V_1 = 0.75 - 0.05 = 0.70(\varphi_{\text{酒精}} = 0.85 \text{ 酒精}) \\
& 0.75 & \\
0.05 & & V_2 = 0.85 - 0.75 = 0.1(\varphi_{\text{酒精}} = 0.05 \text{ 酒精})
\end{array}
$$

配制方法：取 $\varphi_{\text{酒精}} = 0.85$ 酒精 70mL 与 $\varphi_{\text{酒精}} = 0.05$ 酒精 10mL 混合，得到 80mL $\varphi_{\text{酒精}} = 0.75$ 酒精，或者把 $\varphi_{\text{酒精}} = 0.85$ 与 $\varphi_{\text{酒精}} = 0.05$ 的两种浓度的酒精按 $70:10$（即 $7:1$）的比例混合得到 $\varphi_{\text{酒精}} = 0.75$ 的酒精。例如配制 500mL $\varphi_{\text{酒精}} = 0.75$ 酒精时，则：

$$V_{\varphi_{\text{酒精}}(0.85)} = 500 \times \frac{70}{70+10} = 437.5(mL)$$

$$V_{\varphi_{\text{酒精}}(0.05)} = 500 \times \frac{10}{70+10} = 62.5(mL)$$

必须注意以下两点：

① 由于增加溶剂稀释溶液或加入固体物质增加浓度以及两种不同浓度溶液混合，溶剂或溶质的总质量等于它们各自质量的总和，但它们的总体积不等于各自体积的总和，因此，十字交叉法适用于质量分数表示的浓度。当用于 c_B、ρ_B、φ_B 等浓度时，只能得到近似值；

② c_1、c_2、c 三种浓度的表示方法必须相同。

三、溶液浓度的换算

液态试剂的规格，通常以质量分数和密度来表示，实际工作中往往需用其他浓度表示，因此，必须进行溶液浓度之间的换算，常见的有两种类型。

1. 质量分数与物质的量浓度之间的换算

质量分数与物质的量浓度之间的换算公式如下：

$$c_B = \frac{\rho w_B}{M_B} , w_B = \frac{c_B M_B}{\rho} \tag{2-7}$$

【例 2-9】 市售浓硫酸含量是 $w_{H_2SO_4} = 0.96$，密度（ρ）是 1.84kg/L，它的物质的量浓度是多少？

解：因为 $M_{H_2SO_4} = 98g/mol$，$\rho = 1.84kg/L = 1840g/L$，所以：

$$c_{H_2SO_4} = \frac{\rho w_{H_2SO_4}}{M_{H_2SO_4}} = \frac{1840g/L \times 0.96}{98g/mol} = 18mol/L$$

【例 2-10】 2mol/L NaOH 溶液的 ρ 为 1.08kg/L，求 w_B 是多少？

解：因为 NaOH 的密度 $\rho = 1.08kg/L = 1080g/L$，$M_{NaOH} = 40g/mol$，则：

$$w_{NaOH} = \frac{c_{NaOH} M_{NaOH}}{\rho} = \frac{2mol/L \times 40g/mol}{1080g/L} = 0.074$$

常用酸和碱的密度、物质的量浓度和质量分数见表 2-1。

表 2-1　常用酸和碱的密度、物质的量浓度和质量分数

名　称	密度/(kg/L)	物质的量浓度/(mol/L)	质量分数
醋酸（CH₃COOH）	1.05	17.4	0.995
盐酸（HCl）	1.19	12.0	0.37
氢氟酸（HF）	1.15	27.6	0.48
硝酸（HNO₃）	1.41	15.7	0.70
高氯酸（HClO₄）	1.66	11.6	0.70
磷酸（H₃PO₄）	1.69	14.7	0.85
硫酸（H₂SO₄）	1.83	17.8	0.955
氨水（NH₃·H₂O）	0.90	14.3	0.27

2. 质量浓度与物质的量浓度之间的换算

质量浓度与物质的量浓度之间的换算公式如下：

$$c_B = \frac{\rho_B}{M_B}, \quad \rho_B = c_B M_B \tag{2-8}$$

【例 2-11】 计算 $\rho_{HCl} = 90g/L$ 的稀盐酸溶液的物质的量浓度是多少？

解：因为 $\rho_{HCl} = 90g/L$，$M_{HCl} = 36.5g/mol$，所以：

$$c_{HCl} = \frac{\rho_{HCl}}{M_{HCl}} = \frac{90g/L}{36.5g/mol} = 2.47mol/L$$

【例 2-12】 已知葡萄糖（$C_6H_{12}O_6$）的分子量为 180，求 0.3mol/L 葡萄糖溶液的质量浓度是多少？

解：因为 $M_{C_6H_{12}O_6} = 180g/mol$，$c_{C_6H_{12}O_6} = 0.3mol/L$，所以：

$$\rho_{C_6H_{12}O_6} = c_{C_6H_{12}O_6} M_{C_6H_{12}O_6} = 0.3mol/L \times 180g/mol = 54g/L$$

第二节　分　散　系

一、概念及分类

溶液、悬浊液和乳浊液，它们有一个共同点，都是一种物质（或几种物质）的微粒分布在另一种物质所形成的体系，这种体系称为分散系。其中被分散的物质称分散质或分散相；容纳分散质的物质称分散介质或分散剂。如碘分散在酒精中形成碘酒；氯化钠分散在水中形成氯化钠溶液；泥土分散在水中形成泥浆；它们都各自形成一个分散系。其中碘、氯化钠、泥土是被分散了的物质称为分散相（或分散质）。酒精、水是容纳分散相的物质称分散介质（或分散剂）。

按照分散相微粒的大小，把分散系分成以下三大类。

1. 分子或离子分散系

当分散相微粒是分子或离子，其直径小于10^{-9}m（<1nm）的分散系称分子或离子分散系。这种分散系是均匀的、透明的、稳定的，称真溶液，简称溶液，如碘酒、氯化钠水溶液。

2. 粗分散系

分散相的微粒是多分子或离子的聚合体，微粒的直径大于10^{-7}m（>100nm）的分散系称粗分散系。粗分散系依其分散相的状态不同又分为悬浊液和乳浊液两种。固体分散在液体中形成的粗分散系称悬浊液，如泥浆。液体分散相分散在另一种互相不溶的液体中所形成的粗分散系称乳浊液，如水和油混合后剧烈振荡所形成的就是乳浊液。

3. 胶体分散系

分散相微粒直径在10^{-9}～10^{-7}m（1～100nm）之间的分散系称为胶体分散系。固态分散相分散在液态分散介质中形成的胶体分散系称胶体溶液，简称溶胶。本节讨论的溶胶均以水为分散介质。分散相的微粒称胶粒。

胶体分散系中分散相微粒因为小于粗分散系中的微粒，不但不能阻挡可见光的通过，而且也不易受重力的作用和分散剂分离，所以胶体分散系有一定的透明性和稳定性。胶体分散系中的分散相粒子有些是由许多小分子及离子聚合而成，如氢氧化铁胶粒，也有些胶粒本身就是一个大分子，分子量达到几万到几百万，直径已达到10^{-9}～10^{-7}m之间。如蛋白质或淀粉胶粒，蛋白质或淀粉溶液属于高分子化合物溶液。

二、三类分散系的特点

三类分散系的比较见表2-2。

表 2-2　三类分散系的比较

分　散　系		分散相粒子	粒子大小	特　征
粗分散系	悬浊液	固体颗粒	>10^{-7}m	浑浊、不透明不均匀、不稳定、容易聚沉
	乳浊液	液体微粒		
胶体分散系	溶胶	由多分子聚集成的胶粒	10^{-9}～10^{-7}m	透明度不一、不均匀、有相对稳定性、不易聚沉
	高分子溶液	单个高分子		透明、均匀、稳定、不聚沉
分子或离子分散系	真溶液	低分子或离子	<10^{-9}m	透明、均匀、稳定、不聚沉

三、悬浊液和乳浊液在医学上的应用

在医疗方面，常把一些不溶于水的药物配制成悬浊液来使用。治疗扁桃体炎等用的青霉素钾（钠）等，在使用前要加适量注射用水，摇匀后成为悬浊液，供肌肉注射。用X射线检查肠胃病时，让病人服用硫酸钡的悬浊液（俗称钡餐）等。又如，粉刷墙壁时，常把熟石灰粉（或墙体涂料）配制成悬浊液（内含少量胶质），均匀地喷涂在墙壁上。

乳浊液在医学上应用很广，统称乳剂。如鱼肝油乳剂。药液制成乳剂后，由于分散相表面积高度增大，而增加了药液与机体的接触面，改善药物对皮肤、黏膜的渗透性和促进药物的吸收。某些有不良气味的药物制成乳剂后，其气味可被掩盖或改善。例如鱼肝油制成乳剂后，既易于吸收又能掩盖鱼肝油的腥味，但是，药物制成乳剂后，增大了表面积，也增加了与空气中氧气和其他杂质接触的机会，易氧化变质。所以，乳剂中常加入稳定剂且一般不宜久储。

在农业生产中，为了合理使用农药，常把不溶于水的固体或液体农药，配制成悬浊液或乳浊液，用来喷洒受病虫害的农作物。这样农药药液散失的少，附着在叶面上的多，药液喷洒均匀，不仅使用方便，而且节省农药，提高药效。

第三节　稀溶液的依数性

溶液的性质既不同于纯溶质，又不同于纯溶剂，其性质可分为两类：第一类是由溶质的本性所引起的，例如溶液的颜色、导电性、密度等；第二类是由溶液的组成，即溶质与溶剂的分子数的比值所引起的，而与溶质的本性几乎无关。这一类性质通常称为稀溶液的通性，又称依数性。稀溶液的依数性就是指溶液的蒸气压下降、溶液的沸点升高、溶液的冰点降低和溶液的渗透压。至于在浓溶液中，溶液的依数性会受到溶质本性的影响，因此情况比较复杂。

一、溶液的蒸气压降低

将等体积的水和糖水各一杯放在密闭的钟罩里，如图 2-1 所示。经过一段时间可以发现，杯（1）中水的体积减小了，而杯（2）中糖水的体积却增大了。

这是因为水中溶解不挥发性的溶质后，水的一部分表面或多或少地被溶质的水合物质点所占据。因此在单位时间内逸出液面的水分子数比纯溶剂（水）相应地减少，结果在达到平衡时，在溶液上方单位体积内的水分子数目比在纯水上方的少，溶液的蒸气压就比纯水低。气体分子总是由蒸气压高处向低处扩散，必然有一部分水分子在溶液液面上凝聚。纯溶剂蒸气压和溶液蒸气压的差，称为溶液蒸气压下降。

1887 年，法国物理学家拉乌尔（F. M. Raoult）根据一系列实验结果，得出了一定温度下难挥发性非电解质稀溶液的蒸气压下降值与溶液浓度的定量关系——著名的拉乌尔定律。该定律经过推算，可用下式表达：

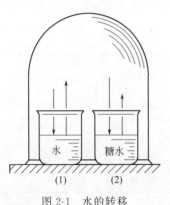

图 2-1　水的转移

$$\Delta p = K b_B$$

式中，Δp 为难挥发性非电解质稀溶液的蒸气压下降值；b_B 为溶液的质量摩尔浓度；K 为比例常数。公式表明：在一定温度下，难挥发性非电解质稀溶液的蒸气压下降（Δp）与溶液的质量摩尔浓度呈正比。说明蒸气压下降只与一定量溶剂中所含溶质的微粒数有关，而与溶质、溶剂的本性无关。

某些固体物质在空气中易吸收水分而潮解，因为固体表面吸水后而成溶液，它的蒸气压比空气中的水蒸气分压小，结果空气中水蒸气不断凝聚进入溶液使物质继续潮解，正是由于这一性质，这些易潮解的物质 $CaCl_2$、P_2O_5 等常用作干燥剂。

二、溶液的沸点升高

在 101.3kPa 下，水在 100℃ 沸腾，然而在高山上，水不到 100℃ 就沸腾，这是为什么呢？

液体的蒸气压是随温度升高而增大的，当液体的蒸气压等于外界压力（通常为 101.3kPa）时的温度称为该液体的沸点，因此沸点与外界压力有关。101.3kPa 下水的沸点为 100℃，高山地区，由于空气稀薄，外压较低，故水的沸点低于 100℃。以上是指纯溶剂的情况。当溶剂中加入不挥发性溶质时，溶液的蒸气压即降低，要使溶液的蒸气压和外压相等，显然要升高温度。溶液的蒸气压和外压相等时的温度要比纯溶剂的蒸气压和外压相等时的温度高，即溶液的沸点要比纯溶剂的沸点高。海水的沸点大于 100℃，就是这个道理，如图 2-2 所示。

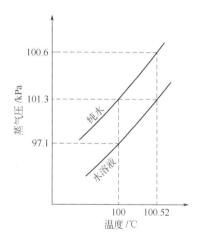

图 2-2 水溶液的沸点升高

对于难挥发性非电解质稀溶液来说，根据拉乌尔定律，溶液的沸点升高 ΔT_b 与溶液的蒸气压下降呈正比，经过推算，有以下关系式：

$$\Delta T_b = K_b b_B$$

式中，ΔT_b 是溶液的沸点升高值；b_B 是质量摩尔浓度；K_b 是质量摩尔沸点升高常数，其大小决定于溶剂的性质，而与溶质的本性无关。公式表明，溶液的沸点升高与质量摩尔浓度呈正比。

溶液的沸点也与外界压力有关，如果降低外界压力，溶液沸点也会降低。因此在化工和药物生产中，尤其是在较高温度易分解的有机物，常采用减压（或抽真空）操作进行蒸馏，一方面可降低沸点，节省加热用的燃料；另一方面可以避免一些药品因高温分解而影响质量和产量。

三、溶液的凝固点降低

溶剂的凝固点是指液态溶剂和固态溶剂平衡存在时的温度，例如水的凝固点是 0℃，在 0℃ 时水和冰能平衡存在，此时，水的蒸气压和冰的蒸气压相等（0.6kPa）。如果在 0℃ 的水中溶解不挥发性溶质，所组成的溶液的蒸气压就会降低（低于 0.6kPa），这时冰的蒸气压高于溶液的蒸气压，于是冰便会融化。只有将温度降低至比 0℃ 更低的温度时，冰的蒸气压和溶液的蒸气压才会相等（实验证明，冰的蒸气压随温度的降低而减小的幅度比溶液蒸气压减小的幅度大），此时冰和溶液能平衡存在。溶液和固态溶剂平衡存在时的温度称为

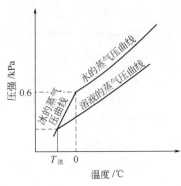

图 2-3　水溶液的凝固点下降

溶液的凝固点。显然，溶液的凝固点要比纯溶剂的凝固点低。图 2-3 中水和冰及溶液的蒸气压曲线，就说明了这一情形。

同样，对于难挥发性非电解质稀溶液，根据拉乌尔定律，溶液的凝固点降低 ΔT_f 与溶液的蒸气压下降 Δp 呈正比，经过推算，有以下关系式：

$$\Delta T_f = K_f b_B$$

式中，ΔT_f 是溶液的凝固点降低值；b_B 是质量摩尔浓度，mol/kg；K_f 是质量摩尔凝固点降低常数，其大小决定于溶剂的性质，而与溶质的本性无关。该公式表明，溶液的凝固点降低与质量摩尔浓度成正比。几种溶剂的 K_f 值见表 2-3。

【例 2-13】　取 0.749g 谷氨酸溶于 50.0g 水，测得凝固点为 $-0.188℃$，试求谷氨酸的摩尔质量。

解：
$$\Delta T_f = K_f b_{谷氨酸} = K_f \frac{m_{谷氨酸}/M_{谷氨酸}}{m_K}$$

$$M_{谷氨酸} = K_f \frac{m_{谷氨酸}}{m_K \Delta T_f} = 1.86 \times \frac{0.749}{50.0 \times 10^{-3} \times 0.188} = 148.206（g/mol）$$

则谷氨酸的摩尔质量为 148.206g/mol。

溶质的分子量可通过溶液的沸点升高及凝固点降低的方法进行测定。在实际工作中，常用凝固点降低法，这是因为：①对同一种溶剂来说，K_f 总是大于 K_b，所以凝固点降低法测定时的灵敏度高；②用沸点升高法测定分子量时，往往会因实验温度较高引起溶剂挥发，使溶液变浓而引起误差；③某些生物样品在沸点时易被破坏。

表 2-3　几种溶剂的质量摩尔凝固点降低常数 K_f

溶　剂	T_f/K	$K_f/(K·kg/mol)$
水	273	1.86
苯	278.5	5.12
乙酸	290	3.90
环己烷	279.5	20.0
萘	353.5	6.8
四氯化碳	250.1	32.0

溶液凝固点降低的现象有广泛的应用，例如在严寒的冬天，在汽车的水箱里加入甘油以防止水的冻结。食盐和冰的混合物可作为冷冻剂，这种冷冻剂最低温度可达 $-22.4℃$，因为食盐溶解在冰表面的水中成为溶液，使溶液蒸气压下降而低于冰的蒸气压，冰在融化时要吸收大量的热量，因此，使温度降低。氯化钙溶液（299g/L）和冰的混合物作为冷冻剂，甚至可降低至 $-55℃$。

大多数纯净的物质都有一定的沸点和熔点。若含有杂质，则它们的沸点就会升高，熔点就会下降，而且含的杂质越多，熔点距（从开始熔化到熔化完的温度范围称熔点距）越长。也可以利用凝固点降低的性质，鉴别未知样品。鉴定时是向未知样品中加入已知物质以后，若熔点不变，则未知样品与已知物质相同。

四、溶液的渗透压

（一）渗透压

假如在很浓的蔗糖溶液的液面上加一层清水，则蔗糖分子从下层进入上层，同时水分子从上层进入下层，直到均匀混合而浓度一致，这个过程称为扩散。

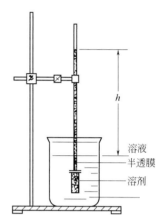

图 2-4　溶液的渗透压

如果将蔗糖溶液装在玻璃管中，并且和水之间隔一层半透膜时，情况则不同（见图 2-4）。半透膜是可以允许某些物质（较小分子）透过而不允许另一些物质（较大分子）透过的多孔性薄膜，动物的肠衣、膀胱膜、人工制得的羊皮纸都是半透膜。半透膜可以让水分子通过，但蔗糖分子不能通过。虽然水分子可以向两个方向透过半透膜，但因半透膜内外水的浓度不同（单位体积内水分子的个数不同），糖水溶液中水分子个数相对比同体积的纯水少，因此，单位时间内，纯水透过半透膜进入蔗糖溶液的水分子数，比从糖水溶液透过半透膜进入纯水的水分子数多。从宏观现象上看，只是水分子透过半透膜进入蔗糖溶液，于是玻璃管内的液面升高。这种溶剂（水）透过半透膜进入溶液的现象称为渗透（osmosis）。产生渗透的条件是：①半透膜的存在；②半透膜两边存在浓度差。

由于渗透作用，玻璃管内的液面上升，而静水压随之增加，这样单位时间内，水分子从溶液进入纯水的个数也就增多。当玻璃管内外的液面差达到某一高度时，水分子向两个方向渗透的速率趋于相等，渗透作用达到平衡，玻璃管内的液面停止上升。此时玻璃管内液面高度所产生的压力，称为该溶液的渗透压，即阻止渗透现象继续发生而达到动态平衡的压力称为渗透压（osmotic pressure）。渗透压的量符号用 Π 表示，其单位为 Pa（帕斯卡）或 kPa（千帕），医学上常用 kPa。如果玻璃管外不是纯溶剂，而是浓度比管内较小的溶液，同样也会产生渗透现象，这时产生的压强是渗透压之差。

日常生活的许多现象，如人们吃太咸的食物或运动时出汗过多会感到口渴；海水鱼和淡水鱼不能互换生活环境；人在淡水中游泳较长时间后会感到眼球发胀、有疼痛感等均与渗透现象有关。

（二）渗透压公式与渗透浓度

1. 渗透压公式

实验证明：当温度不变时渗透压与稀溶液的物质的量浓度呈正比；当浓度不变时渗透压与溶液的热力学温度呈正比。由此可得出稀溶液渗透压的公式：

$$\Pi V = n_B RT \quad \text{或} \quad \Pi = \frac{n_B}{V}RT = c_B RT$$

式中，Π 表示溶液的渗透压，kPa；V 表示溶液的体积，L；n_B 对于非电解质溶液，表示溶质分子的物质的量，对于电解质溶液近似为溶质离子的物质的量总数；c_B 对于非电解质溶液，表示物质的量浓度，对于电解质溶液近似为各离子的物质的量浓度总和；R 表示气体常数，值为 8.314J/(K·mol)；T 表示溶液的热力学温度（$T=273℃+t$），K。

由此可见，一定温度下渗透压的大小由稀溶液的物质的量浓度来决定，而与溶质、溶剂的性质无关。对于非电解质或电解质稀溶液来说，当温度一定时，只要物质的量浓度（分子或离子的个数）相同，渗透压就近似相等。

2. 渗透浓度

为了计算和比较非电解质和电解质溶液的渗透压，在实际工作中，常用渗透浓度（osmotic concentration）来表示溶液的浓度。

所谓渗透浓度，就是溶液中能产生渗透现象（渗透效应）的各种溶质质点（分子或离子）的总浓度，用符号 c_{OS} 表示，其常用单位为 mmol/L。对于非电解质溶液，其渗透浓度等于该溶液的物质的量浓度（单位：mmol/L）即 $c_{OS}=c_B$；对于强电解质溶液，其渗透浓度等于该溶液中的离子总浓度，即 $c_{OS}=ic_B$。如葡萄糖溶液的物质的量浓度为 c_B 时，其渗透浓度也为 c_B。NaCl 溶液的物质的量浓度为 c_B 时，其渗透浓度为 $2c_B(i=2)$。$CaCl_2$ 溶液的物质的量浓度为 c_B 时，其渗透浓度为 $3c_B(i=3)$。

【例 2-14】 计算 $\rho_{葡萄糖}=50g/L$ 的葡萄糖溶液的渗透浓度是多少？（$M_{葡萄糖}=180g/mol$）

解：
$$c_{葡萄糖}=\frac{\rho_{葡萄糖}}{M_{葡萄糖}}=\frac{50g/L}{180g/mol}=0.278mol/L=278mmol/L$$

因为葡萄糖是非电解质，所以 $c_{OS}=c_{葡萄糖}=278mmol/L$。

【例 2-15】 计算 $\rho_{NaCl}=9g/L$ 氯化钠溶液的渗透浓度是多少？（$M_{NaCl}=58.5g/mol$）

解：
$$c_{NaCl}=\frac{\rho_{NaCl}}{M_{NaCl}}=\frac{9g/L}{58.5g/mol}=0.154mol/L=154mmol/L$$

因为 NaCl 是电解质，在水溶液中全部电离成 Na^+ 和 Cl^-，故：
$$c_{OS}=c_{NaCl}\times2=154mmol/L\times2=308mmol/L$$

3. 等渗、低渗和高渗溶液

在相同温度下具有相同渗透压的溶液称等渗溶液。渗透压不等的两种溶液，相对地说，渗透压高的称高渗溶液，渗透压低的称低渗溶液。

临床上，由于正常人体血浆渗透压在 37℃ 时为 770.1kPa，一般在 719.4～820.7kPa 范围。因此，某溶液 37℃ 时，若渗透压在 719.4～820.7kPa（渗透浓度 280～320mmol/L）范围，此溶液就与人体血浆等渗，称等渗溶液。低于 719.4kPa（渗透浓度小于 280mmol/L）的溶液称低渗溶液。高于 820.7kPa（渗透浓度大于 320mmol/L）的溶液称高渗溶液。

临床上常用的等渗溶液有 0.154mol/L（9g/L）NaCl 溶液（生理盐水）、0.278mol/L（50g/L）葡萄糖溶液、0.149mol/L（12.5g/L）$NaHCO_3$ 溶液、1/6mol/L（18.7g/L）乳酸钠（$NaC_3H_5O_3$）溶液、复方氯化钠溶液（含 8.29g NaCl、0.3g KCl、0.3g $CaCl_2$）。

临床上常用的高渗溶液有 2.78mol/L（500g/L）葡萄糖溶液、0.56mol/L（100g/L）葡萄糖溶液、0.60mol/L（50g/L）$NaHCO_3$ 溶液、1.10mol/L（200g/L）甘露醇溶液、50g/L 葡萄糖氯化钠溶液（生理盐水中含有 50g/L 葡萄糖）。

临床上给病人大量输液时必须使用等渗溶液，以维持正常的血浆渗透压，使红细胞维持其正常的形态和生理活性 [见图 2-5(a)]。若输入大量的低渗溶液 [见图 2-5(c)]，会降低血浆渗透压，水分子通过细胞膜向细胞内渗透，导致红细胞膨胀甚至破裂而出现溶血现象；当输入大量的高渗溶液（15g/L NaCl），又会使血浆渗透压过高，红细胞内的水分子向外渗

(a) 在 9g/L NaCl 溶液中　　　(b) 在 15g/L NaCl 溶液中　　　(c) 在 5g/L NaCl 溶液中

图 2-5　红细胞在不同浓度的 NaCl 溶液中的形态示意

透，使红细胞皱缩而出现胞浆分离的现象［见图 2-5(b)］。皱缩的红细胞易粘在一起形成"团块"，它能堵塞小血管而形成血栓。但为了治疗的需要，输入少量高渗溶液也是允许的，但高渗溶液的用量和输液速度都要严格控制。如脑水肿病人常用 200g/L 甘露醇溶液作为脱水剂。

综合本节所述内容，对稀溶液的依数性（稀溶液的通性）可作如下小结：

① 稀溶液的依数性（稀溶液的通性）——溶液的蒸气压下降、溶液的沸点升高、溶液的凝固点降低、溶液的渗透压均与溶液中所含溶质的粒子数有关，而与溶质、溶剂的本性无关；

② 四个依数性之间有着内在的联系，其中不挥发性溶质促使溶液的蒸气压下降是根本原因；

③ 拉乌尔定律只适用于难挥发性、非电解质、稀溶液。

第四节　胶体溶液

胶体溶液和高分子化合物溶液与药剂和检验工作及营养专业关系很密切。很多物质在人体中是以胶体形式存在；人的生理活动也与胶体性质有关；很多不溶于水的药物要制成胶体溶液才能被人体吸收；检验工作所用很多试剂如生物试剂、染料的使用和保管均离不开胶体性质；很多操作也是在胶体溶液中进行。所以学好胶体溶液对以后专业课程的学习帮助很大。

本节重点学习溶胶的性质、影响胶体稳定的因素、聚沉胶体的方法及胶团的结构。

一、胶体溶液的性质

本节主要讨论由于分散相颗粒直径在 $10^{-9} \sim 10^{-7}$ m 的大小而引起的一系列特殊性质。

1. 丁铎尔效应（胶体溶液的光学性质）

如果将一束强光射入胶体溶液，在光束的垂直方向上可以看到一条发亮的光柱，这种现象称为丁铎尔效应（见图 2-6）。

丁铎尔效应的产生是由于胶体粒子对光的散射而形成的，通常把散射光又称为乳光，所以丁铎尔效应又称乳光效应。

可见光射到粗分散系能产生反射光，使粗分散系浑浊不透明。真溶液的分散相小于 10^{-9} m，光的散射极弱，可见光射入真溶液时，几乎全都发生透射作用，使真溶液具有透明性而没有丁铎尔效应。

由此可见丁铎尔效应可以用来区分三大分散系。

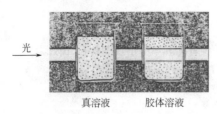

图 2-6　丁铎尔效应

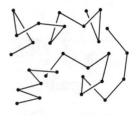

图 2-7　布朗运动

2. 布朗运动（胶体溶液的动力学性质）

在超显微镜下观察胶体溶液，可以看到胶体颗粒不断地作无规则的运动，这种运动称布朗运动（见图 2-7）。布朗运动是由分散剂的分子无规则地从各个方向撞击分散相的颗粒而引起的。

3. 电泳（胶体溶液的电学性质）

在电解质溶液中插入两个电极，接上直流电源就会发生离子的迁移。如果在胶体液中插入两个电极也可以看到同样的现象，即胶体粒子的迁移。在电场中，分散相的颗粒在分散剂中定向移动称为电泳。胶体粒子能产生电泳，说明胶体粒子带电。根据胶体粒子在电场中移动的方向，可以确定它们带什么电荷。移向阴极的胶体粒子带正电荷，粒子带正电荷的胶体称正胶体，如氢氧化铁胶体。移向阳极的胶体粒子带负电荷，粒子带负电荷的胶体称负胶体，如硫化砷胶体（见表 2-4）。

表 2-4　带正电荷和负电荷的胶体

带正电荷的胶体	带负电荷的胶体
氢氧化铁	金、银、硫溶胶
氢氧化铝	硫化砷、硫化锑
氢氧化铬	硅酸、锡酸、土壤
蛋白质在酸性溶液中	淀粉、蛋白质在碱性溶液中
碱性染料（如亚甲基蓝）	酸性染料（如刚果红）
卤化银（硝酸银过量时形成的胶体）	卤化银（卤化物过量时形成的胶体）

4. 胶体溶液的吸附作用

气体或溶液里的物质被吸附在固体表面，这种现象称为吸附。任何固体表面都具有吸附作用。吸附作用和固体物质表面积有关，表面积越大，吸附能力越强。把任何固体粉碎，其表面积大大增加，吸附能力也大大增强。

胶体溶液中，胶体颗粒（固体）较小，总的胶体颗粒表面积很大，因此具有强烈的吸附作用。

5. 胶体的扩散和透析

扩散就是溶胶的颗粒能从浓度大的区域移向浓度小的区域，最后达到浓度均匀的过程。如果用半透膜制成一个袋子，往里面装入淀粉胶体 10mL 和食盐溶液 5mL 的混合液体，用线把半透膜袋的口扎紧，把它悬挂在盛有蒸馏水的烧杯中，几分钟后，用两支试管各取烧杯里的液体 5mL，往其中 1 支试管加入少量的硝酸银溶液，往另一支试管里加入少量碘水，在加入硝酸银溶液的试管里出现了白色沉淀，在加入碘水的试管里不发生变化。这就证明氯离子可以通过半透膜，而淀粉胶体的微粒不能透过半透膜。同样可以证明钠离子也能透过半透膜。利用这一性质可以把电解质的离子或分子从胶体溶液中分离出来，使胶体溶液净化，这一种方法称透析或渗析。

二、胶团的结构

（一） $FeCl_3$ 水解生成 $Fe(OH)_3$ 溶胶的胶团结构

1. 化学反应

$FeCl_3$ 水解生成 $Fe(OH)_3$ 溶胶的化学反应方程式如下：

$$FeCl_3(稀溶液) + 3H_2O \Longrightarrow Fe(OH)_3(溶胶) + 3HCl$$
$$（黄棕色） \qquad\qquad （红棕色）$$

2. 胶团的形成

首先由水解生成的若干个氢氧化铁分子凝聚而形成胶核 $[Fe(OH)_3]_m$（$m=10^3$），胶核具有吸附能力。胶核在溶液中吸附离子时，优先吸附以下几种离子：

① 与它组成相似的离子；

② 若有几种离子相似，则优先吸附电荷多的离子；

③ 若有几种离子其他条件相似，则优先吸附浓度大的离子。

因此，必须分析溶液中有哪些离子存在。在 $FeCl_3$ 水解生成 $Fe(OH)_3$ 溶胶的反应中，由于：

$$FeCl_3 \Longrightarrow Fe^{3+} + 3Cl^-$$
$$HCl \Longrightarrow H^+ + Cl^-$$
$$H_2O \Longrightarrow H^+ + OH^-$$

所以在溶液中 $[Cl^-]$ 很大，$[OH^-]$ 极小。又由于溶液中一部分 $Fe(OH)_3$ 和 HCl 作用生成氯化氧铁（$FeOCl$）：

$$Fe(OH)_3 + HCl \Longrightarrow FeOCl + 2H_2O$$

氯化氧铁（$FeOCl$）再电离出铁氧根 FeO^+：

$$FeOCl \Longrightarrow FeO^+ + Cl^-$$

溶液中 Fe^{3+} 一部分水解生成 $Fe(OH)_3$，另一部分变成 FeO^+。由于 $[FeO^+] >$ $[OH^-]$，所以胶核 $[Fe(OH)_3]_m$ 首先吸附若干个 FeO^+ 而带正电荷，因此，FeO^+ 又叫电位离子，接着吸附溶液中电荷相反的、浓度大的 Cl^-；Cl^- 叫反离子，其中，有 $(n-x)$ 个 Cl^- 离胶核比较近，吸附得比较紧，与 FeO^+ 一起构成吸附层，有 x 个 Cl^- 离胶核远，构成扩散层，吸附层和胶核构成胶粒，胶粒和扩散层构成胶团。不难理解，$Fe(OH)_3$ 胶粒带 x 个正电荷，所以 $Fe(OH)_3$ 胶体为正胶体。在直流电场中，$Fe(OH)_3$ 胶粒能脱离扩散层向阴极移动。$Fe(OH)_3$ 溶胶的胶团结构写成： $\{[Fe(OH)_3]_m \cdot nFeO^+ \cdot (n-x)Cl^-\}^{x+} \cdot xCl^-$，其结构如图 2-8 所示。由于胶粒带的电荷总数与扩散层带的电荷总数相等，电性相反，因此整个胶团显电中性。

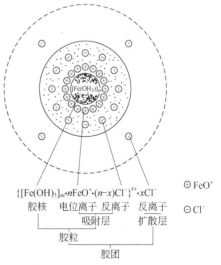

$$\{[Fe(OH)_3]_m \cdot nFeO^+ \cdot (n-x)Cl^-\}^{x+} \cdot xCl^-$$

胶核　电位离子　反离子　反离子
　　　　　　　吸附层　　　扩散层
　　　　　　　　胶粒
　　　　　　　　　胶团

$\oplus FeO^+$

$\ominus Cl^-$

图 2-8 氢氧化铁溶胶的胶团结构示意

（二）复分解反应生成硫化砷胶团的结构

1. 化学反应

复分解反应生成硫化砷胶团的化学反应方程式如下：

$$2H_3AsO_3(As_2O_3 \text{ 饱和溶液}) + 3H_2S(\text{饱和溶液}) \Longrightarrow As_2S_3(\text{溶胶}) + 6H_2O$$

$$H_3AsO_3 \Longrightarrow H^+ + H_2AsO_3^-$$

$$H_2S \Longrightarrow H^+ + HS^-$$

2. 胶团的形成

由于 As_2O_3 的溶解度很小，即 $[H_2AsO_3^-]$ 很小，此时，胶核 $[As_2S_3]_m$ 优先吸附 HS^-，再吸附 H^+。As_2O_3 溶胶胶团结构写成：$\{[As_2S_3]_m \cdot nHS^- \cdot (n-x)H^+\}^{x-} \cdot xH^+$，其结构如图 2-9 所示。可以看出硫化砷胶粒带负电荷，故硫化砷胶体为负胶体，在直流电场中胶粒能离开扩散层向阳极移动。

（三）胶团结构与制备过程有关

例如，同样用 $AgNO_3$ 和 KI 作用可生成两种带有相反电荷的 AgI 溶胶。

1. KI 滴加到稍过量的硝酸银溶液中

$$KI + AgNO_3(\text{过量}) \Longrightarrow AgI(\text{溶胶}) + KNO_3$$

溶液中离子浓度：$[Ag^+] > [I^-]$，$[NO_3^-] > [I^-]$，胶核 $[AgI]_m$ 优先吸附 Ag^+ 而带正电荷，再吸附反离子 NO_3^-。胶团的结构：$\{[AgI]_m \cdot nAg^+ \cdot (n-x)NO_3^-\}^{x+} \cdot xNO_3^-$，如图 2-10 所示。此时胶粒带正电荷，为正胶体，在直流电场中胶粒向阴极移动。

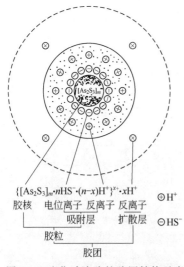

图 2-9 硫化砷溶胶的胶团结构示意

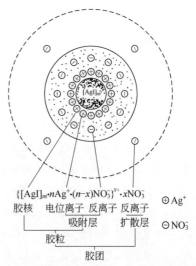

图 2-10 硝酸银过量时形成的 AgI 溶胶的胶团结构示意

2. 硝酸银滴加到稍过量的 KI 溶液中

$$AgNO_3 + KI(\text{过量}) \Longrightarrow AgI(\text{溶胶}) + KNO_3$$

溶液中离子浓度：$[I^-] > [Ag^+]$，$[K^+] > [Ag^+]$，胶核优先吸附 I^- 而带负电，再吸附 K^+，胶团结构可写成：

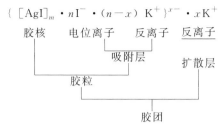

此时胶粒带负电荷，为负胶体，在直流电场中胶粒移向阳极。

三、胶体溶液的稳定性和聚沉

本节开始就提到很多药物要制成胶体溶液，因此希望制得的胶体越稳定越好。然而，在很多化工生产和化学分析中，生成胶体又是不利的，因为胶核能吸附溶液中离子和其他杂质，使产品不纯。又由于胶粒能通过滤纸，在过滤时容易丢失，使分析不准确，因此又要破坏胶体。不论增强胶体的稳定性或者破坏胶体，都必须弄清楚胶体稳定的因素。

（一）胶体稳定的因素

从胶团的结构和胶体的性质，可总结出以下几点胶体稳定的因素。

1. 布朗运动

由于胶粒比较小，受地心吸引力也小，因此布朗运动产生的动能足够克服地心对它的吸引力，从而使胶体具有一定的稳定性。粗分散系颗粒大，地心吸引力大，布朗运动慢，不能克服地心吸引力，所以粗分散系不稳定。真溶液的分子、离子运动非常快，受地心吸引力又小，所以真溶液特别稳定。

2. 胶体的胶粒带同种电荷

同种胶粒在相同条件下带相同电荷（正电荷或负电荷）。同性电荷的胶粒互相排斥，从而阻止了胶粒在运动时互相接近和聚合成较大的颗粒沉淀下来。

3. 溶剂化膜——水化膜的存在

由于胶核吸附离子，离子水化力很强，使胶粒外面又包围一层水分子，形成水化膜，使胶粒增加一层保护膜，阻止胶粒互相聚合。

胶体稳定的主要因素是胶粒带电和水化膜的存在，其次是布朗运动。

（二）聚沉胶体的方法

使胶体微粒聚合成大的颗粒而沉淀下来的过程称聚沉。设法破坏胶体稳定的因素，就能使胶体聚沉，常用如下几种方法。

1. 加入少量电解质，中和胶粒电荷

如在氢氧化铁溶胶中，加入少量硫酸钠，由于增加了溶胶中电解质离子的浓度，特别是增加了与胶粒带相反电荷的离子，如 SO_4^{2-}，中和胶粒的电荷，胶粒电荷被中和后，水化膜也被破坏。胶体稳定的主要因素被破坏，胶粒在运动时就互相碰撞而聚合成大的颗粒沉淀下来。

电解质对胶体的聚沉能力不仅与电解质的浓度有关，更主要的是决定于与胶粒带相反电荷的离子即反离子的电荷数，反离子电荷数越多，聚沉能力越强。如对于硫化砷胶体（负胶体）的聚沉能力，$AlCl_3 > CaCl_2 > NaCl$，而 KCl、K_2SO_4 对硫化砷胶体聚沉能力几乎相等。

对 $Fe(OH)_3$ 溶胶（正胶体）的聚沉能力：$K_3[Fe(CN)_6] > K_2SO_4 > KCl$。

江河入海口三角洲的形成，就是由于河水中泥沙带的负电荷被海水中电解质中和而沉淀堆积而成的。在豆浆中加入少量石膏（$CaSO_4 \cdot 2H_2O$）溶液制成豆腐，也是由于电解质中和了豆浆胶粒电荷的结果。

2. 加入亲水性强的有机溶剂，破坏水化膜

亲水性强的有机溶剂（如乙醇）加入溶胶中能夺取胶粒外面的水化膜，使胶粒稳定性降低。另外，乙醇还能使蛋白质变性，使蛋白质溶解度降低，从而发生沉淀。

3. 加入带相反电荷的胶体溶液

当带有相反电荷的两种胶体溶液互相混合时，由于胶粒带的电荷相反，互相中和电荷，从而发生聚沉。两种不同的墨水，由于染料不同或生产工艺不同都有可能带不同的电荷，因此也不能混合使用。

明矾的主要成分是硫酸铝，水解后生成带正电荷的氢氧化铝胶粒，遇到悬混在水中的带负电荷的泥沙等杂质，互相中和电荷发生聚沉，从而达到净化水的目的。

4. 加热

许多胶体溶液在加热时都能发生聚沉，这是因为一方面温度升高，胶核吸附离子的能力降低，使胶粒电荷减少、水化程度降低。另一方面，升高温度，胶粒运动加快、碰撞机会增多，所以加热可以使胶体聚沉。

对蛋白质胶体溶液加热时，能使蛋白质变性凝固，溶解度降低，从而发生沉淀。

四、高分子化合物溶液

（一）高分子化合物的概念

高分子化合物是由几百个、几千个甚至更多的原子所组成的具有巨大分子的物质，如淀粉、蛋白质、纤维素、阿拉伯胶和明胶等。

高分子化合物和低分子化合物比较起来有以下几个特点。

① 分子量大，一般在几万至几百万之间。如蛋白质的分子量就是二三万至五六十万，而低分子化合物的分子量一般在 1000 以下，1000～2000 的很少。此外，同一种高分子化合物分子的大小也不一样。因此它们的分子量是同一种化合物大小不同的分子量的平均值。

② 分子结构是链状的能卷曲的线型分子，容易被吸附在胶粒的表面。

③ 高分子化合物溶液从分散相颗粒大小划分，属胶体分散系。它具有胶体溶液的一些性质，如丁铎尔效应、布朗运动、不能通过半透膜等。从分散相组成划分，高分子化合物溶液的分散相是单个分子或离子，是属于分子或离子分散系。

（二）高分子化合物溶液的特点

高分子化合物溶液与一般溶胶比较有以下特点。

（1）稳定性大　高分子化合物溶液很稳定，稳定的主要因素是在溶液中溶剂化能力很强。高分子化合物分子结构中有很多亲水性很强的基团，如羟基（—OH）、羧基（—COOH）、氨基（—NH_2）等。以水作分散剂时，高分子化合物能通过氢键与水形成一层很厚的水化膜。

（2）黏度大　高分子化合物溶液有很大的黏度，如蛋白质溶液。溶胶的黏度一般来说几乎和纯溶剂没有区别，如氢氧化铁胶体的黏度和水几乎相同。

（3）溶解的可逆性　高分子化合物能自动溶解在溶剂里形成真溶液，而且溶解的过程是可逆的，它从溶剂中分离出来以后，再加入原来的溶剂，又能得到原来状态的真溶液。胶体溶液一旦聚沉以后，再加入原来的分散剂不能再形成胶体溶液。

（4）盐析　电解质对胶体溶液和高分子化合物溶液都能起凝聚作用，但作用的机制和需要的量不同。

取试管两支，一支中加入 $1mL$ 氢氧化铁溶胶，另一支加入 ρ（明胶）$=50g/L$ 的明胶溶液 $1mL$，逐滴加入饱和硫酸铵溶液于两支试管中，发现相同量的饱和硫酸铵溶液能使氢氧化铁溶胶聚沉，却不能使明胶溶液聚沉。若欲使明胶聚沉，必须加入大量硫酸铵溶液。这种向高分子化合物溶液中加入大量电解质，使高分子化合物从溶液中析出的过程称盐析，又如肥皂厂制肥皂时，往往加入大量食盐晶体把肥皂从溶液中析出来。

溶胶和高分子化合物溶液聚沉时所需要的电解质的量不同，是因为作用的机制不同。电解质使溶胶聚沉，主要是中和胶粒电荷，电解质溶液中离子很多，中和胶粒电荷能力很强，加入少量电解质就能使溶胶聚沉。高分子化合物溶液稳定的主要因素是在分子外面有很厚的水化膜。必须加入大量电解质才能把水化膜夺过来，从而使高分子化合物从溶液中析出来。

电解质的种类和浓度不同，盐析的能力也不同。高分子化合物种类不同，盐析时，要求电解质的浓度也不同，这一点，可用于血浆中蛋白质的分离。在蛋白质溶液中，先加入盐析能力较小的电解质，可以使溶解度小的蛋白质先沉淀析出来；再增大电解质的浓度或改换盐析能力强的电解质，可以使另一种溶解度较大的蛋白质析出来。

（三）高分子化合物对胶体的保护作用

在溶胶中加入一定量的高分子化合物溶液，可以大大增强溶胶的稳定性，这一种现象称高分子化合物对胶体的保护作用。如在加有明胶的硝酸银溶液中滴加氯化钠溶液时生成的氯化银不容易形成沉淀，而形成胶体溶液。这是由于明胶是高分子化合物，它对氯化银胶体起了保护作用。

高分子化合物对溶胶的保护作用是由于这些高分子化合物都是链状且能卷曲的线型分子，很容易吸附在胶粒表面，使胶粒增加了一层保护膜，又由于高分子化合物水化能力很强，在高分子化合物保护膜外面又形成一层水化膜，这样就阻止了胶粒对溶液中异电离子的吸引以及胶粒之间互相碰撞的机会，从而大大增强了胶体的稳定性。

（四）凝胶

在一定条件下，许多高分子化合物溶液和某些胶体溶液能整个凝聚成相当稠厚的物质，这种物质称为凝胶或胶冻，形成凝胶的过程称为胶凝。动物胶、明胶以及淀粉制成的糨糊等冷却后都能形成凝胶。

凝胶的形成是由于高分子化合物或溶胶粒子在溶液浓度增大时能互相结合，使整个体系交织为松软的网状结构，并将介质（液体）固定在网眼中，这样介质就不能自由流动，因而形成了凝胶。

干燥的凝胶能吸收适当的液体而膨胀，这个过程称膨润。

在生理过程中膨润起着重要作用，有机体愈年轻，膨润能力愈强。随着有机体逐渐衰老，膨润能力逐渐减弱，老年的特殊标志——皱纹，就是有机体失去膨润能力的特征，血管硬化也是由于构成血管壁的凝胶失去膨润能力。

有些凝胶能自动分离出部分液体而使凝胶体积缩小，这种现象称离浆。如淀粉糊搁久了就要析出水分，血块搁久了便有血清分出，都是离浆现象。

 **知识拓展**　　纳米材料在医学上的应用

纳米（nm）是一个长度计量单位，$1nm = 10^{-9}m$。纳米材料是纳米量级（1～100nm）范围内调控物质结构研制而成的具有优异理化性能的新材料。纳米材料的应用范围广泛，在医学领域中，纳米材料最引人注目的应用是作为药物载体和制作人工肾脏、人工关节等。

将磁性纳米颗粒作为药物载体，在外磁场的引力下集中于病患部位，进行定位病变治疗，有利于提高药物效应，减少副作用，可用于浅表部位病灶或外磁场容易触及的部位病灶的治疗。美国麻省理工学院的科学家已研制成以用生物降解性聚乳酸（PLA）制得的微芯片为基础，能长时间配选精确计量药物的药物投送系统，并已被批准用于人体。药物纳米载体技术将给恶性肿瘤、糖尿病和老年痴呆症的治疗带来变革。国外已研制出纳米 ZrO_2 增韧的氧化铝复合材料，用该材料制成的人工髋骨和膝盖骨植入物的寿命可达30 年之久。

中国地质大学的"纳米蒙脱石（也称膨润土）的制备与应用"研究成果，已通过专家鉴定，该技术首创了药用纳米蒙脱石材料微波制备法。用微波法制备的纳米蒙脱石材料，是一种性能优异的药物控释载体。如果将其用于中药研究与开发，将会从根本上改变目前中药沿用几千年的方式，使中药生产、储存、服用可能达到西药的标准，从而克服中药在煎熬中有效成分损失的缺陷，使有效成分吸收率大幅度提高。

纳米材料在医学领域的应用相当广泛，除了上述内容外，还有如基因治疗、细胞移植、人造皮肤和血管以及人工移植动物器官的可能。我们相信，在不久的将来，崭新的纳米技术将会带给医学界一场革命性的变化。

 致用小贴

腹膜透析

透析疗法是目前治疗尿毒症的主要方法。透析包括血液透析（简称血透）和腹膜透析（简称腹透）。

血透是通过透析机净化血液。腹透是一种不同于血透的透析方式。两者的区别是腹透不用人造膜过滤而是用人体的腹腔和包围腹腔的腹膜过滤。腹透时将一定量的无菌液体即腹透液灌入腹腔内，体内蓄积的毒素和多余的水分通过腹膜进入腹透液，腹透液在腹腔内保存一段时间后，和毒素及多余的水分一起被排出体外。同时将新的腹透液灌入腹腔内，开始新的一轮透析。同样，腹透前应建立腹透液进出腹腔的通路。把一根柔软有韧性的管即腹透管通过手术放入腹腔，这个管路可终生使用。

目前在我国，血透是治疗尿毒症的最普遍方式。其实，腹透，特别是持续性不卧床腹膜透析（CAPD），是一种有效治疗尿毒症的方法。其治疗费用较低、操作简便，患者可在家自行透析，适合大多数尿毒症患者。如在我国香港，80%以上的透析患者选择腹透治疗。腹膜透析节约了大量的医疗资源，也给患者带来更好的生活质量。

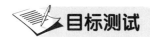**目标测试**

1.用密度为 1.84kg/L、$w_B = 0.96$ 的浓 H_2SO_4，制备密度为 1.182kg/L、溶液 $w_B = 0.25$ 的 H_2SO_4 溶液 500mL，需浓 H_2SO_4 多少毫升？怎样配制？

2.制备 0.1mol/L NaCl 溶液 250mL，需多少克 NaCl？怎样配制？

3.用密度为 1.18kg/L、$w_B = 0.36$ 的浓盐酸配制 1mol/L 盐酸 500mL，应怎样配制？

4.今有 NaOH 500g，能配制 2mol/L 溶液多少升？

5.将 6mol/L H_2SO_4 200mL 加水稀释到 1500mL，求稀释后溶液物质的量浓度。

6. $w_B = 0.10$ HNO_3 密度为 1.05kg/L，计算它的物质的量浓度。

7.患者需补充 Na^+ 5g，问应补给 NaCl 多少克？如用生理盐水补 Na^+，应补生理盐水多少毫升？

8.今有葡萄糖（$C_6H_{12}O_6$）、蔗糖（$C_{12}H_{22}O_{11}$）和氯化钠三种溶液，它们的浓度都是 $\rho_B = 10g/L$，试计算三者的渗透浓度；比较三者在相同温度下渗透压的大小；红细胞在三者中的形态如何？

9.怎样用实验的方法鉴别溶液和胶体？又怎样鉴别溶胶和悬浊液？

10.胶体溶液有哪些性质？这些性质与胶体的结构有何关系？

11.高分子溶液的稳定因素与溶胶的稳定因素有何区别？

12.影响胶体溶液的稳定因素是什么？破坏胶体有哪些方法？

13.高分子化合物溶液和胶体溶液有哪些异同点？

14.什么是盐析？它与电解质对胶体的聚沉有何不同？

15.高分子化合物溶液为什么对胶体有保护作用？

16.把 NaCl、Na_2SO_4、Na_3PO_4 按照使 $Fe(OH)_3$ 溶胶（正胶体）聚沉能力由大到小的顺序排列出来。

第三章 化学反应速率和化学平衡

 知识导图

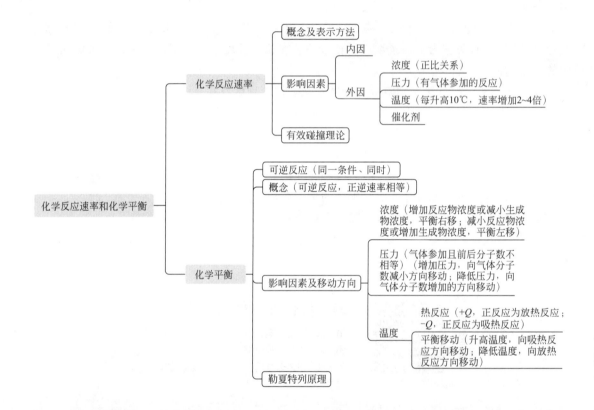

学习目标

1. 了解化学反应速率的概念及其表示方法。

2. 熟悉影响反应速率的各因素及其影响规律。

3. 掌握催化剂的概念及对反应速率的影响。

4. 了解质量作用定律、有效碰撞理论、阿伦尼乌斯公式和酶。

5. 掌握可逆反应、化学平衡的概念、特点及相关计算。

6. 掌握浓度、压强、温度对化学平衡影响规律及移动方向的判断。

7. 熟悉化学平衡移动原理及应用。

研究任何化学反应都应涉及两方面问题：一是化学反应能否发生，进行的程度如何，它属于化学平衡的范畴；二是化学反应的快慢如何，即化学反应速率。要掌握医学的基础理论，认识体内的生理变化、生化反应及药物在体内代谢等，都必须懂得化学反应速率和化学平衡的基本理论。

第一节　化学反应速率

一、化学反应速率的概念及表示方法

各种化学反应，有些进行得快，例如炸药爆炸、照相底片感光、酸碱中和反应等瞬时就能完成；有些反应却进行得慢，例如铁的生锈、塑料的老化、药品和食品的变质等需要较长时间才能完成。化学上常用化学反应速率（chemical reaction rate）来衡量化学反应的快慢。

表示化学反应速率的方法，是用单位时间内反应物浓度的减少或生成物浓度的增加来表示。物质浓度的单位是以 mol/L 表示，时间单位是根据具体反应进行的快慢，用秒（s）、分（min）或小时（h）表示。假定某一瞬间（t_1）某一反应物的浓度是 $c_1 = 2mol/L$，经过 2min 后（$t_2 - t_1 = 2min$）测得反应物浓度 $c_2 = 1.6mol/L$，所以在这 2min 内反应物有 0.4mol/L 起了变化。这 2min 该反应的平均速率是 0.2mol/(L·min)。

计算过程：

$$\bar{v} = -\frac{c_2 - c_1}{t_2 - t_1} = -\frac{(1.6 - 2.0)mol/L}{2min} = 0.2mol/(L·min)$$

由于当其他条件不变时，随着反应的不断进行，反应物的浓度不断减少，对于反应物间的反应速率每一瞬间都在减小，所以求得的是 $t_1 \sim t_2$ 时间段内的平均速率。另外，对反应物来说，浓度不断减少（$c_1 > c_2$），为了使反应速率为正值，所以公式中加"－"号。若用生成物的浓度增加（$c_1 < c_2$）来表示反应速率，则不加"－"号。必须注意，若一个反应中有几种反应物参加反应，生成几种生成物，此时以不同的物质变化进行计算所得速率的数值可能不同，但实质是一样的，都能表示该反应的速率，只是必须指明对什么物质而言。

【例 3-1】 对于合成氨的反应，在某一条件下，若在时间 t_1 时测得 $[N_2] = c_1 = 5mol/L$，$[H_2] = c_1 = 10mol/L$，$[NH_3] = c_1 = 3mol/L$；2min 后，$t_2 (t_2 - t_1) = 2min$ 时测得 $[N_2] = c_2 = 4mol/L$，$[H_2] = c_2 = 7mol/L$，$[NH_3] = c_2 = 5mol/L$，问此反应在该条件下反应速率是多少？

解：　　　　　　　　　$N_2 + 3H_2 \rightleftharpoons 2NH_3$

t_1 时 $c_1/(mol/L)$　　　5　　10　　　　3　　　$t_1 = 0$

t_2 时 $c_2/(mol/L)$　　　4　　7　　　　 5　　　$t_2 = 2min$

此反应在该条件下的反应速率可以从下列几种物质浓度的变化来表示。

若以 N_2 的变化来计算：

$$\bar{v}_{N_2} = -\frac{c_2 - c_1}{t_2 - t_1} = -\frac{(4 - 5)mol/L}{2min} = 0.5mol/(L·min)$$

若以 H_2 的变化进行计算：

$$\overline{v}_{\mathrm{H_2}}=-\frac{c_2-c_1}{t_2-t_1}=-\frac{(7-10)\,\mathrm{mol/L}}{2\,\mathrm{min}}=1.5\,\mathrm{mol/(L\cdot min)}$$

若以 $\mathrm{NH_3}$ 的变化进行计算：

$$\overline{v}_{\mathrm{NH_3}}=\frac{c_2-c_1}{t_2-t_1}=\frac{(5-3)\,\mathrm{mol/L}}{2\,\mathrm{min}}=1.0\,\mathrm{mol/(L\cdot min)}$$

从以上计算结果可以看出，对某一个化学反应，不论以什么物质的变化进行计算，所得速率数值可能不同，但一定与反应式中系数成比例，且都能表明该反应的速率。

以上所讨论的反应速率都是某一段时间内的平均反应速率。某一时刻的化学反应速率称为瞬时速率，即让 Δt 无限趋近于零，则求出来的是瞬时速率，所以更好的写法为 $v=\mathrm{d}s/\mathrm{d}t$，或写为 $v=\lim\Delta c/\Delta t$（Δt 趋于 0）。

二、影响化学反应速率的因素

影响化学反应速率的因素分为内因和外因。例如氢气与氟气在低温、黑暗处就能迅速化合，发生猛烈爆炸。在同样条件下，氢气与氯气反应就非常缓慢。这种反应速率的差别，是由反应物本身结构和性质即内因的不同所造成的。内因是决定化学反应速率的主要因素。此外，化学反应速率还受外界条件的影响。例如氢气与氯气，用强光照射或点燃时，就能迅速化合。影响化学反应速率的因素很多，对均相体系来说，主要有浓度、温度、压力和催化剂。

1. 浓度对化学反应速率的影响

浓度对化学反应速率的影响很大。例如，硫、磷等在纯氧中燃烧比在空气中燃烧剧烈得多，这是因为纯氧中氧气的浓度比空气中氧气的浓度大的缘故。

观察与思考

在一支试管里加入 0.1mol/L 硫代硫酸钠（$\mathrm{Na_2S_2O_3}$）溶液 4mL，在另一支试管中加入 0.1mol/L 硫代硫酸钠溶液和蒸馏水各 2mL。另取两支试管，向每支试管里加入 0.1mol/L $\mathrm{H_2SO_4}$ 溶液各 4mL。然后，同时将 $\mathrm{H_2SO_4}$ 溶液分别倒入两支盛有 $\mathrm{Na_2S_2O_3}$ 溶液的试管里，请同学们观察两支试管里出现浑浊的顺序。

在 $\mathrm{Na_2S_2O_3}$ 溶液中加入稀 $\mathrm{H_2SO_4}$，发生如下反应：

$$\mathrm{Na_2S_2O_3+H_2SO_4=\!\!=\!\!=Na_2SO_4+SO_2\uparrow+S\downarrow+H_2O}$$

溶液变浑浊的原因是生成了不溶于水的硫。当用不同浓度的 $\mathrm{Na_2S_2O_3}$ 溶液与 $\mathrm{H_2SO_4}$ 反应时，出现浑浊现象的快慢会不同。第一支试管 $\mathrm{Na_2S_2O_3}$ 溶液的浓度比第二支试管里的大，反应进行得快，先出现浑浊，第二支试管后出现浑浊。

实验证明：当其他条件不变时，增大反应物的浓度，反应速率加快；减小反应物的浓度，反应速率减慢。

人们在长期的生产和科学实验中发现，对于一步完成的简单反应，有如下规律：在一定条件下，化学反应速率同反应物浓度方次的乘积呈正比，这个规律称质量作用定律（mass action law）。

对于一步完成的简单反应：$m\mathrm{A}+n\mathrm{B}=\!\!=\!\!=\mathrm{C}$，质量作用定律的数学表达式为：$v=kc_{\mathrm{A}}^m c_{\mathrm{B}}^n$

式中，v 为反应速率；c_{A}、c_{B} 分别表示反应物 A 和 B 的浓度，mol/L；k 是反应速率常数，在给定条件下，当反应物浓度都是 1mol/L 时，$v=k$，即速率常数在数值上等于单位浓度时的反应速率。k 与温度有关，但不随浓度而变化。对于同一反应，在一定条件（如温度、催化剂）下，k 是一个定值。不同的反应，k 值不同，k 值越大，反应速率越快，反之，则越慢。

在质量作用定律数学表达式中，不包括固态和纯液态反应物。例如：

$$C(固) + O_2 \rightleftharpoons CO_2$$
$$v = k[O_2]$$

对于一步完成的简单反应，质量作用定律表达式中浓度的方次，等于反应式中各反应物的系数。对于分几步完成的总反应，质量作用定律只适用于其中每一步反应，不适用于总反应。

2. 压力对化学反应速率的影响

对于气体来说，当温度一定时，一定量气体的体积与其所受的压力成反比。即气体的压力增大到原来的 2 倍，气体的体积就缩小到原来的 1/2，单位体积内的分子数就增加到原来的两倍，如图 3-1 所示。所以，对于有气体参加的反应，增大压力，气体的体积缩小，就是增加了单位体积内反应物的物质的量，即是反应物浓度增大；减小压力，气体的体积扩大，反应物浓度减小。因而，对于气体反应，增大压力可以增大反应速率；反之，减小压力可以减小反应速率。

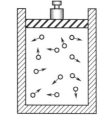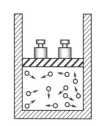

图 3-1 压力与一定量气体所占的体积示意

压力仅对有气体参加的反应的速率产生影响。如果参加反应的物质是固体、液体或者是在溶液中进行的反应，由于改变压力对它们的体积影响极小，它们的浓度几乎不发生改变，因此，固体或液体物质间的反应速率与压力几乎无关。

3. 温度对化学反应速率的影响

温度对化学反应速率的影响比较显著，许多化学反应是在加热的条件下进行的。例如氢气和氧气化合生成水（$2H_2 + O_2 \rightleftharpoons 2H_2O$），常温下几乎不反应，当加热到 600℃，就会立即反应，发生猛烈爆炸。

观察与思考

在两支试管中各加入 0.1mol/L $Na_2S_2O_3$ 溶液 2mL，分别放入盛有热水和冷水的两个烧杯中。另取两支试管，各加入 0.1mol/L H_2SO_4 溶液 2mL。稍待片刻，同时将两支试管里的 H_2SO_4 溶液分别倒入盛有 $Na_2S_2O_3$ 溶液的试管里，请同学们观察两支试管里出现浑浊的先后顺序。

实验结果：放入热水中的试管（温度高）先出现浑浊，反应快；放入冷水中的试管（温度低），后出现浑浊，反应慢。

由此可见：升高温度，反应速率加快；降低温度，反应速率减慢。荷兰科学家范特霍夫（J. H. van't Hoff）通过大量实验还得出了一个近似规律：当其他条件不变时，温度每升高 10℃，反应速率增大到原来的 2~4 倍。

温度能显著改变化学反应速率，因此在实践中人们经常通过改变温度来控制反应速率。例如，化学实验室和化工生产中，经常采取加热的方法来加快化学反应；为了防止某些药物特别是生物制剂受热变质，通常把它们存放在阴凉、低温处或置于冰箱内保存。

知识拓展

1889 年，阿伦尼乌斯（Arrhenius）依据大量实验数据，得出了一个经验公式来表示速率常数与反应温度之间的定量关系：

$$k = A\mathrm{e}^{\frac{-E_\mathrm{a}}{RT}} \text{ 或 } \ln k = -\frac{E_\mathrm{a}}{RT} + \ln A$$

式中，k 是速率常数；R 是摩尔气体常数，$R = 8.314\mathrm{J/(mol \cdot K)}$；$T$ 是热力学温度，$T = (273.15℃ + t)$，K；A 是频率因子（包括影响反应速率的分子间的碰撞频率及空间位置等因素），单位与速率常数一致；E_a 是反应的活化能。从阿伦尼乌斯公式中可以看出，在一定条件下，对于某一反应，E_a 是常数，$\mathrm{e}^{\frac{-E_\mathrm{a}}{RT}}$ 随温度升高而增大，即温度升高，k 变大，反应速率加快；对于 A 值相近的不同反应，温度一定时，则 E_a 越小，k 越大，反应速率越快。

4. 催化剂对化学反应速率的影响

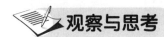

观察与思考

取试管两支，各盛质量分数为 0.03 的 H_2O_2 溶液 2mL，其中一支加少量 MnO_2 粉末。请同学们观察两支试管中产生气体的快慢。

反应方程式：$$2H_2O_2 \xrightarrow{MnO_2} 2H_2O + O_2 \uparrow$$

实验结果：加入 MnO_2 粉末的试管，过氧化氢的分解速率明显加快，产生的氧气也多。二氧化锰在这里是一种催化剂。在反应中能改变反应速率而本身的化学组成和质量在反应前后没有发生变化的物质称为催化剂（catalyst）。因催化剂的存在而使反应速率发生变化的现象称为催化作用（catalysis）。二氧化锰能加快过氧化氢的分解，起催化作用。

催化剂能显著地改变化学反应速率，加快反应速率的称正催化剂，减慢反应速率的称负催化剂，如无特别说明，一般指正催化剂。

催化剂在现代化学和化工生产中极为重要。例如硫酸工业中，由二氧化硫制三氧化硫的反应常用五氧化二钒（V_2O_5）作催化剂加快反应速率；合成氨工业中，氢气和氮气的反应，则用以铁为主体的多成分催化剂来催化。据统计，约有 85% 的化学反应需用催化剂。生物体内的许多生化、化学反应，也与催化剂有关。生物体内的各种酶，具有催化活性，称为生物催化剂。它对于生物体内的消化、吸收、代谢等过程起着非常重要的催化作用。

知识拓展　　　　生物催化剂——酶

在生物学中，有一类很重要的催化剂称为酶（enzymes）。酶是催化特定化学反应的蛋白质、RNA 或其复合体，能通过降低反应的活化能加快反应速率，但不改变反应的平衡点。绝大多数酶的化学本质是蛋白质，具有催化效率高、专一性强、作用条件温和等特点。酶参与人体所有的生命活动，比如思考、运动、睡眠、呼吸、愤怒、喜悦或者分泌荷尔蒙等都是以酶为中心的活动结果。酶的催化作用催动着机体充满活力的生化反应，催动着生命现象不断健康地运行。国内外权威医学证明，酶是人体内新陈代谢的催化剂，只有酶存在，人体内才能进行各项生化反应。人体内酶越多、越完整，其生命就越健康，而都市人普遍存在着缺酶的现象。在人体中，各种酶的催化非常专一：唾液酶（saliva）使淀粉转化为糖，酵母酶（zymase）使糖转化为醇和 CO_2。人体中还有脂酶、麦芽糖酶、胃蛋白酶、胰蛋白酶、蛋白酶、乳糖酶……一大串催化剂。

1969 年科学家第一次在实验室合成了一种酶——核糖核酸酶。由于此工作，Stein、Moore 和 Anfinson 获得了 1972 年 Nobel 化学奖。

三、有效碰撞理论

1. 有效碰撞

反应物分子间的相互碰撞是发生化学反应的先决条件，但并非每一次碰撞都能发生反应。在 0℃ 及 101.3kPa 条件下，气体分子的平均速率大约为 10^5 cm/s。运动速率非常快，分子间的碰撞机会很多。如果每一次碰撞都能发生化学反应，则气体间的化学反应必定很快，然而，事实并非如此。氢气和氧气、氢气和氮气之间的反应在常温下就进行得非常慢，其反应速率几乎为零。因此并不是每一次碰撞都能发生化学反应，而能发生化学反应的碰撞称有效碰撞（effective collision）。

2. 活化分子

能够发生有效碰撞的分子称活化分子，它具有的能量高于一般分子所具有的能量。

3. 活化能

物质分子具有一定的能量，能量有高有低。在某一温度下，设分子的平均能量为 $\overline{E}$，活化分子的最低能量为 E_1，则活化分子的最低能量（E_1）与分子平均能量（$\overline{E}$）之差（$E_1-\overline{E}$）称活化能（activation energy，E_a）。换句话说，把具有平均能量的分子变成活化分子所需要的最低能量称活化能。

对于某一个化学反应，在确定的条件下，E_1 和 $\overline{E}$ 都是一定的，即活化能 $E_a=E_1-\overline{E}$ 也是一定的。如果改变反应条件，使 E_1 减小（或使 $\overline{E}$ 增大），则活化能 E_a 就减小，反应速率就加快；反之，使 E_1 增大（或使 $\overline{E}$ 减小），则活化能 E_a 增大，反应速率就减慢。

4. 活化分子百分数

一定条件下，设单位体积内反应物分子总数为 n，单位体积活化分子的总数为 n^*，则活化分子百分数 $A=\dfrac{n^*}{n}\times100\%$。活化分子百分数（$A$）越大，则活化分子总数就越大，有效碰撞次数越多，反应速率越快。

5. 用有效碰撞理论解释影响化学反应速率的诸因素

① 反应物浓度增加，单位体积内反应物分子总数（n）增加，活化分子的总数（n^*）也增加，有效碰撞次数增多，反应速率加快。

② 对于气体反应，当其他条件不变时，压力增大，则体积缩小，相当于反应物的浓度增大，反应速率加快。

③ 温度升高，分子的平均能量增加，单位体积内活化分子百分数（A）增加，活化分子总数（n^*）增加，有效碰撞次数增多，反应速率加快。

④ 加入正催化剂，改变了反应历程，降低了反应活化能，从而单位体积内活化分子百分数（A）明显增加，活化分子的总数（n^*）大大增加，有效碰撞次数增多，反应速率加快。

对于非均相体系，除上述因素外，反应物质之间的接触面积和扩散作用等因素对反应速率也有影响。

第二节　化 学 平 衡

一、化学平衡的概念

1. 不可逆反应和可逆反应

在一定条件下，有些化学反应一旦发生，就能不断反应直到由反应物完全变成生成物。例如，氯酸钾在二氧化锰催化下的分解反应，氯酸钾能全部分解生成氯化钾和氧气：

$$2KClO_3 \xrightarrow{MnO_2} 2KCl + 3O_2 \uparrow$$

在相同条件下，用氯化钾和氧气反应来制取氯酸钾是不可能的。这种只能向一个方向进行的反应叫作不可逆反应（irreversible reaction）。不可逆反应的特点是反应能进行到底。

大多数化学反应和上述反应不同。在同一反应条件下，不但反应物可以变成生成物，而且生成物也可以变成反应物，即两个相反方向的反应同时进行。例如，在一定条件下，氮气和氢气合成氨，同时，又有一部分氨分解为氮气和氢气：

$$N_2 + 3H_2 \longrightarrow 2NH_3$$
$$2NH_3 \longrightarrow N_2 + 3H_2$$

在同一反应条件下，同时向两个相反方向进行的化学反应，称为可逆反应（reversible reaction）。为了表示反应的可逆性，在化学方程式中常用可逆符号"$\rightleftharpoons$"代替等号。上述反应可以写成：

$$N_2 + 3H_2 \underset{逆反应}{\overset{正反应}{\rightleftharpoons}} 2NH_3$$

在可逆反应方程式中，通常把从左向右进行的反应称正反应，从右向左进行的反应称逆反应。

可逆反应的特点是在封闭的反应体系中反应不能进行到底。

2. 化学平衡

在一定温度和压力下，将一定量的 N_2 和 H_2 混合气体充入一密闭容器中。当反应开始时，容器中只有 N_2 和 H_2，而且浓度最大，因而正反应速率也最大，逆反应速率为零。随着反应的进行，N_2 和 H_2 不断消耗，因而浓度逐渐减小，正反应速率也相应地逐渐减小；另一方面，反应一旦发生，由于 NH_3 的生成，逆反应便开始进行，一部分 NH_3 开始分解为 N_2 和 H_2。开始时，由于 NH_3 的浓度很小，逆反应速率很小，随着反应的进行，NH_3 的浓度逐渐增大，逆反应速率逐渐增大。当反应进行到一定程度时，逆反应速率等于正反应速率，即 NH_3 的分解速率等于 N_2 和 H_2 合成 NH_3 的速率（见图3-2）。此时，在单位时间内 N_2 和 H_2 反应减少的分子数，恰好等于 NH_3 分解生成的分子数。容器中反应物 N_2、H_2 和生成物 NH_3 的浓度不再随时间而改变，无论经过多长时间，N_2 和 H_2 也不可能全部转化为 NH_3。

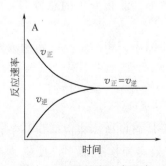

图3-2　正逆反应速率示意

在一定条件下，可逆反应中正反应速率等于逆反应速率的状态，称为"化学平衡（chemical equilibrium）"。在平衡状态下，反应物和生成物的浓度称平衡浓度。只要条件不变，体系中反应物和生成物的浓度保持不变，但这并不意味着反应已停止，此时反应仍在继续进行，只是正、逆反应速率相等，各物质浓度保持不变，所以化学平衡是一种动态平衡。

应该注意的是，当可逆反应达到平衡时，其特征是正反应与逆反应的速率相等，平衡混合物中各物质浓度保持不变，而不是各个物质的浓度一定相等，也不一定是生成物浓度的乘积与反应物浓度的乘积相等。

 **观察与思考**

在温度为 $500℃$、压力为 $3.04×10^4 kPa$ 时，将一定量的 N_2 和 H_2 混合气体充入一密闭容器中，充分反应后，测得混合气体内 NH_3 的体积分数为 26.4%。请同学们思考，如果条件相同，而开始充入密闭容器的是一定量的 NH_3，最后混合气体内 NH_3 的体积分数能否确定？为多少？

二、化学平衡常数

（一）平衡常数表达式

下列可逆反应：

$$CO+H_2O（g）\rightleftharpoons CO_2+H_2$$

正反应速率 $\quad v_正=k_正[CO][H_2O]$

逆反应速率 $\quad v_逆=k_逆[CO_2][H_2]$

平衡时 $\quad v_正=v_逆$

即得 $\quad k_正[CO][H_2O]=k_逆[CO_2][H_2]$

$$\frac{[CO_2][H_2]}{[CO][H_2O]}=\frac{k_正}{k_逆}=K_c$$

在一定温度下反应速率常数 $k_正$ 和 $k_逆$ 都是常数，因此它们的比值 K_c 也是常数。这个常数称"平衡常数（chemical equilibrium constant）"。它表示在一定温度下某一个可逆反应在达到平衡时生成物浓度的幂次方乘积与反应物浓度的幂次方乘积之比值是一个常数。

平衡常数的大小表示平衡体系中正反应进行的程度。K_c 值越大，表示正反应进行得越完全，平衡混合物中生成物的相对浓度就越大；K_c 值越小，表示正反应进行得越不完全，平衡混合物中生成物的相对浓度就越小。

对于同一可逆反应，平衡常数 K_c 与浓度的变化无关，与温度的变化有关。

化学反应方程式书写不同，平衡常数 K_c 的表达式也不同。例如，氮气和氢气合成氨的反应，化学反应方程式写成：

$$N_2+3H_2\rightleftharpoons 2NH_3 \quad 则\ K_c=\frac{[NH_3]^2}{[N_2][H_2]^3}$$

化学反应方程式写成：

$$2NH_3\rightleftharpoons N_2+3H_2 \quad 则\ K'_c=\frac{[N_2][H_2]^3}{[NH_3]^2}$$

显然，$K_c = \dfrac{1}{K_c'}$，$K_c \neq K_c'$。所以，使用 K_c 进行计算时，K_c 表达式要与所列的化学反应方程式相对应。几点说明如下。

① 平衡常数 K_c 适用于复杂反应的总反应，不必考虑该化学反应是分几步完成的。

② 固态物质和液态物质不代入平衡常数表达式。

③ 在稀溶液中进行的反应，如果有水参加，水的浓度也不必写在平衡常数表达式中。

（二）有关化学平衡的计算

1. 已知平衡浓度求平衡常数

【例 3-2】 在某温度下，反应 $H_2 + Br_2 \rightleftharpoons 2HBr$ 在下列浓度时建立平衡：$[H_2] = 0.5\text{mol/L}$，$[Br_2] = 0.1\text{mol/L}$，$[HBr] = 1.6\text{mol/L}$，求平衡常数 K_c。

解： $H_2 + Br_2 \rightleftharpoons 2HBr$

平衡浓度 $c/(\text{mol/L})$ 0.5 0.1   1.6

$$K_c = \frac{[HBr]^2}{[H_2][Br_2]} = \frac{1.6^2}{0.5 \times 0.1} = 51.2$$

则平衡常数 K_c 等于 51.2。

2. 已知平衡浓度求开始浓度

【例 3-3】 氨的合成反应 $N_2 + 3H_2 \rightleftharpoons 2NH_3$，某温度下达到平衡时，平衡浓度为：$[N_2] = 3\text{mol/L}$，$[H_2] = 8\text{mol/L}$，$[NH_3] = 4\text{mol/L}$，求开始时 N_2 和 H_2 的浓度。

解：设开始时 $[NH_3] = 0\text{mol/L}$。达到平衡时，生成 4mol/L 氨，由反应式中系数关系可知：

$$N_2 + 3H_2 \rightleftharpoons 2NH_3$$

起始浓度 $c_{始}/(\text{mol/L})$ x y 0
变化浓度 $c_{消}/(\text{mol/L})$ 2   6   (4)
平衡浓度 $c_{平}/(\text{mol/L})$ 3   8   4

所以开始时：

$$c_{N_2} = x = 3\text{mol/L} + 2\text{mol/L} = 5\text{mol/L}$$
$$c_{H_2} = y = 8\text{mol/L} + 6\text{mol/L} = 14\text{mol/L}$$

3. 已知平衡常数和开始浓度求平衡浓度及反应物转化为生成物的转化率

【例 3-4】 在密闭容器中，将一氧化碳和水蒸气的混合物加热，达到下列平衡：

$$CO + H_2O（气） \rightleftharpoons CO_2 + H_2$$

在 800℃时平衡常数等于 1，反应开始时 CO 的浓度是 2mol/L，水蒸气的浓度是 3mol/L，求平衡时各物质的浓度和一氧化碳转化为二氧化碳的转化率。

解：设在平衡时，单位体积中有 x mol 的 CO 转化为 CO_2，即 $[CO_2] = x$ mol/L，则：

$$CO \quad + \quad H_2O（气） \quad \rightleftharpoons \quad CO_2 \quad + \quad H_2$$

起始浓度 $c_{始}/(\text{mol/L})$ 2   3   0   0
变化浓度 $c_{消}/(\text{mol/L})$ x x (x) (x)
平衡浓度 $c_{平}/(\text{mol/L})$ $2-x$ $3-x$ x x

将平衡浓度代入平衡常数表达式，则得：

$$K_c = \frac{[CO_2][H_2]}{[CO][H_2O]} = \frac{x^2}{(2-x)(3-x)} = 1$$

解方程得，$x=1.2$

平衡时各物质浓度为：$[CO]=2mol/L-1.2mol/L=0.8mol/L$

$$[H_2O]=3mol/L-1.2mol/L=1.8mol/L$$

$$[CO_2]=[H_2]=1.2mol/L$$

一氧化碳的转化率：$CO\%=\dfrac{1.2}{2}\times100\%=60\%$。

三、化学平衡的移动

一切动态平衡都是相对的和暂时的。化学平衡也具有相对性和暂时性，只是在一定条件下才能保持平衡状态。如果外界条件（浓度、压力、温度等）发生改变，原来的平衡就会被破坏，反应体系中各物质的浓度将发生改变，可逆反应就从暂时的平衡变为不平衡，直至在新的条件下建立新的平衡。在新的平衡状态下，各物质的浓度都已不是原来平衡时的浓度了。

因反应条件的改变，使可逆反应从一种平衡状态向另一种平衡状态转变的过程，称为化学平衡的移动。在新的平衡状态下，如果生成物的浓度比原来平衡时的浓度大，就称平衡向正反应的方向（向右）移动；如果反应物的浓度比原来平衡时的浓度大，就称平衡向逆反应方向（向左）移动。

影响化学平衡移动的外部因素主要有浓度、温度、压力等。

1. 浓度对化学平衡移动的影响

一个达到化学平衡状态的可逆反应，如果改变平衡体系中的任何一种反应物或生成物的浓度，都会改变正反应速率或逆反应速率，从而引起化学平衡的移动。移动的结果使反应物和生成物的浓度都发生改变，并在新的条件下建立新的平衡。

观察与思考

在一个小烧杯里加入 15mL 蒸馏水，然后滴入 1mol/L $FeCl_3$ 溶液和 1mol/L KSCN 溶液各 3 滴，请同学们观察：溶液立即变成什么颜色？将烧杯里的溶液分装在 3 支试管里，在第 1 支试管里加入少量 0.1mol/L $FeCl_3$ 溶液，在第 2 支试管里加入少量 0.1mol/L KSCN 溶液，请同学们观察：这两支试管里溶液颜色的变化，并与第 3 支试管相比较。

三氯化铁和硫氰酸钾反应，生成血红色的六硫氰合铁（Ⅲ）酸钾和氯化钾：

$$FeCl_3+6KSCN \Longleftrightarrow K_3[Fe(SCN)_6]+3KCl$$

实验结果：在平衡混合物里加入 $FeCl_3$ 溶液或 KSCN 溶液后，溶液的红色都变深了，由于增大任何一种反应物的浓度，都会加快正反应速率，使得正反应速率大于逆反应速率，于是平衡被破坏，反应向加快生成 $K_3[Fe(SCN)_6]$ 的方向进行。随着反应的进行，$FeCl_3$ 和 KSCN 的浓度逐渐降低，正反应速率逐渐减小。同时，由于生成物的浓度逐渐增大，逆反应速率也相应加快，直至正、逆反应速率又重新相等，反应达到了新的平衡。在新的平衡状态下，各物质的浓度都发生了改变，生成物 $K_3[Fe(SCN)_6]$ 的浓度比原来平衡时增大了（溶液的红色变深），表明平衡向着正反应的方向（即向右）移动。不仅增加反应物的浓度可使平衡向右移动，降低生成物的浓度，也会使得正反应速率大于逆反应速率，结果也会使平衡向右移动。相反，增加生成物的浓度，会加快逆反应速率，使得逆反应速率大于正反应速率，平衡向着逆反应的方向（即向左）移动。

由此可得出浓度对化学平衡移动的影响结论：在其他条件不变时，增大反应物的浓度或减小生成物的浓度，平衡向右（正反应方向）移动；增加生成物的浓度或减小反应物的浓度，平衡向左（逆反应方向）移动。

浓度对化学平衡移动的影响在医学上有着重要的应用。例如，在肺泡中，红细胞中的血红蛋白（Hb）与氧气结合成为氧合血红蛋白（HbO_2），由血液运输到全身各组织后，氧合血红蛋白就分解释放氧气提供给组织细胞利用，其化学过程为：

$$Hb（血红蛋白）+O_2 \rightleftharpoons HbO_2（氧合血红蛋白）$$

当病人因心肺功能不全、肺活量减少或因其他原因引起的呼吸困难、甚至出现昏迷等缺氧症状时，往往采用吸（输）氧来增加氧气浓度，促使上述平衡向右移动，增加氧合血红蛋白的量，从而改善全身组织的缺氧情况。

2. 压力对化学平衡移动的影响

对于反应物或生成物中有气态物质的化学平衡体系，如果反应前后气体分子数不相等，增大或者降低总压力，反应物和生成物的浓度都会发生改变，使得正反应速率和逆反应速率不再相等，所以改变反应的总压力（恒温条件），就会使化学平衡发生移动。平衡移动的方向与反应前后气体分子数有关。

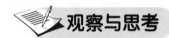 观察与思考

如图 3-3 所示，用注射器吸入一定量二氧化氮和四氧化二氮的混合气体，使注射器活塞达到 I 处，用橡皮塞将细端管口封闭。二氧化氮（红棕色气体）和四氧化二氮（无色气体）在一定条件下达到化学平衡：

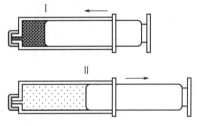

$$2NO_2（气）\rightleftharpoons N_2O_4（气）$$
$$（红棕色）\qquad （无色）$$

图 3-3 压力对化学平衡
移动的影响

将注射器活塞向外拉至 II 处，气体的总压力减小，管内体积增大，浓度减小，混合气体的颜色变浅。请同学们仔细观察：稍待片刻后管内气体颜色有何变化？将注射器活塞向里又推至 I 处，管内气体颜色又有何变化？

由上述化学方程式可知，消耗 2mol NO_2 就增加 1mol N_2O_4，反应前后气体分子数不相等：正反应是气体分子数减少（体积减小）的反应，逆反应是气体分子数增加（体积增大）的反应。当注射器活塞向外拉至 II 处时，管内体积增大，气体的总压力减小，浓度减小，混合气体的颜色先变浅；稍待片刻后，由于平衡发生了移动，混合气体的颜色又逐渐变深，表明平衡向生成 NO_2 的方向，即向气体分子数增加的方向移动。当将注射器活塞向里又推至 I 处时，管内体积缩小，气体的总压力增大，浓度增大，混合气体的颜色先变深又逐渐变浅，表明平衡向生成 N_2O_4 的方向，即向气体分子数减少的方向移动。

由此可以得出压力对化学平衡移动的影响结论：对于气体反应物和气体生成物分子数不等的可逆反应来说，当其他条件不变时，增大总压力，平衡向气体分子数减少（气体体积缩小）的方向移动；减小总压力，平衡向气体分子数增加（气体体积增大）的方向移动。

压力对于固态或液态物质的体积影响很小，因此只有固态或液态物质参加的化学平衡体系，压力的影响可以忽略。既有气体又有固态或液态物质的化学平衡体系，压力的改变只需考虑反应体系中气态物质分子数的变化。例如，用炽热的炭将二氧化碳还原成一氧化碳的

反应：

$$C(固)+CO_2 \rightleftharpoons 2CO$$

由于正反应是气体分子数增加的反应，所以，在一定温度下增大总压力，平衡向气体分子数减少的方向，即向左移动；减小总压力，平衡向气体分子数增加的方向，即向右移动。

压力对化学平衡的影响，可以用质量作用定律来解释，其实质还是浓度对化学平衡的影响。

3. 温度对化学平衡移动的影响

化学反应总是伴随着放热或吸热现象的发生。放出热量的反应称为放热反应（exothermic reaction），放出的热量用"＋"号表示在化学方程式的右边；吸收热量的反应称为吸热反应（endothermic reaction），吸收的热量用"－"号表示在化学方程式的右边。对于可逆反应，如果正反应是放热反应，逆反应就一定是吸热反应，而且，放出的热量和吸收的热量相等。在伴随放热或吸热现象的可逆反应中，当反应达到平衡后，改变温度，也会使化学平衡移动。例如二氧化氮生成四氧化二氮的反应：

$$2NO_2(气) \rightleftharpoons N_2O_4(气)+56.9kJ$$
（红棕色）　　　　（无色）

在这个反应中，正反应为放热反应，逆反应则为吸热反应。温度对其平衡的影响可由以下实验得到证明。

观察与思考

如图 3-4 所示，在两个连通的烧瓶里充满 NO_2 和 N_2O_4 的混合气体，用夹子夹住橡胶管，然后把一个烧瓶浸入热水中，另一个浸入冰水中。请同学们观察：热水和冰水中烧瓶内混合气体的颜色变化。

从实验看到，热水中瓶内气体的颜色变深，表明 NO_2 浓度增大；冰水中瓶内气体的颜色变浅，表明 NO_2 浓度减小。实验结果说明，当可逆反应达到平衡后，升高温度，有利于吸热反应，平衡向吸热反应的方向即生成 NO_2 的方向移动；降低温度，有利于放热反应，平衡向放热反应的方向即生成 N_2O_4 的方向移动。

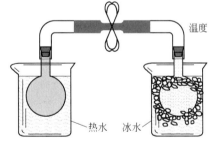

图 3-4　温度对化学平衡移动的影响

知识拓展

温度影响化学平衡移动的基础是：温度对吸热反应和放热反应的影响程度不同。当可逆反应达到平衡后，升高温度时，正反应速率和逆反应速率都要加快，但是加快的倍数不同，吸热反应速率增加的多，而放热反应速率增加的少。由于正、逆反应速率不再相等，于是平衡被破坏，并向吸热反应的方向移动。反之，降低温度时，正反应速率和逆反应速率都要减小，但是减小的倍数不同，吸热反应速率减小的多，而放热反应速率减小的少。由于正、逆反应速率不再相等，于是平衡被破坏，并向放热反应的方向移动。

由此可得出温度对化学平衡的影响是：在其他条件不变时，升高反应温度，有利于吸热反应，平衡向吸热反应方向移动；降低反应温度，有利于放热反应，平衡向放热反应方向移动。

温度对化学平衡的影响与浓度和压力不同，改变浓度或压力只能使平衡点改变，而温度的变化，却导致了平衡常数数值的改变。

平衡常数和温度之间存在下列定量关系：

$$\ln \frac{K_2}{K_1} = \frac{\Delta_r H_m^{\ominus}}{R} \left(\frac{1}{T_1} - \frac{1}{T_2} \right)$$

式中，$\Delta_r H_m^{\ominus}$ 代表恒压下反应的热效应，热量的符号采用热力学中的规定；K_1，K_2 分别代表温度 T_1，T_2 时的平衡常数；R 是气体常数 $[R = 8.314 J/(K \cdot mol)]$。

上式清楚地表明温度对平衡常数的影响。如果是放热反应（$\Delta_r H_m^{\ominus}$ 为负值），温度升高时，$K_2 < K_1$，即平衡常数随温度的升高而减小；如果是吸热反应（$\Delta_r H_m^{\ominus}$ 为正值），温度升高，$K_2 > K_1$，即平衡常数随温度的升高而增大。

4. 催化剂不能影响化学平衡的移动

对于可逆反应，催化剂能够以同等程度同时改变正反应和逆反应的速率，因此催化剂不能使化学平衡移动，但是，催化剂能够改变化学反应速率，缩短反应达到平衡所需的时间。因此在化工生产中往往使用催化剂来加快反应速率、缩短生产周期，提高生产效率。

5. 勒夏特列原理

从以上讨论可知，如果在平衡体系内增加反应物浓度，平衡就向着由反应物转变为生成物（即减小反应物浓度）的方向移动；有气体存在的反应，如果增大平衡体系的总压力，平衡就向着气体分子数减小（即气体总压力减小）的方向移动；如果升高温度，平衡就向着吸热反应（即降低温度）方向移动。

法国化学家勒夏特列（H. L. Le Chatelier）根据以上结论，概括出一条普遍的规律：任何已经达到平衡的体系，如果改变影响平衡的一个条件，如浓度、压力或温度，平衡就向着削弱或解除这些改变的方向移动。这个规律称勒夏特列原理，又称平衡移动原理。

平衡移动原理只适用于已经达到平衡的体系。没有达到平衡的体系，其反应的方向只有一个，即达到平衡的方向。

 致用小贴

影响药物反应速率的因素

药物是一类特殊的化学物质，影响它们反应速率的因素，除浓度外，还有温度、催化剂、水分、光线等，并且这些因素对药物的反应速率的影响更为明显。

（1）温度　每升高 10 ℃，反应速率增加 2～4 倍。对某些药物来说这个关系可能是相当准确的，但不能普遍适用，因为有些反应在 10 ℃ 范围内变化很迅速。例如，注射液在加热灭菌或在热带地区制备或储藏制剂，或用加热方法促使固体药物溶解等过程中，都必须充分考虑到温度对药物稳定性的影响。对热很敏感的药物如某些生物制剂（胰岛素、血管紧张素、缩宫素等注射剂及血清、疫苗等）和抗生素等，更应避免加热，因此通常这些药物应储藏于冰箱中。但也存在个别药物，温度降低，分解速率增大。例如，15 ℃ 以下甲醛的聚合反应速率比在室温下快。

（2）水分　水通常是一些化学反应的必要媒介，多数反应没有水就不会进行。有些化学稳定性差的固体药物，例如阿司匹林、青霉素 G 钾（钠）盐、氯乙酰胆碱、硫酸亚铁等，颗粒表面吸附了水分以后，虽然仍是疏散的粉末，但在固体表面形成了肉眼不易觉察的液膜，分解反应就在这液膜中进行。因此药物储藏要特别注意防潮。

（3）特殊酸碱催化 很多药物的分解反应可被 H^+ 或 OH^- 催化，此外某些药物的分解也可被 Bronsted-Lowry 酸碱理论的一切酸或碱所催化，如醋酸盐、枸橼酸盐、硼酸盐均属 Bronsted-Lowry 理论的酸或碱，它们可以催化某些药物分解。例如磷酸、磷酸盐对青霉素 G 盐，醋酸、枸橼酸盐对氯霉素等的催化分解。

（4）光线 光和热一样，可以为化学反应提供必需的活化能。药物制剂的光化分解通常是由于吸收了太阳光中的紫光和紫外线引起。某些药物的氧化还原，环重排或环改变，联合、水解等反应，在特殊波长的光线作用下都可能发生或加速，例如亚硝酸戊酯的水解，吗啡、可待因、奎宁的氧化，挥发油的聚合等。因此，很多药物及制剂都要求避光保存。

 **目标测试**

1. 浓度、压强、温度和催化剂为什么会影响化学反应的速率？试结合活化分子的概念加以解释。

2. 什么叫化学平衡？它的特点是什么？

3. 简述平衡常数的物理意义。

4. 下述反应达到平衡时：$2NO + O_2 \rightleftharpoons 2NO_2 + Q$，如果①增加压强；②增加氧气的浓度；③减少二氧化氮的浓度；④升高温度；⑤加入催化剂，平衡是否会被破坏？向何方向移动？简述理由。

5. 在下列化学平衡中，如果①降低温度；②增加压强，则平衡分别向哪一方向移动？

（1）$2H_2O(g) \rightleftharpoons 2H_2 + O_2 - Q$

（2）$N_2 + O_2 \rightleftharpoons 2NO - Q$

（3）$2SO_2 + O_2 \rightleftharpoons 2SO_3 + Q$

（4）$C(s) + CO_2 \rightleftharpoons 2CO - Q$

6. 某温度下，在体积为 1L 的密闭容器中，将 5mol 二氧化硫和 2.5mol 氧气化合，得到 3mol 三氧化硫，反应式为：$2SO_2 + O_2 \rightleftharpoons 2SO_3$，计算这个反应的平衡常数。

7. 800℃时，在一密闭系统，一氧化碳转化为二氧化碳的反应中，开始时各物质的浓度为 $[CO] = 2mol/L$、$[H_2O] = 6mol/L$、$[CO_2] = 0$、$[H_2] = 0$、$K_c = 1$，求平衡时各物质浓度及一氧化碳转化为二氧化碳的转化率。[反应式：$CO + H_2O(气) \rightleftharpoons CO_2 + H_2$]

8. 某温度下，$H_2 + I_2 \rightleftharpoons 2HI$ 的平衡常数是 50，在同一温度下使一定量的氢气与 1mol/L 碘蒸气混合后发生反应，当达到平衡时，有 0.9mol/L 碘化氢生成。求反应开始时，氢气的浓度为多少？

9. 写出下列反应的热化学方程式：

（1）0.1mol 炭跟水蒸气反应，生成一氧化碳和氢气时要吸收 13.14kJ 的热量；

（2）1g 硫化氢气体完全燃烧，生成液态水和二氧化硫气体，放出 17.24kJ 热量。

资源获取步骤

第一步 微信扫描二维码

第二步 关注"易读书坊"公众号

第三步 进入公众号，在线自测或下载自测题

第四章　电解质溶液

知识导图

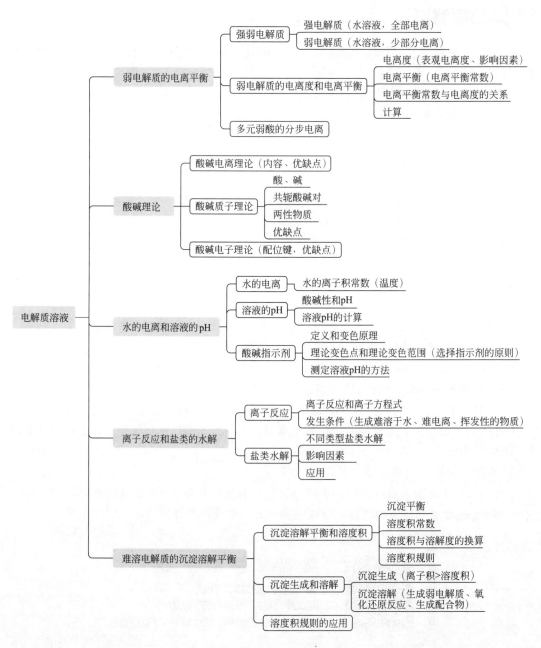

电解质溶液
- 弱电解质的电离平衡
  - 强弱电解质
    - 强电解质（水溶液，全部电离）
    - 弱电解质（水溶液，少部分电离）
  - 弱电解质的电离度和电离平衡
    - 电离度（表观电离度、影响因素）
    - 电离平衡（电离平衡常数）
    - 电离平衡常数与电离度的关系
    - 计算
  - 多元弱酸的分步电离
- 酸碱理论
  - 酸碱电离理论（内容、优缺点）
  - 酸碱质子理论
    - 酸、碱
    - 共轭酸碱对
    - 两性物质
    - 优缺点
  - 酸碱电子理论（配位键，优缺点）
- 水的电离和溶液的pH
  - 水的电离
    - 水的离子积常数（温度）
  - 溶液的pH
    - 酸碱性和pH
    - 溶液pH的计算
  - 酸碱指示剂
    - 定义和变色原理
    - 理论变色点和理论变色范围（选择指示剂的原则）
    - 测定溶液pH的方法
- 离子反应和盐类的水解
  - 离子反应
    - 离子反应和离子方程式
    - 发生条件（生成难溶于水、难电离、挥发性的物质）
  - 盐类水解
    - 不同类型盐类水解
    - 影响因素
    - 应用
- 难溶电解质的沉淀溶解平衡
  - 沉淀溶解平衡和溶度积
    - 沉淀平衡
    - 溶度积常数
    - 溶度积与溶解度的换算
    - 溶度积规则
  - 沉淀生成和溶解
    - 沉淀生成（离子积>溶度积）
    - 沉淀溶解（生成弱电解质、氧化还原反应、生成配合物）
  - 溶度积规则的应用

学习目标

1. 掌握强电解质和弱电解质的概念及电离。
2. 熟悉电离平衡常数、电离度的概念及电离常数、电离度、溶液浓度之间的关系。
3. 掌握有关电离平衡的计算。
4. 熟悉酸碱电离理论、酸碱质子理论和酸碱反应的实质。
5. 了解酸碱电子理论的概念。
6. 掌握水的电离和水的离子积常数、溶液的 pH 与溶液酸碱性的关系并进行有关 pH 的计算。
7. 熟悉酸碱指示剂的变色原理和变色范围。
8. 熟悉盐类水解的定义、实质及不同类型盐水溶液酸碱性的判断。
9. 了解影响盐类水解的因素及其应用。

溶液是由溶质和溶剂组成的。溶质分为电解质和非电解质。无机化学反应大多数是在水溶液中进行的，参加反应的主要是电解质，而电解质在溶液中是全部或部分以离子形式存在，电解质之间的反应实质上是离子反应。离子反应可以分为酸碱反应、沉淀反应、氧化还原反应和配合反应四大类。本章着重学习前两类反应，应用化学平衡原理讨论弱电解质（弱酸、弱碱和水）在水溶液中的电离平衡、盐的水解平衡及难溶电解质的沉淀溶解平衡。

第一节　弱电解质的电离平衡

根据化合物在水溶液里或熔化状态下能否导电分为电解质和非电解质。电解质在水溶液中为什么能导电呢？

酸、碱、盐等电解质都是离子键或极性共价键形成的化合物。当离子键组成的化合物如氯化钠溶于水时，一方面由于氯化钠晶体中阴、阳离子的不断振动，另一方面由于水分子的吸引和撞击，阴、阳离子就离开氯化钠晶体表面，并扩散到溶液中去成为能自由移动的阴、阳离子，进一步和水分子结合成水合离子（见图 4-1），这种过程称电离。氯化钠（$NaCl$）在水中的电离方程式是：

$$NaCl \Longrightarrow Na^+ + Cl^-$$

又如氯化氢的水溶液盐酸，氯化氢分子中氢原子和氯原子之间是强极性共价键，氢原子一端带部分正电荷，氯原子一端带部分负电荷，溶剂水分子是极性分子，氯化氢分子的正、负极在水分子负、正极的吸引和溶剂水分子的冲击之下断裂成氢离子和氯离子，进一步形成水合离子（见图 4-2）。

氯化氢在水溶液中电离方程式可简单写成：

$$HCl \Longrightarrow H^+ + Cl^-$$

在电解质溶液中，当插入电极并接通电源时，能自由移动的阴、阳离子就分别向电性相反的电极移动。阳离子在阴极上得到电子，阴离子在阳极上失去电子，这样，阴、阳离子不断到阳、阴极上失电子和得电子，从而使外电路上有电子流动，即有电流通过，这就是电解质溶液能导电的原因。

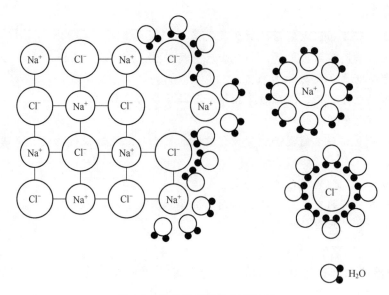

图 4-1　氯化钠晶体的电离过程

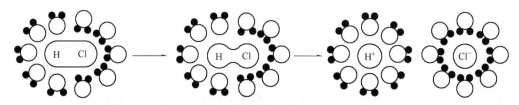

图 4-2　氯化氢的电离过程

非电解质大多数是以非极性或弱极性共价键构成的化合物，在水中不易电离成离子，故不导电。

一、强电解质和弱电解质

电解质分为强电解质和弱电解质两类。在水溶液中能全部电离成阴、阳离子的电解质称为强电解质。强电解质在水溶液中全部以离子形式存在，导电能力很强。实验证明，强酸如硫酸、盐酸、硝酸、高氯酸，强碱如氢氧化钠、氢氧化钾、氢氧化钡和绝大多数盐都是强电解质。

在水溶液中只有少部分能电离成阴、阳离子的化合物称为弱电解质。弱电解质在水溶液中只有一部分以离子形式存在，其余都是以分子形式存在的，因此，弱电解质的水溶液导电能力弱。实验证明，弱酸如醋酸（也称乙酸）、碳酸、硼酸，弱碱如氨水和少数盐类如氯化汞、醋酸铅是弱电解质。

二、弱电解质的电离度和电离平衡

（一）电离度

弱电解质的电离是可逆过程，例如 HAc 的电离：

$$HAc \rightleftharpoons H^+ + Ac^-$$

当正、逆两个过程速率相等时，分子、离子之间就达到了动态平衡，这种平衡称为电离平衡。电离平衡是化学平衡的一种，服从化学平衡规律。在平衡状态下，弱电解质的电离程度可用电离度来表示。

电离度就是电离平衡时，已电离的弱电解质分子数和电离前溶液中它的分子总数的百分比。电离度通常用 α 表示：

$$\alpha = \frac{\text{已电离的分子数}}{\text{电离前分子总数}} \times 100\%$$

例如，在 18℃时 0.1mol/L 醋酸溶液中，每 10000 个醋酸分子中有 134 个电离成氢离子和醋酸根离子，醋酸的电离度是：

$$\alpha = \frac{134}{10000} \times 100\% = 1.34\%$$

电离度的大小可以相对地表示电解质的强弱。几种 0.1mol/L 酸、碱、盐的电离度见表 4-1。

强电解质在水溶液中完全电离，其电离度应该是 100%，但是表 4-1 中数值为什么都不到 100% 呢？

这是因为电离度是通过实验测定出来的，在测定电解质溶液的导电能力时，由于强电解质完全电离，在溶液中离子浓度很大，不同离子由于静电作用相互吸引，使离子不能完全自由运动，因此从溶液的表观性质来看，测出强电解质溶液所含离子数就小于完全电离的 100%。但它仅仅反映强电解质溶液中离子间相互吸引和影响的程度，称表观电离度，并不代表强电解质在溶液中真正电离的百分数。

表 4-1　几种 0.1mol/L 酸、碱、盐的电离度（18℃）

电　解　质		分子式	电离度 α/%	电　解　质		分子式	电离度 α/%
酸	盐酸	HCl	92	碱	氢氧化钠	NaOH	91
	硝酸	HNO_3	92		氢氧化钾	KOH	91
	硫酸	H_2SO_4	61		氢氧化钡	$Ba(OH)_2$	81
	磷酸	H_3PO_4	27		氨水	$NH_3 \cdot H_2O$	1.3
	亚硫酸	H_2SO_3	34	盐	氯化钠	NaCl	84
	醋酸	HAc	1.34		硝酸银	$AgNO_3$	81
	碳酸	H_2CO_3	0.17		硫酸钠	Na_2SO_4	69
	氢硫酸	H_2S	0.07		硫酸铜	$CuSO_4$	40
	硼酸	H_3BO_3	0.01		醋酸钠	NaAc	79
	氢氰酸	HCN	0.01				

注：表中多元酸的电离度是指它们的一级电离。

根据电离度大小，把电解质分为以下三类：

① 电离度大于 30% 的电解质称强电解质；

② 电离度小于 5% 的电解质称为弱电解质；

③ 电离度介于 5% 和 30% 的电解质称为中强电解质。

电解质强弱之分并无严格的界限，上面的划分只是相对的。

电解质电离度的大小与下列各因素有关。

（1）**电解质的性质**　不同的电解质有不同的电离度，主要决定于它们的分子结构，离子化合物和强极性共价化合物在水溶液中离子间吸引力减弱，但水分子的吸引力较大，故能完全电离。弱极性共价化合物，由于极性小，水分子对它的吸引力较小，而分子中原子与原子之间结合牢固，不容易电离，所以电离度小。极性越小的化合物电离度越小。

（2）溶液的浓度　电解质溶液的浓度和电离度有着密切的关系。溶液浓度越小，电解质的电离度越大，这是由于浓度越小，离子间相互碰撞重新结合变成分子的机会越小，所以电离度较大。相反，增大溶液浓度，则使电离度减小（见表 4-2）。因此，讨论电解质的电离度时必须指明溶液的浓度。

表 4-2　不同浓度醋酸的电离度

浓度/(mol/L)	0.2	0.1	0.02	0.01	0.001
电离度 α/%	0.934	1.33	2.96	4.20	12.40

（3）溶剂的性质　在电离过程中，溶剂所起的作用是很大的，同一种电解质在不同种溶剂中的电离度也不一样。例如氯化氢在水溶液中电离度很大，因为水是极性分子，但氯化氢在有机溶剂苯中就几乎不电离、因为苯是非极性分子，所以溶剂的极性越大，电解质的电离度也越大。

（4）温度　温度对一般电解质的电离度影响不大，但对水的电离度影响较大，随着温度升高，水的电离度增大。

（5）同离子效应　将在第六章讨论。

（二）弱电解质的电离平衡和电离平衡常数

弱电解质在水溶液中存在着分子与离子之间的电离平衡，下面以醋酸的电离过程为例进行讨论，其化学方程式为：

$$HAc \underset{逆反应}{\overset{正反应}{\rightleftharpoons}} H^+ + Ac^-$$

正反应是醋酸分子电离成氢离子和醋酸根离子，逆反应是氢离子和醋酸根离子碰撞结合成醋酸分子。在一定温度下，正反应和逆反应很快达到动态平衡，这个平衡称为电离平衡。它符合一般化学平衡原理：

$$K_i = \frac{[H^+][Ac^-]}{[HAc]}$$

式中，K_i 称为电离平衡常数，简称电离常数；［HAc］表示平衡时未电离的醋酸分子的浓度；［H^+］、［Ac^-］则表示氢离子和醋酸根离子的平衡浓度。

一元弱碱的电离情况也是这样，例如氨水的电离过程：

$$NH_3 \cdot H_2O \rightleftharpoons NH_4^+ + OH^-$$

电离常数的计算式：

$$K_i = \frac{[NH_4^+][OH^-]}{[NH_3 \cdot H_2O]}$$

一般用 K_a 表示弱酸的电离常数，用 K_b 表示弱碱的电离常数。不同的弱电解质有不同的电离常数。电离常数反映了弱电解质电离程度的相对强弱。电离常数越大，说明弱电解质比较容易电离，电离常数越小，说明弱电解质越难电离，几种弱电解质的电离常数见表4-3。

表 4-3　几种弱电解质的电离常数（25℃）

电　解　质		电离方程式	电离常数 K_i
酸	醋酸	$HAc \rightleftharpoons H^+ + Ac^-$	1.76×10^{-5}
	氢氰酸	$HCN \rightleftharpoons H^+ + CN^-$	4.93×10^{-10}
	碳酸	$H_2CO_3 \rightleftharpoons H^+ + HCO_3^-$	$K_1 = 3.30 \times 10^{-7}$
		$HCO_3^- \rightleftharpoons H^+ + CO_3^{2-}$	$K_2 = 5.61 \times 10^{-11}$
	氢硫酸	$H_2S \rightleftharpoons H^+ + HS^-$	$K_1 = 9.1 \times 10^{-8}$
		$HS^- \rightleftharpoons H^+ + S^{2-}$	$K_2 = 1.1 \times 10^{-12}$
	亚硫酸	$H_2SO_3 \rightleftharpoons H^+ + HSO_3^-$	$K_1 = 1.54 \times 10^{-2}$
		$HSO_3^- \rightleftharpoons H^+ + SO_3^{2-}$	$K_2 = 1.02 \times 10^{-7}$
	磷酸	$H_3PO_4 \rightleftharpoons H^+ + H_2PO_4^-$	$K_1 = 7.52 \times 10^{-3}$
		$H_2PO_4^- \rightleftharpoons H^+ + HPO_4^{2-}$	$K_2 = 6.23 \times 10^{-8}$
		$HPO_4^{2-} \rightleftharpoons H^+ + PO_4^{3-}$	$K_3 = 2.2 \times 10^{-13}$
	硼酸	$H_3BO_3 + H_2O \rightleftharpoons B(OH)_4^- + H^+$	$7.3 \times 10^{-10}(20℃)$
碱	氨水	$NH_3 \cdot H_2O \rightleftharpoons NH_4^+ + OH^-$	1.76×10^{-5}

对于同类型的弱酸、弱碱的相对强弱程度，也可以用比较它们的 K_a（或 K_b）值的大小来决定。例如，$K_a(HAc) = 1.76 \times 10^{-5}$，$K_a(HCN) = 4.93 \times 10^{-10}$，虽然 HAc 和 HCN 都是弱酸，但后者的电离常数远小于前者，故 HCN 是比 HAc 更弱的酸。

和所有平衡常数一样，电离平衡常数与温度有关，与浓度无关。

（三）电离常数和电离度的关系

电离常数和电离度都可以用来比较弱电解质的相对强弱，两者既有区别又有联系。

以醋酸电离平衡为例，设醋酸浓度为 c_B，电离度为 α，计算如下：

$$HAc \rightleftharpoons H^+ + Ac^-$$

开始浓度/(mol/L)　　　　　　c_B　　　　0　　　0

平衡浓度/(mol/L)　　　$c_B - c_B\alpha$　　$c_B\alpha$　　$c_B\alpha$

$$K_a = \frac{[H^+][Ac^-]}{[HAc]} = \frac{(c_B\alpha)^2}{c_B(1-\alpha)} = \frac{c_B\alpha^2}{1-\alpha}$$

写成 K_i 与 α 的一般关系式：

$$K_i = \frac{c_B\alpha^2}{1-\alpha}$$

当 K_i 很小时，α 很小，$1-\alpha \approx 1$，所以：

$$K_i = c_B\alpha^2 \quad 或 \quad \alpha = \sqrt{\frac{K_i}{c_B}}$$

这个公式表示了电离常数、电离度及其溶液浓度之间的关系。它的意思是：同一弱电解质的电离度与其浓度的平方根成反比，溶液浓度越稀，电离度越大；相同浓度的不同弱电解质的电离度与电离常数的平方根成正比，电离常数越大，电离度也越大。

（四）关于电离平衡的计算

进行电离平衡计算，关键是熟悉电离平衡移动原理和应用化学平衡的计算方法。电离平衡常数的计算与化学平衡常数计算方法相似，溶液中离子浓度的计算与化学平衡时平衡浓度计算方法相似，电离度的计算与化学平衡体系中反应物的转化率的计算方法相似。

【例 4-1】 已知 25℃时，0.1mol/L 的醋酸电离度 $\alpha = 1.34\%$，计算醋酸的电离常数。

解： 已知醋酸的起始浓度 $c(\text{HAc}) = 0.1\text{mol/L}$，电离度 $\alpha = 1.34\%$，则电离平衡时：

$$[\text{H}^+] = [\text{Ac}^-] = c(\text{HAc})\alpha = 0.1\text{mol/L} \times 1.34\% = 1.34 \times 10^{-3}\text{mol/L}$$

$$[\text{HAc}] = c(\text{HAc}) - c(\text{HAc})\alpha = 0.1\text{mol/L} - 1.34 \times 10^{-3}\text{mol/L} = 0.09866\text{mol/L}$$

$$K_a = \frac{[\text{H}^+][\text{Ac}^-]}{[\text{HAc}]} = \frac{(0.00134)^2}{0.09866} = 1.8 \times 10^{-5}$$

或直接用上述公式，近似计算：

$$K_i = c_B \alpha^2 = 0.1 \times 0.0134^2 = 1.8 \times 10^{-5}$$

【例 4-2】 计算 0.1mol/L 醋酸溶液中氢离子浓度及电离度。（$K_a = 1.76 \times 10^{-5}$）

解： 已知醋酸的开始浓度为 $c(\text{始}) = 0.1\text{mol/L}$，设电离平衡时，已电离的醋酸浓度为 $x\text{mol/L}$，则醋酸的平衡浓度为：

$$[\text{HAc}] = c(\text{始}) - x\text{mol/L} = (0.1 - x)\text{mol/L}$$

$$\text{HAc} \rightleftharpoons \text{H}^+ + \text{Ac}^-$$

开始浓度 $c_{\text{始}}/(\text{mol/L})$ 0.1   0   0

平衡浓度 $c_{\text{平}}/(\text{mol/L})$ $0.1-x$ x x

$$K_a = \frac{[\text{H}^+][\text{Ac}^-]}{[\text{HAc}]} = \frac{x^2}{0.1 - x} = 1.76 \times 10^{-5}$$

解此一元二次方程得：$x = [\text{H}^+] = 1.32 \times 10^{-3}\text{mol/L}$

由于醋酸是一个弱酸，它的电离度相当小，平衡时未电离的醋酸浓度近似等于醋酸的起始浓度，即 $[\text{HAc}] = c_{\text{始}} - x \approx c_{\text{始}}$。这样上述计算式可简化为：

$$K_a = \frac{x^2}{0.1} = 1.76 \times 10^{-5}$$

$$[\text{H}^+] = x = \sqrt{1.76 \times 10^{-5} \times 0.1} = 1.33 \times 10^{-3}(\text{mol/L})$$

$$\alpha = \frac{x}{c_{\text{始}}} \times 100\% = \frac{1.33 \times 10^{-3}}{0.1} \times 100\% = 1.33\%$$

把上式计算推广到一般，则浓度为 $c_{\text{酸}}$ 的一元弱酸溶液中，计算 $[\text{H}^+]$ 的近似公式：

$$[\text{H}^+] = \sqrt{K_a c_{\text{酸}}}$$

可用同样的方法计算弱碱溶液中的 $[\text{OH}^-]$，并导出计算弱碱溶液中 $[\text{OH}^-]$ 的近似公式：

$$[\text{OH}^-] = \sqrt{K_b c_{\text{碱}}}$$

在例 4-2 的计算中，采用精确计算和近似计算的结果吻合。一般情况下，$c/K_i \geqslant 500$ 时，就可以用近似方法计算。

三、多元弱酸的分步电离

碳酸、氢硫酸和磷酸等分子中都有两个或三个可以电离的氢原子，是多元弱酸。多元弱酸的电离是分步进行的。例如磷酸就分三步电离：

第一步电离 $\text{H}_3\text{PO}_4 \rightleftharpoons \text{H}^+ + \text{H}_2\text{PO}_4^-$ $K_1 = \dfrac{[\text{H}^+][\text{H}_2\text{PO}_4^-]}{[\text{H}_3\text{PO}_4]}$

第二步电离　　$H_2PO_4^- \rightleftharpoons H^+ + HPO_4^{2-}$　　　　$K_2 = \dfrac{[H^+][HPO_4^{2-}]}{[H_2PO_4^-]}$

第三步电离　　$HPO_4^{2-} \rightleftharpoons H^+ + PO_4^{3-}$　　　　$K_3 = \dfrac{[H^+][PO_4^{3-}]}{[HPO_4^{2-}]}$

K_1、K_2、K_3 分别表示第一、二、三步电离常数。多元弱酸的第一步电离比较容易，第二步电离比较困难，第三步电离就更困难。因此多元弱酸溶液中的氢离子主要来自第一步电离，计算多元弱酸溶液中氢离子浓度的近似值，可以用第一步电离的 K_1 值进行计算。比较多元酸的相对强弱，也可以用第一步电离的 K_1 值来进行比较。

第二节　酸碱理论

一、酸碱电离理论

酸碱电离理论认为：在电离时所产生的阳离子全部是 H^+ 的化合物称酸；电离时所产生的阴离子全部是 OH^- 的化合物称碱。H^+ 是酸的特征，OH^- 是碱的特征。酸碱反应的实质就是 H^+ 和 OH^- 反应生成 H_2O。水可以电离出 H^+ 和 OH^-，但其电离度很小，而且电离出的 $[OH^-] = [H^+]$，所以水既不显酸性，也不显碱性。习惯上把酸碱反应称为酸碱中和反应。例如氢氧化钠和盐酸反应的离子方程式为：

$$OH^- + H^+ \Longrightarrow H_2O$$

所以，盐酸和氢氧化钠反应的实质是 HCl 电离出的 H^+ 与 NaOH 电离出的 OH^- 作用生成难电离的 H_2O 的反应。

酸碱电离理论从物质的化学组成上揭示了酸碱的本质。但是，它把酸碱反应只限于在水溶液中进行，按电离理论，离开了水溶液就没有酸碱反应。事实上，有许多酸碱反应是在非水溶液或无溶剂条件下进行的。因此，酸碱电离理论有很大的局限性。

二、酸碱质子理论

酸碱质子理论认为：凡能给出质子（H^+）的物质都是酸，凡能接受质子的物质都是碱。例如：HCl、NH_4^+、HSO_4^-、$H_2PO_4^-$ 都是酸，Cl^-、NH_3、HSO_4^-、SO_4^{2-}、OH^- 都是碱。

根据酸碱质子理论，酸给出质子以后变成碱，碱接受质子以后变成酸。酸和碱的这种相互关系称为共轭关系。例如：

$$酸 \Longrightarrow 质子 + 碱$$
$$HCl \Longrightarrow H^+ + Cl^-$$
$$NH_4^+ \Longrightarrow H^+ + NH_3$$
$$H_2PO_4^- \Longrightarrow H^+ + HPO_4^{2-}$$
$$H_2SO_4 \Longrightarrow H^+ + HSO_4^-$$
$$HSO_4^- \Longrightarrow H^+ + SO_4^{2-}$$

以上这些方程式中，右边的碱是左边酸的共轭碱，左边的酸是右边碱的共轭酸，如 NH_4^+ 与 NH_3、H_2SO_4 与 HSO_4^-、HSO_4^- 与 SO_4^{2-} 都是共轭酸碱。它们在化学组成上仅相差一个质子。

根据酸碱质子理论，酸碱反应的实质就是两对共轭酸碱之间质子的传递过程。酸碱中和反应不一定生成水。例如：HCl 和 NH_3 的反应：

$$\overset{\overset{\displaystyle H^+}{\big\downarrow}}{HCl} + NH_3 = NH_4^+ + Cl^-$$
$$\text{酸}_1 \quad \text{碱}_1 \qquad \text{酸}_2 \quad \text{碱}_2$$

HCl 供给质子的能力比 NH_4^+ 供给质子的能力强，即酸性：酸$_1$＞酸$_2$。NH_3 接受质子的能力比 Cl^- 强，即碱性：碱$_1$＞碱$_2$。酸碱中和反应总是强酸与强碱反应生成弱酸与弱碱，所以上述反应从左向右正向进行。质子传递的方向是 HCl 中质子传递给 NH_3，而不是 NH_4^+ 中质子传递给 Cl^-。若共轭酸是较强的酸，则共轭碱一定是较弱的碱。例如：

$$HCl \rightleftharpoons H^+ + Cl^-$$
$$HAc \rightleftharpoons H^+ + Ac^-$$

这两对共轭酸碱对中，HCl 的酸性大于 HAc 的酸性，则 Cl^- 的碱性也一定小于 Ac^- 的碱性。

另外，一种物质显示酸碱性的强弱，不仅和它的本性有关，也和溶剂的性质有关。例如，NH_3 以水作溶剂时是弱碱，以冰醋酸作溶剂时，NH_3 的碱性大大增强。这是因为冰醋酸供给质子的能力大于 H_2O，即 NH_3 在冰醋酸中容易接受质子。

酸碱质子理论扩大了酸碱的含义及范围，摆脱了酸碱反应必须在水中进行的局限性。但是，质子理论只限于质子的给出和接受，所以必须含有氢，这就不能解释不含氢的一类化合物的反应。

三、酸碱电子理论

酸碱电子理论认为：凡是可以接受电子对的物质都是酸，凡是可以给出电子对的物质都是碱。因此，具有电子层结构不饱和的任何分子、原子或离子都可以接受外来电子对，都可以作为酸，任何可以给出电子对的分子、原子或离子都可以作为碱。酸碱电子理论认为中和反应是酸和碱以配位键结合生成配位化合物的反应（酸＋碱 ══ 酸碱配合物）。例如：

$$H^+ + OH^- = H \leftarrow OH$$

由于化合物中配位键普遍存在，因此酸碱电子理论碱的范围极其广泛，但难以掌握酸碱的特征。

第三节　水的电离和溶液的 pH

溶液的酸碱性对物质的性质，如药物的稳定性和生理作用都具有重大作用。药物的合成、含量测定及临床检验工作中许多操作都需要控制一定的酸碱条件，而溶液的酸碱性与溶剂——水的关系很密切，所以先讨论水的电离。

一、水的电离

水是极弱的电解质，它的电离方程式是：

$$H_2O \rightleftharpoons H^+ + OH^-$$

水在电离平衡时，平衡常数为：

$$K_i = \frac{[H^+][OH^-]}{[H_2O]}$$

则 $[H^+][OH^-]=[H_2O]K_i$。

一定温度下，K_i 是常数，$[H_2O]$ 也可看成常数，则 $[H_2O]K_i$ 仍为常数，用 K_w 表示。K_w 称为水的离子积常数，简称水的离子积。

根据实验精密测定，25℃达到电离平衡时 1L 纯水仅有 10^{-7} mol 水分子电离，因此纯水中 $[H^+]$ 和 $[OH^-]$ 都是等于 10^{-7} mol/L。$K_w=K_i[H_2O]=[H^+][OH^-]=10^{-7}\times10^{-7}=10^{-14}$。

由于水的电离平衡的存在，$[H^+]$ 或 $[OH^-]$ 两者中若有一种增大，则另一种一定减少。所以不仅在纯水中，就是在任何酸性或碱性的水溶液中，$[H^+]$ 和 $[OH^-]$ 的乘积也是个常数。

由于水的电离是吸热反应，温度升高，水的电离度增大，水的离子积也随温度的升高而增大。例如，100℃时，水的离子积 K_w 为 1×10^{-12}。

二、溶液的 pH

（一）溶液的酸碱性和 pH

在纯水中 $[H^+]$ 和 $[OH^-]$ 相等，都是 1×10^{-7} mol/L，所以纯水是中性的。如果在纯水中加入酸，$[H^+]$ 增大，水的电离平衡向左移动，当达到新的平衡时，$[OH^-]$ 减少，溶液呈酸性。如果在纯水中加入碱，$[OH^-]$ 增大，水的电离平衡向左移动，当达到新的平衡时，$[H^+]$ 减少，溶液呈碱性。

综上所述，溶液的酸碱性决定于 $[H^+]$ 和 $[OH^-]$ 的相对大小。

溶液的酸碱性与 $[H^+]$ 和 $[OH^-]$ 的关系可表示为：

中性溶液　　　　$[H^+]=[OH^-]=10^{-7}$ mol/L

酸性溶液　　　　$[H^+]>10^{-7}$ mol/L$>[OH^-]$

碱性溶液　　　　$[H^+]<10^{-7}$ mol/L$<[OH^-]$

$[H^+]$ 越大，溶液的酸性越强；$[H^+]$ 越小，溶液的酸性越弱。在酸性溶液里不是没有 OH^-，在碱性溶液里也不是没有 H^+，只是两种离子浓度不同而已。

当溶液里的 $[H^+]$ 很小时，用 $[H^+]$ 表示溶液的酸碱性就很不方便。因此常用 pH 来表示溶液的酸碱性。所谓 pH 就是氢离子浓度的负对数，即 $pH=-\lg[H^+]$。

溶液的酸碱性和 pH 关系是：

中性溶液　　　pH$=7$

酸性溶液　　　pH<7

碱性溶液　　　pH>7

溶液的酸碱性也可用 pOH 来表示，pOH 就是氢氧根离子浓度的负对数，即 $pOH=-\lg[OH^-]$。

因为 25℃，$[H^+][OH^-]=1\times10^{-14}$，若两边取负对数，则：

$$-\lg[H^+][OH^-]=-\lg(1\times10^{-14})$$
$$-\lg[H^+]+(-\lg[OH^-])=-\lg(1\times10^{-14})$$
$$pH+pOH=14$$

pH 通常适用于 $[H^+]$ 在 $1\sim10^{-14}$ mol/L 范围内，取值在 $0\sim14$ 之间。当超过此范围，用 pH 表示溶液酸碱性反而不简便了，可直接用物质的量浓度来表示。$[H^+]$、pH 和溶液酸碱性的关系可见图 4-3。可以看出：[H⁺] 越大，pH 就越小，溶液的酸性越强；[H⁺] 越小，pH 就越大，溶液的碱性越强。必须注意，溶液的 pH 相差一个单位，[H⁺] 相差 10 倍。

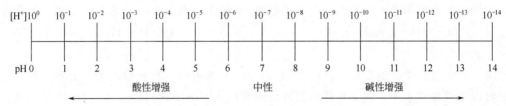

图 4-3　[H⁺]、pH 和溶液酸碱性的关系

正常人体血液的 pH 总是维持在 7.35～7.45 之间。临床上把血液的 pH 小于 7.35 时称为酸中毒，pH 大于 7.45 时称为碱中毒。无论是酸中毒还是碱中毒，都会引起严重的后果，pH 偏离正常范围 0.4 个单位以上就说明有危险，必须采取适当的措施纠正血液的 pH。人体各种体液的 pH 见表 4-4。

表 4-4　人体各种体液的 pH

体　液	pH	体　液	pH
血清	7.35～7.45	大肠液	8.3～8.4
成人胃液	0.9～1.5	乳	6.6～6.9
婴儿胃液	5.0	泪	7.4
唾液	6.35～6.85	尿	4.8～7.5
胰液	7.5～8.0	脑脊液	7.35～7.45
小肠液	7.6 左右		

另外，当强酸或强碱的浓度极稀时，例如小于 10^{-6} mol/L，这时要计算溶液中的 [H⁺] 或 [OH⁻]，除需考虑酸或碱本身电离出的 H⁺ 或 OH⁻ 之外，还要考虑水电离出的 H⁺ 和 OH⁻，即水的电离不能忽略。

（二）溶液的 pH 计算

利用公式 pH＝−lg[H⁺] 可计算各类溶液的 pH。强酸强碱溶液计算时较简单。弱酸弱碱溶液计算时，可利用电离平衡公式先计算出溶液的 [H⁺] 或 [OH⁻]，然后再求溶液的 pH。

【例 4-3】　分别计算（1）0.1mol/L 盐酸溶液；（2）0.1mol/L 氢氧化钠溶液；（3）0.1mol/L 醋酸溶液；（4）0.1mol/L 氨水溶液的 pH。

解：（1）0.1mol/L 盐酸溶液的 [H⁺]＝0.1mol/L，pH＝−lg[H⁺]＝−lg0.1＝1.0

（2）0.1mol/L 氢氧化钠溶液的 [OH⁻]＝0.1mol/L，则：

$$[H^+]=\frac{K_w}{[OH^-]}=\frac{1\times10^{-14}}{0.1}=1\times10^{-13}(mol/L)，pH=-lg(1\times10^{-13})=13.0$$

（3）0.1mol/L 醋酸溶液，则：

$$[H^+]=\sqrt{K_a c_a}=\sqrt{1.76\times10^{-5}\times0.1}=1.33\times10^{-3}(mol/L)$$

$$pH=-lg(1.33\times10^{-3})=2.88$$

（4）0.1mol/L 氨水溶液，则：

$$[OH^-]=\sqrt{K_b c_b}=\sqrt{1.76\times10^{-5}\times0.1}=1.33\times10^{-3}(mol/L)$$

$$pOH=-lg(1.33\times10^{-3})=2.88, pH=14-pOH=14-2.88=11.12$$

已知溶液的 pH 也很容易算出相应的 $[H^+]$。

【例 4-4】 已知某溶液的 pH 为 8.8，求该溶液的 $[H^+]$。

解：因为 $pH=-lg[H^+]=8.8$，所以：

$$[H^+]=10^{-pH}=10^{-8.8}=1.58\times10^{-9}(mol/L)$$

三、酸碱指示剂

（一）酸碱指示剂的定义和变色原理

酸碱指示剂是在不同 pH 溶液中能显示不同颜色的化合物。这种化合物常用的是有机弱酸或弱碱，或者既具有弱酸性又具有弱碱性的两性物质。它电离以后，离子的颜色与未电离的分子的颜色要有明显的区别。下面以石蕊为例讨论它的变色原理。

石蕊是一种有机弱酸，用 HIn 表示，在其水溶液中存在着下列电离平衡：

$$HIn \rightleftharpoons H^+ + In^-$$
石蕊分子（红色）　石蕊离子　（蓝色）

根据化学平衡原理，溶液中同时存在红色的石蕊分子和蓝色的石蕊离子，所以看到的是红色和蓝色的混合色——紫色。当向此溶液中加入酸，由于 $[H^+]$ 增大，pH 减小，指示剂的电离平衡向左移动，结果溶液中 $[In^-]$ 减小，$[HIn]$ 增大，溶液的颜色就以 HIn 分子的颜色为主，显红色，称酸式色；反之，当向此溶液中加入碱，溶液中 $[H^+]$ 减小，pH 增大，电离平衡向右移动，结果 $[HIn]$ 减小，$[In^-]$ 增大，溶液的颜色就以 In^- 的颜色为主，显蓝色，称碱式色。那么，$[H^+]$ 即 pH 是多大的时候溶液就显红色或蓝色，也就是说，能使石蕊变色的 pH 的范围是多少呢？

（二）酸碱指示剂的变色点和变色范围

根据化学平衡原理，指示剂的电离平衡常数 K_i 的表达式为：

$$K_i=\frac{[H^+][In^-]}{[HIn]}, \quad 则 \quad [H^+]=K_i\frac{[HIn]}{[In^-]}$$

两边取负对数得：

$$pH=-lgK_i-lg\frac{[HIn]}{[In^-]}=pK_i+lg\frac{[In^-]}{[HIn]}$$

当指示剂的电离度为 50% 时，$[In^-]=[HIn]$，此时溶液 $pH=pK_i$，称为该指示剂的变色点。各种指示剂的 pK_i 不同，因此各种指示剂都有自己的变色点。

当不断增加 $[H^+]$ 时，$[HIn]$ 不断增加，$[In^-]$ 不断减少，溶液就逐渐由紫色向红色过渡，我们把 $[HIn]$ 叫作酸色成分，把 $[In^-]$ 叫作碱色成分。由于人们眼睛识别颜色的能力有限，当 $[HIn]$ 为 $[In^-]$ 的 10 倍以上时，我们只看到 HIn 的颜色，即红色，蓝色就看不见了。溶液显红色，即酸色。当溶液显酸色时：

$$pH= pK_i+lg\frac{[In^-]}{[HIn]}=pK_i+lg\frac{1}{10}$$

$$pH = pK_i - 1$$

同样，当不断增加碱的浓度时，$[In^-]$ 不断增加，$[HIn]$ 不断减少，当 $[In^-]$ 为 $[HIn]$ 的 10 倍以上时，溶液显蓝色，即显碱色，此时：

$$pH = pK_i + \lg \frac{[In^-]}{[HIn]} = pK_i + \lg \frac{10}{1}$$

$$pH = pK_i + 1$$

由此可见，当溶液 $pH \leqslant pK_i - 1$ 时，石蕊指示剂显红色（酸色），当溶液 $pH \geqslant pK_i + 1$ 时，石蕊指示剂显蓝色（碱色）。$pH = (pK_i - 1) \sim (pK_i + 1)$ 之间时，溶液颜色由红色（酸色）逐渐变到蓝色（碱色），我们把 $pH = (pK_i - 1) \sim (pK_i + 1)$ 这个范围叫作指示剂的理论变色范围，即指示剂由一种颜色过渡到另一种颜色时溶液 pH 的变化范围。由此可见，指示剂的理论变色范围为 2 个 pH 单位。

由于人们肉眼对各种颜色的敏感度和识别能力不同，且指示剂的变色范围又是通过实验测定出来的，所以指示剂的变色范围不都恰好是 2 个单位，各种指示剂的变色范围，颜色转变和配制方法一般手册上都能查到，例如石蕊的变色范围是 $pH = 5.0 \sim 8.0$；甲基橙的变色范围是 $pH = 3.1 \sim 4.4$。常见酸碱指示剂的名称、变色范围、颜色变化和配制方法见表 4-5。

表 4-5　常用的酸碱指示剂及配制方法

名称	变色范围(pH)	颜色变化	配制方法
酚酞	$8.0 \sim 10.0$	无色～红色	0.1%的90%乙醇溶液
石蕊	$5.0 \sim 8.0$	红色～蓝色	一般作试纸,不作试液
甲基橙	$3.1 \sim 4.4$	红色～黄色	0.05%的水溶液
甲基红	$4.4 \sim 6.2$	红色～黄色	0.1%的60%乙醇溶液
溴麝香草酚蓝	$6.2 \sim 7.6$	黄色～蓝色	0.1%的20%乙醇溶液
溴酚蓝	$3.0 \sim 4.6$	黄色～蓝紫色	0.1%的20%乙醇溶液
中性红	$6.8 \sim 8.0$	红色～黄色	0.1%的60%乙醇溶液
麝香草酚酞	$9.4 \sim 10.6$	无色～蓝色	0.1%的90%乙醇溶液

（三）溶液 pH 的方法

1. 酸碱指示剂法

利用指示剂可以粗略地测出溶液的 pH。例如在某溶液中加入石蕊指示剂，如呈红色，可知溶液的 pH 小于 5.0；如呈蓝色，其 pH 大于 8.0；如呈紫色，则 pH 介于 5.0～8.0 之间。在实际工作中，往往用几种指示剂的混合液配成混合指示剂，它在各种不同的 pH 溶液中能呈现不同的颜色。也可把干净中性的滤纸浸入指示剂溶液中，然后取出晾干，就可制成 pH 试纸。测定时，加一滴被测液于 pH 试纸上，将呈现的颜色和试纸本上一系列标准色谱对照，即能测出溶液的 pH。

2. pH 计法

pH 计（见图 4-4）是一种常用的仪器设备，主要用来精密测量液体介质的酸碱度值，配上相应的离子选择电极也可以测量离子电极电位 MV 值，被广泛应用于工业、农业、科研、环保等领域。该仪器也是食品厂、饮用水厂办 QS、HACCP 认证中的必备检验设备。

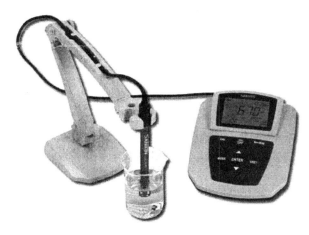

图 4-4 SANXIN Mp511 pH 计

pH 计因电极设计的不同而类型很多，其操作步骤各有不同，因而 pH 计的操作应严格按照其使用说明书正确进行。

第四节 离子反应和盐类的水解

一、离子反应

（一）离子反应和离子方程式

电解质溶于水后电离成离子，所以电解质在溶液里相互之间的反应，实质上就是离子之间的反应。盐酸或氯化钠溶液与硝酸银溶液反应，就是电解质在溶液里的离子反应：

$$NaCl + AgNO_3 = NaNO_3 + AgCl\downarrow$$

把易溶的、易电离的物质写成离子形式，把难溶、难电离的物质或气体用分子式表示，可写成如下形式：

$$Na^+ + Cl^- + Ag^+ + NO_3^- = Na^+ + NO_3^- + AgCl\downarrow$$

在溶液里开始时存在着四种离子，由于 Ag^+ 与 Cl^- 结合生成难溶于水的 $AgCl$ 沉淀，这样，溶液里的 Ag^+ 和 Cl^- 迅速减少，使反应向右进行。

从上式可以看出，反应前后 Na^+ 和 NO_3^- 没有变化，可以把它们从式子中删去，则写成：

$$Ag^+ + Cl^- = AgCl\downarrow$$

上式表明，氯化钠溶液与硝酸银溶液起反应，实际参加反应的离子是 Ag^+ 和 Cl^-。这种用实际参加反应的离子符号来表示离子反应的式子称为离子方程式。

综上所述，可溶性的银盐与盐酸或可溶性盐酸盐之间的反应，都可以用上述这个离子方程式来表示。因为在所有这种情况下，都会发生同样的化学反应：Ag^+ 与 Cl^- 结合生成沉淀的反应。由此可见，离子方程式跟一般的化学方程式不同。化学方程式表示一定物质间的某个反应，而离子方程式则表示所有同一类的离子反应。以硝酸银与碘化钾溶液反应为例，说明离子方程式的步骤。

第一步，根据实验事实，写出反应的化学方程式：

$$AgNO_3 + KI == KNO_3 + AgI\downarrow$$

第二步，把易溶的、易电离的物质写成离子形式，难溶的、难电离的物质（如水）或气体等仍以分子式表示：

$$Ag^+ + NO_3^- + K^+ + I^- == K^+ + NO_3^- + AgI\downarrow$$

第三步，删去式子两边不参加反应的离子：

$$Ag^+ + I^- == AgI\downarrow$$

第四步，检查式子两边各元素的原子个数和电荷数是否相等。

（二）离子反应发生的条件

复分解反应，实质上是两种电解质在溶液中相互交换离子的反应。这类离子反应发生的条件如下。

1. 生成难溶于水的物质

例如硝酸银溶液与溴化钠溶液反应，就是 Ag^+ 与 Br^- 结合而生成 AgBr 沉淀，溶液里的 Ag^+ 和 Br^- 迅速减少，使反应向右进行。离子方程式如下：

$$Ag^+ + Br^- == AgBr\downarrow$$

2. 生成难电离的物质

例如盐酸与氢氧化钠溶液反应，就是酸的 H^+ 与碱的 OH^- 的结合而生成难电离的水，溶液里的 H^+ 和 OH^- 迅速减少，使反应向右进行。离子方程式如下：

$$H^+ + OH^- == H_2O$$

这个离子方程式说明了酸碱中和反应的实质，是 H^+ 跟 OH^- 结合生成 H_2O 的反应。

3. 生成挥发性的物质

例如碳酸钠溶液与硫酸反应时，与 H^+ 结合而生成 H_2CO_3，H_2CO_3 不稳定，分解成水和二氧化碳气体，溶液里的 CO_3^{2-} 和 H^+ 迅速减少，使反应向右进行。离子方程式如下：

$$CO_3^{2-} + 2H^+ == H_2O + CO_2\uparrow$$

凡具备上述条件之一，这类离子反应就能发生。

如果把氯化钾溶液与硝酸钡溶液混合，它们之间是否发生离子反应？

$$2KCl + Ba(NO_3)_2 == 2KNO_3 + BaCl_2$$

$$2K^+ + 2Cl^- + Ba^{2+} + 2NO_3^- == 2K^+ + 2NO_3^- + Ba^{2+} + 2Cl^-$$

从上式可以看出，等号左右都是同样的四种离子，这四种离子混合后没有生成沉淀或气体或难电离的物质，也就是没有发生离子反应。

离子反应除上面讲的以离子互换形式进行的复分解反应外，还有其他反应的类型，例如有离子参加的置换反应等。

二、盐类的水解

盐的水溶液不都是呈中性的，如醋酸钠的水溶液呈碱性，氯化铵水溶液呈酸性。这些正盐的分子里既不含 H^+，也不含 OH^-，为什么会显示酸性或碱性呢？因为这些盐大多是强电解质，在溶液中能完全电离，盐中的阳离子或阴离子与水中的 OH^- 或 H^+ 反应，生成弱电解质，破坏了水的电离平衡，改变了溶液中的 ［H^+］ 和 ［OH^-］，所以盐溶液显示酸性或碱性。

盐类在水溶液中电离出的离子和水中的氢离子或氢氧根离子作用生成弱电解质（弱酸或弱碱）的反应，称为盐类的水解（hydrolysis of salts）。由于生成盐的酸或碱有强弱不同，因此盐类水解的情况也各不相同。

（一）不同类型盐的水解

1. 强碱弱酸生成的盐的水解

例如，醋酸钠的水解：

$$CH_3COONa \Longrightarrow CH_3COO^- + Na^+$$
$$+$$
$$H_2O \Longrightarrow \quad H^+ + OH^-$$
$$\Updownarrow$$
$$CH_3COOH$$

醋酸钠在水中全部电离成钠离子和醋酸根离子，同时水分子也电离出较少的氢离子和氢氧根离子。氢离子和醋酸根离子结合生成较难电离的醋酸分子，致使水的电离平衡向右移动，而钠离子和氢氧根离子在溶液中并不结合成氢氧化钠分子，因此溶液中有较多的氢氧根离子，使醋酸钠溶液显碱性。醋酸钠水解的离子方程式是：

$$Ac^- + H_2O \Longrightarrow OH^- + HAc$$

强碱弱酸盐能水解，其水溶液显碱性，水解作用的实质是弱酸根离子和水中氢离子结合，生成弱酸的反应。

2. 弱碱强酸生成的盐的水解

例如氯化铵的水解：

$$NH_4Cl \Longrightarrow NH_4^+ + Cl^-$$
$$+$$
$$H_2O \Longrightarrow OH^- + H^+$$
$$\Updownarrow$$
$$NH_3 \cdot H_2O$$

氯化铵在水溶液中全部电离成铵离子和氯离子，同时水分子也电离出极少数的氢离子和氢氧根离子，铵离子和氢氧根离子结合生成难电离的一水合氨分子（$NH_3 \cdot H_2O$），致使水的电离平衡向右移动，而氢离子和氯离子在溶液中不能结合生成氯化氢分子，因此，溶液中有较多的氢离子，使氯化铵水溶液显酸性。氯化铵水解的离子方程式是：

$$NH_4^+ + H_2O \Longrightarrow NH_3 \cdot H_2O + H^+$$

弱碱强酸生成的盐能水解，其水溶液显酸性，水解作用的实质是弱碱离子和水中氢氧根离子结合，生成弱碱的反应。

3. 弱酸弱碱生成的盐的水解

例如醋酸铵的水解：

$$CH_3COONH_4 \Longrightarrow NH_4^+ \quad + \quad CH_3COO^-$$
$$+ \qquad\qquad +$$
$$H_2O \Longrightarrow OH^- \quad + \quad H^+$$
$$\Updownarrow \qquad\qquad \Updownarrow$$
$$NH_3 \cdot H_2O \quad CH_3COOH$$

醋酸铵在水中全部电离成铵离子和醋酸根离子，同时水也电离出极少数的氢离子和氢氧根离子，铵离子和氢氧根离子结合生成难电离的一水合氨分子，氢离子和醋酸根离子结合生成难电离的醋酸分子，因此水的电离平衡更向右移动。

弱酸弱碱生成的盐的水解要比前两种盐的水解程度大，溶液的酸碱性决定于生成盐的弱酸和弱碱的相对强弱。若 $K_a > K_b$，其水溶液显酸性；$K_a < K_b$，其水溶液显碱性。由于醋酸和氨水的酸、碱性大致相等（即 $K_a = K_b$），所以醋酸铵溶液显中性。醋酸铵水解的离子方程式是：

$$NH_4^+ + Ac^- + H_2O \rightleftharpoons NH_3 \cdot H_2O + HAc$$

硫化铵的水溶液由于氨水的碱性较氢硫酸的酸性强（即 $K_a < K_b$），故显弱碱性。

4. 强酸强碱生成的盐不水解

例如由盐酸和氢氧化钠生成的盐——氯化钠，它溶解于水，电离出的钠离子和氯离子都不能和水中微量的氢离子和氢氧根离子结合生成盐酸和氢氧化钠分子。水的电离平衡实际上不发生移动，氯化钠在水中实际上不发生水解，溶液中氢离子和氢氧根离子浓度和纯水相同，所以溶液显中性。

因此，强酸强碱生成的盐不水解，其水溶液显中性。

（二）影响盐类水解的因素及其应用

由上述讨论可看出，盐类水解反应的实质是盐的离子"把持"了水中的氢离子或氢氧根离子，是酸、碱中和反应的逆反应：

$$酸 + 碱 \underset{水解}{\overset{中和}{\rightleftharpoons}} 盐 + 水 + 热$$

但是，盐类水解反应生成的弱酸和弱碱，其电离度都比水的电离度大，因此上述可逆反应总是偏向于生成水的一方，只有少数盐类分子进行了水解。同一种盐在不同温度、浓度及酸度条件下，水解的情况也不一样。

1. 温度

由于中和反应是放热反应，所以水解反应是吸热反应。升高温度有利于水解反应进行。例如，$FeCl_3$ 稀溶液加热时析出红棕色的 $Fe(OH)_3$ 沉淀。所以，在配制容易水解的盐溶液时，一般不宜加热溶解。

2. 溶液浓度

稀释可促进水解。例如：

$$Ac^- + H_2O \rightleftharpoons OH^- + HAc$$

因为对于水解平衡，稀释时，生成物 ［HAc］、［OH$^-$］ 都减小，反应物只有 ［Ac$^-$］ 减小，故平衡向右移动。又如：

$$Bi(NO_3)_3 + H_2O \rightleftharpoons (BiO)NO_3 \downarrow + 2HNO_3$$

3. 溶液酸度

由于盐类水解能改变溶液的酸度，反之，可以用调节溶液酸度来控制水解。例如：

$$FeCl_3 + 3H_2O \rightleftharpoons Fe(OH)_3 + 3HCl$$

加入盐酸可以抑制水解。因此，在配制 $FeCl_3$、$Bi(NO_3)_3$、$SnCl_2$ 等盐溶液时，通常是溶于较浓的酸中，然后再加水到所需的体积。注意，不可先加水后加酸，否则水解产物很难溶解。

盐的水解在日常生活和医药卫生方面都具有重要意义。明矾净水的原理，就是利用它水解生成的氢氧化铝胶体能吸附杂质这一作用；临床上治疗胃酸过多或酸中毒时使用碳酸氢钠，就是利用它水解后呈弱碱性的性质；治疗碱中毒时使用氯化铵，就是利用它水解后呈弱酸性的性质。

但是盐的水解也会带来不利的影响。例如某些药物容易因水解而变质，对这些药物应密闭保存在干燥处，以防止水解变质。

第五节 难溶电解质的沉淀溶解平衡

一、沉淀溶解平衡和溶度积

1. 溶度积常数

在一定温度下，用难溶的电解质氯化银配成饱和溶液时，溶液中未溶解的固态氯化银和溶液中的银离子和氯离子存在一个溶解与沉淀的平衡，简称"沉淀平衡"。

$$AgCl(s) \underset{沉淀}{\overset{溶解}{\rightleftharpoons}} Ag^+ + Cl^-$$

未溶解的固体　　溶液中的离子

这是一个动态平衡，平衡时的溶液是饱和溶液。与电离平衡一样，达到溶解沉淀平衡时，也服从化学平衡原理：

$$K_i = \frac{[Ag^+][Cl^-]}{[AgCl](s)}$$

一定温度之下，K_i 是常数，AgCl 是固体，也可以看成常数；所以，$K_i[AgCl](s)$ 的乘积也为常数，用 K_{sp} 表示：

$$K_{sp} = [Ag^+][Cl^-]$$

K_{sp} 表示难溶电解质饱和溶液中，有关离子浓度系数次方的乘积在一定温度下是个常数。它的大小与物质溶解度有关，因而称为难溶电解质的溶度积常数，简称溶度积。

对于电离出两个或多个相同离子的难溶电解质，如 $PbCl_2$、$Fe(OH)_3$ 的 K_{sp} 关系式中，各离子的浓度应取其电离方程式中该离子的系数为指数。例如：

$$PbCl_2(s) \rightleftharpoons Pb^{2+} + 2Cl^-，K_{sp}(PbCl_2) = [Pb^{2+}][Cl^-]^2$$

$$Fe(OH)_3(s) \rightleftharpoons Fe^{3+} + 3OH^-，K_{sp}[Fe(OH)_3] = [Fe^{3+}][OH^-]^3$$

几种难溶电解质的溶度积常数见表 4-6。

表 4-6 难溶电解质的溶度积常数

名　　称	化学式	溶度积 K_{sp}	温度/℃
氯化银	AgCl	1.56×10^{-10}	25
溴化银	AgBr	7.7×10^{-13}	25
碘化银	AgI	1.5×10^{-16}	25
铬酸银	Ag_2CrO_4	9.0×10^{-12}	25
碳酸钡	$BaCO_3$	8.1×10^{-9}	25
硫酸钡	$BaSO_4$	1.08×10^{-10}	25

续表

名　称	化学式	溶度积 K_{sp}	温度/℃
铬酸钡	$BaCrO_4$	1.6×10^{-10}	18
碳酸钙	$CaCO_3$	8.7×10^{-9}	25
草酸钙	CaC_2O_4	2.57×10^{-9}	25
硫化铜	CuS	8.5×10^{-45}	18
氢氧化亚铁	$Fe(OH)_2$	1.64×10^{-14}	18
氢氧化铁	$Fe(OH)_3$	1.1×10^{-36}	18
氯化亚汞	Hg_2Cl_2	2×10^{-18}	25
碘化亚汞	Hg_2I_2	1.2×10^{-28}	25
氢氧化镁	$Mg(OH)_2$	1.2×10^{-11}	18
铬酸铅	$PbCrO_4$	1.77×10^{-14}	18
碘化铅	PbI	1.39×10^{-8}	25
硫化锌	ZnS	1.2×10^{-24}	18

2. 溶度积和溶解度的相互换算

溶度积和溶解度都可以表示物质的溶解能力，它们之间可以相互换算。

【例4-5】 已知碳酸钙（$CaCO_3$）的溶解度 25℃时是 $9.327 \times 10^{-5} mol/L$，求 $CaCO_3$ 的溶度积常数。

解：溶解的 $CaCO_3$ 完全电离，设 $CaCO_3$ 的溶解度为 $S(mol/L)$，则 $CaCO_3$ 饱和溶液中：

$$CaCO_3(s) \Longrightarrow Ca^{2+} + CO_3^{2-}$$

溶解度/(mol/L)　　　S　　　　S　　S

则 $K_{sp}(CaCO_3) = [Ca^{2+}][CO_3^{2-}] = S \times S = S^2 = (9.327 \times 10^{-5})^2 = 8.7 \times 10^{-9}$

故 25℃时，$CaCO_3$ 的溶度积常数为 8.7×10^{-9}。

【例4-6】 铬酸银（Ag_2CrO_4）在 25℃时，溶解度为 $1.34 \times 10^{-4} mol/L$，计算其溶度积常数。

解：设 Ag_2CrO_4 在 25℃时溶解度为 $S(mol/L)$，则：

$$Ag_2CrO_4(s) \Longrightarrow 2Ag^+ + CrO_4^{2-}$$

溶解度/(mol/L)　　　S　　　　$2S$　　　S

$K_{sp}(Ag_2CrO_4) = [Ag^+]^2[CrO_4^{2-}] = (2S)^2 \times S = 4S^3 = 4 \times (1.34 \times 10^{-4})^3 = 9.6 \times 10^{-12}$

故 Ag_2CrO_4 在 25℃时的溶度积常数为 9.6×10^{-12}。

根据以上计算，可得出以下结论：

① AB 型难溶电解质溶度积和溶解度（mol/L）之间的换算公式：$K_{sp} = S^2$，或 $S = \sqrt{K_{sp}}$；

② $AB_2（A_2B）$ 型难溶电解质溶度积和溶解度（mol/L）之间的换算公式：$K_{sp} = 4S^3$ 或 $S = \sqrt[3]{\dfrac{K_{sp}}{4}}$。

【例 4-7】　氢氧化镁 $[Mg(OH)_2]$ 的 $K_{sp}=1.2\times10^{-11}$（18℃），求 18℃时 $Mg(OH)_2$ 的溶解度。

解：$Mg(OH)_2$ 属 AB_2 型，根据公式，$Mg(OH)_2$ 的溶解度：

$$S=\sqrt[3]{\frac{K_{sp}}{4}}=\sqrt[3]{\frac{1.2\times10^{-11}}{4}}=1.44\times10^{-4}(mol/L)$$

故 18℃时 $Mg(OH)_2$ 的溶解度为 $1.44\times10^{-4}mol/L$。

对于两个同一类型的电解质来说，K_{sp} 大的，其溶解度也大；对于两个不同类型的电解质来说，则不能简单根据 K_{sp} 的大小来比较它们的溶解度的大小。

另外，一般来说，溶解度随温度升高而增大，其溶度积也增大。

3. 溶度积规则

某难溶电解质在一定条件下，沉淀能否生成或溶解，可以根据溶度积概念来判断。在某难溶电解质溶液中，离子浓度的乘积称为离子积，用符号 IP 表示。IP 的表达式和 K_{sp} 表达式相同，例如 $Mg(OH)_2$ 溶液的离子积 $IP=[Mg^{2+}][OH]^2$。但两者的概念是有区别的。K_{sp} 是难溶电解质沉淀溶解平衡时，即饱和溶液中离子浓度的乘积。对某一难溶电解质，在一定温度下，K_{sp} 为一常数。IP 表示任何情况下离子浓度的乘积，其数值不定。K_{sp} 是 IP 的一个特例，有以下三种情况：

① $IP=K_{sp}$，是饱和溶液，沉淀溶解达动态平衡；

② $IP<K_{sp}$，是不饱和溶液，无沉淀析出，可继续溶解电解质，直至饱和为止；

③ $IP>K_{sp}$，是过饱和溶液，不稳定，有沉淀析出，直至饱和。

以上规则称溶度积规则。必须注意，有时根据计算结果 $IP>K_{sp}$，应有沉淀析出，但做实验时，往往因为有过饱和现象或沉淀少，肉眼观察不出沉淀。另外，有时加入过量沉淀剂时，由于生成配合物而不能生成沉淀。如：

$$CuSO_4+4NH_3\cdot H_2O =\!\!=\!\!= [Cu(NH_3)_4]SO_4+4H_2O$$

二、沉淀的生成和溶解

（一）沉淀的生成

根据溶度积规则，欲使某物质析出沉淀，必须使 $IP>K_{sp}$，使反应向生成沉淀的方向转化。

【例 4-8】　将等体积的 $0.004mol/L\ AgNO_3$ 和 K_2CrO_4 溶液混合，判断有无砖红色 Ag_2CrO_4 沉淀析出。

解：两溶液等体积混合，体积增加一倍，浓度各减小一半，即：

$$[Ag^+]=0.002mol/L,[CrO_4^{2-}]=0.002mol/L$$
$$IP(Ag_2CrO_4)=[Ag^+]^2[CrO_4^{2-}]=(0.002)^2\times0.002=8\times10^{-9}$$

查表得：$K_{sp}(Ag_2CrO_4)=9\times10^{-12}$，因为 $IP>K_{sp}$，所以有 Ag_2CrO_4 沉淀析出。

以上是溶液中只有一种离子能和试剂生成沉淀，若溶液中有两种或两种以上离子能和某一种试剂生成沉淀，在这种情况下是同时生成沉淀还是按一定顺序先后生成沉淀呢？

【例 4-9】　在含有 $0.1mol/L$ 的 Cl^-、Br^-、I^- 的混合溶液中，逐滴加入 $AgNO_3$ 溶液，能分别生成 $AgCl$、$AgBr$、AgI 沉淀，问沉淀的顺序如何？

解： AgCl 开始沉淀

$$[Ag^+] = \frac{K_{sp}(AgCl)}{[Cl^-]} = \frac{1.56 \times 10^{-10}}{0.1} = 1.56 \times 10^{-9}(mol/L)$$

AgBr 开始沉淀

$$[Ag^+] = \frac{K_{sp}(AgBr)}{[Br^-]} = \frac{7.7 \times 10^{-13}}{0.1} = 7.7 \times 10^{-12}(mol/L)$$

AgI 开始沉淀

$$[Ag^+] = \frac{K_{sp}(AgI)}{[I^-]} = \frac{1.5 \times 10^{-16}}{0.1} = 1.56 \times 10^{-15}(mol/L)$$

由此可见，逐滴加入 AgNO₃ 溶液时，生成 AgI 沉淀所需要的 $[Ag^+]$ 最少，故 AgI 先沉淀，其次是 AgBr，最后是 AgCl 沉淀，这种先后沉淀的作用称分步沉淀。

（二）沉淀的溶解

根据溶度积规则，要使沉淀溶解，必须减小难溶电解质饱和溶液中离子的浓度，使 $IP < K_{sp}$。一般可在饱和溶液中加入某种离子或分子，使其与溶液中某种离子能生成弱电解质，生成配合物或发生氧化还原反应，从而降低饱和溶液中这种离子的浓度，促使沉淀溶解。

1. 利用生成弱电解质使沉淀溶解

加入适当的离子，与溶液中某一种离子结合生成水、弱酸和弱碱等弱电解质。例如 $Mg(OH)_2$ 能溶于盐酸及铵盐，其反应如下：

$$Mg(OH)_2 \Longrightarrow Mg^{2+} + 2OH^- \qquad\qquad Mg(OH)_2 \Longrightarrow Mg^{2+} + 2OH^-$$
$$+ \qquad\qquad\qquad\qquad\qquad\qquad\qquad +$$
$$2HCl \Longrightarrow 2Cl^- + 2H^+ \qquad\qquad 2NH_4Cl \Longrightarrow 2Cl^- + 2NH_4^+$$
$$\Updownarrow \qquad\qquad\qquad\qquad\qquad\qquad\qquad \Updownarrow$$
$$2H_2O \qquad\qquad\qquad\qquad\qquad\qquad 2NH_3 \cdot H_2O$$

由于溶液中生成弱电解质 H_2O 和 $NH_3 \cdot H_2O$，使得 $[OH^-]$ 减少，因而 $IP < K_{sp}$，平衡向 $Mg(OH)_2$ 溶解的方向移动；若加入的酸或铵盐足够多，则沉淀将不断溶解，直到完全溶解为止。

同理，难溶的弱酸盐可溶于较强的酸。例如，加入盐酸能使碳酸钙溶解，其反应如下：

$$CaCO_3 \Longrightarrow Ca^{2+} + CO_3^{2-}$$
$$+$$
$$2HCl \Longrightarrow 2Cl^- + 2H^+$$
$$\Updownarrow$$
$$H_2O + CO_2 \uparrow$$

由于酸中的 H^+ 和 CO_3^{2-} 结合生成 CO_2 气体逸出，使 $[CO_3^{2-}]$ 减少，$IP < K_{sp}$，平衡向 $CaCO_3$ 溶解方向移动；若加入的酸足够多，可使 $CaCO_3$ 溶解完。

2. 利用氧化还原反应使沉淀溶解

例如向 CuS 沉淀中加入稀 HNO_3，因为 S^{2-} 被氧化为 S，从而使溶液中的 $[S^{2-}]$ 降低，$[Cu^{2+}][S^{2-}]<K_{sp}(CuS)$，使沉淀溶解，其反应如下：

$$3CuS+8HNO_3 \Longrightarrow 3Cu(NO_3)_2+3S\downarrow+2NO\uparrow+4H_2O$$

3. 利用生成配合物使沉淀溶解

例如 AgCl 能溶于氨水中，其反应如下：

$$AgCl(s) \Longrightarrow Ag^+ + Cl^-$$
$$+$$
$$2NH_3$$
$$\Updownarrow$$
$$[Ag(NH_3)_2]^+$$

由于生成了稳定的 $[Ag(NH_3)_2]^+$，大大降低了 Ag^+ 浓度，所以使 AgCl 沉淀溶解。

三、溶度积规则的应用

溶度积规则，在物质分离、药物分析等方面有着广泛的应用。例如吡啶类药物异烟肼分子中的吡啶环具有碱性，可以和重金属盐类（如氯化汞、硫酸铜、碘化铋钾）乙基苦味酸形成沉淀；异烟肼和氯化汞可生成白色沉淀，和硫酸铜枸橼酸试液反应先产生绿色沉淀，加热，沉淀变为红棕色。

在分析药物含量时，经常把药物配成溶液，再加入适当的试剂和被测药物中某种离子生成沉淀，分离沉淀，称重，通过一定的方法换算，就可以知道药物的含量。其操作原理和注意事项都与溶度积有关。

又如，检查蒸馏水中氯离子允许限量时，取水样 50mL，加稀硝酸 5 滴及 0.1mol/L AgNO_3 试液 1mL，放置 30s，溶液如不发生浑浊为合格，求蒸馏水中氯离子的允许限量是多少？

分析方法的原理：$Ag^+ + Cl^- \Longrightarrow AgCl\downarrow$

加入硝酸是防止蒸馏水中碳酸根、氢氧根离子等杂质和银离子产生碳酸银和氢氧化银沉淀而对检查产生干扰。根据溶度积规则，检查时的取样量及加入 AgNO_3 试剂的量的计算如下：

$$[Ag^+]=\frac{0.1\times1}{50+1}=2\times10^{-3}(mol/L)$$

$$[Cl^-]=\frac{K_{sp}(AgCl)}{[Ag^+]}=\frac{1.56\times10^{-10}}{2\times10^{-3}}=7.8\times10^{-8}(mol/L)$$

若蒸馏水中 $[Cl^-]>7.8\times10^{-8}mol/L$，则检查时会浑浊，所以合格蒸馏水中 $[Cl^-]<7.8\times10^{-8}mol/L$。

 致用小贴

骨骼的形成与龋齿的产生

在生物体内，组成骨骼的重要成分是羟磷灰石，又称为生物磷灰石，其含量占骨骼的 55%～75%。骨骼的形成与沉淀-溶解平衡密切相关。在人体体温 37℃，pH 值 7.4 的生理条件下，体内的 Ca^{2+} 与 PO_4^{3-} 混合首先析出无定形磷酸钙，然后转化为磷酸八钙，最后变成最稳定的羟磷灰石 $[Ca_{10}(OH)_2(PO_4)_6]$。

龋齿是人类最常见的口腔疾病，其发生发展也与沉淀-溶解平衡相关。羟磷灰石是牙釉质的重要组成成分，尽管牙釉质非常坚硬，但当人们用餐后，食物如果长期滞留在牙缝处，因食物的腐烂滋生出细菌，再由细菌代谢产生的酸性物质长期作用于牙釉质，使羟磷灰石发生如下溶解反应：

$$Ca_{10}(OH)_2(PO_4)_6(s) + 8H^+(aq) \Longrightarrow 10Ca^{2+}(aq) + 6HPO_4^{2-}(aq) + 2H_2O(l)$$

长期作用就会产生龋齿。

因此，为了防止龋齿的产生，人们一定要注意口腔卫生，同时还可以适当地使用含氟牙膏，由于含氟牙膏中的 F^- 与羟磷灰石中的 OH^- 可发生交换反应，生成具有一定抗酸能力的氟磷灰石，沉淀交换反应如下：

$$Ca_{10}(OH)_2(PO_4)_6(s) + 2F^-(aq) \Longrightarrow Ca_{10}F_2(PO_4)_6(s) + 2OH^-(aq)$$

由于形成的氟磷灰石提高了牙釉质的抗酸能力，故可防止龋齿的产生。含氟牙膏可以降低龋齿的发病率约 1/4，最适于牙齿尚在生长期的儿童和青少年使用。

目标测试

1. 计算 0.2mol/L HCl 和 0.2mol/L HCN 溶液中氢离子浓度是否相等？

2. 计算下列溶液中各种离子的浓度：

(1) 0.1mol/L HNO_3；(2) 0.4mol/L NaOH；(3) 0.5mol/L $CaCl_2$；

(4) 0.2mol/L HAc；(5) 0.2mol/L $NH_3 \cdot H_2O$

3. 0.01mol/L HAc 溶液的电离度为 4.2%，求 HAc 的电离常数和该溶液的 $[H^+]$。

4. 把下列 $[H^+]$ 换算成 pH 或 pH 换算成 $[H^+]$：

(1) $[H^+]$：3.2×10^{-1} mol/L；2.6×10^{-5} mol/L；7.3×10^{-7} mol/L；5×10^{-2} mol/L；

(2) pH：0；0.34；2.61；9.58；13.8

5. 在纯水中加入少量酸或碱，K_w 是否变化？水溶液的 pH 是否发生变化？

6. 把 pH=5 的强电解质溶液加水稀释 1000 倍以后，pH 是多少？

7. 检查注射用水的酸碱性是否合格时，可取水样 10mL，加甲基红指示剂 2 滴，不得显红色，另取水样 10mL，加溴麝香草酚蓝指示剂 5 滴，不得显蓝色，试问注射用水的 pH 在什么范围内？

8. 写出下列盐水解的离子方程式：醋酸钾、碳酸铵、硝酸铵。

9. 按溶液呈酸性、中性、碱性，将下列盐分类：

KCN、$NaNO_3$、$FeCl_3$、NH_4NO_3、$Al_2(SO_4)_3$、$CuSO_4$、NH_4Ac、Na_2CO_3、$NaHCO_3$

10. 根据酸碱质子理论，写出下列分子或离子的共轭碱的化学式：

HS^-、H_2S、H_2SO_4、$H_2PO_4^-$、HSO_4^-

11. 根据质子理论，下列分子或离子，哪些是酸？哪些是碱？哪些既是酸又是碱？

HS^-、CO_3^{2-}、$H_2PO_4^-$、NH_3、H_2S、NO_3^-、HCl、Ac^-、OH^-、H_2O

12. 10mL 0.1mol/L 的氯化镁溶液和 10mL 0.1mol/L 的氨水混合时，是否有 $Mg(OH)_2$ 沉淀生成？

13. 向 100mL 含 0.001mol NaCl 和 0.001mol K_2CrO_4 的溶液中滴加 $AgNO_3$ 溶液，先产生何种沉淀？

14. 下列说法若有错误，请纠正。

（1）在熔融或水溶液中能导电的物质称电解质。

（2）常见的酸、碱、盐都是强电解质。

（3）pH＝1 的溶液酸性最强，pH＝14 的溶液碱性最强。

（4）若某盐的水溶液 pH＝7，则此种盐不水解。

第五章　氧化还原和电极电势

知识导图

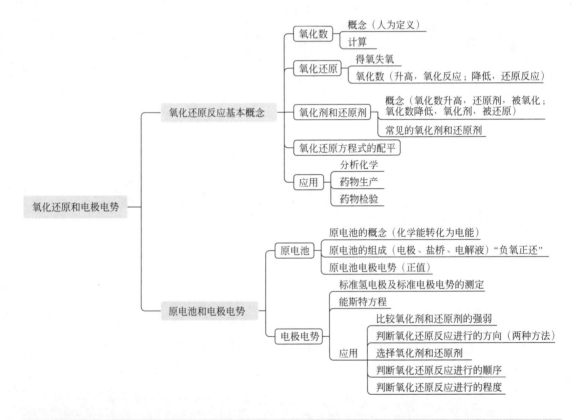

学习目标

1. 熟悉氧化数、氧化还原反应、氧化剂、还原剂的概念。

2. 掌握被氧化、被还原、氧化剂、还原剂的判断。

3. 掌握氧化还原方程式的配平。

4. 了解原电池、电极电势的概念。

5. 熟悉运用 Nernst 方程式，计算任意状态下电极的电极电势。

6. 熟悉电极电势，判断氧化剂、还原剂的强弱及氧化还原反应的方向。

7. 了解高压氧医学。

氧化还原反应与工农业生产、科学研究、医学卫生和日常生活都有密切的关系，也是临床检验、药物生产、卫生监测等方面经常遇到的一类化学反应。如物质燃烧、铁生锈、氧化锌的生产、维生素 C 的含量测定、过氧化氢的消毒杀菌、饮用水余氯监测等。我们认识和研究体内代谢过程，也离不开氧化还原反应。本章介绍氧化还原反应的基本概念（氧化数、氧化、还原、氧化剂、还原剂），氧化还原反应方程式配平、原电池、电极电势以及氧化还原反应、电极电势的一些应用。

第一节　氧化还原反应的基本概念

一、氧化数

1. 氧化数的概念

在氧化还原反应中，原子或离子之间存在着电子的得失（或偏移）。电子的得失（或偏移）表现了该原子或离子所带电荷的改变。我们把这种元素的原子形式上所带的电荷数叫氧化数。同时，根据不同属性化合物，人为规定其氧化数的计算方法。因此，氧化数是一个按人为规定，通过计算而求得的数值。这个数值可以是正数、负数、零或分数，它表示了原子在化合物中所带的形式电荷数，同时氧化数亦表示了元素在化合物中的氧化状态。

2. 元素氧化数的计算

在计算元素氧化数时，有如下规定。

① 在单质分子中，元素的氧化数定为零。因为在 H_2、O_2、N_2 等分子中，原子间共用电子对无偏移。

② 在离子化合物中，离子所带的电荷数是原子得失电子的结果，所以，元素的氧化数等于离子所带的电荷数，有正负区别。如在 $MgCl_2$ 中，镁离子带两个单位正电荷，镁元素的氧化数为 $+2$，氯离子带一个单位负电荷，氯元素的氧化数为 -1。

③ 在共价化合物中，元素的氧化数是从两原子间共用电子对的偏移来考虑的，将电子的偏移看成是电子的得失。通常共用电子对偏向电负性大的原子，该原子的氧化数为负数；共用电子对偏离电负性小的原子，该原子的氧化数为正数。如在 HCl 分子中，氢原子和氯原子共用一对电子，由于氯原子的电负性较大，共用电子对就偏向氯原子而偏离氢原子。所以，氯元素的氧化数为 -1，氢元素的氧化数为 $+1$。又如在 H_2O 分子中，氧原子和每个氢原子间各共用一对电子，由于氧原子的电负性较大，所以氧元素的氧化数是 -2，氢元素的氧化数为 $+1$。

在一般情况下，氧元素的氧化数总是 -2，氢元素的氧化数总是 $+1$，只有以下少数例外情况。

① 在氧与氟化合时，如 OF_2 中，氟元素的氧化数为 -1，氧元素的氧化数为 $+2$，这是因为氟原子的电负性比氧原子大的缘故。

② 在具有过氧键的化合物中，如过氧化氢（H_2O_2）中，氧元素的氧化数为 -1，这是因为在两个氧原子间共用电子对无偏移。

③ 在金属氢化物中，由于氢的电负性比金属大，所以氢元素的氧化数为 -1。如氢化钠（NaH）中，氢元素的氧化数为 -1。

④ 因为分子呈电中性，所以每一个化合物中，所有元素的氧化数的代数和等于零。在

多原子离子中，各元素氧化数的代数和等于该多原子离子的电荷数。

根据以上规定，可以计算任何分子或原子团中各元素的氧化数。

【例 5-1】 试求重铬酸根离子（$Cr_2O_7^{2-}$）中，铬元素的氧化数。

解：设铬元素的氧化数为 X，已知氧元素的氧化数为 -2，根据上述第④点规定，可得：

$$X \times 2 + (-2) \times 7 = -2$$
$$X = +6$$

则重铬酸根离子中，铬元素的氧化数为 $+6$

【例 5-2】 试求连四硫酸钠（$Na_2S_4O_6$）分子中，硫元素的氧化数。

解：设硫元素的氧化数为 X，已知氧元素的氧化数为 -2、钠元素的氧化数为 $+1$，可得：

$$(+1) \times 2 + X \times 4 + (-2) \times 6 = 0$$
$$x = +\frac{5}{2}$$

则连四硫酸钠分子中，硫元素的氧化数为 $+\dfrac{5}{2}$。

二、氧化还原

对氧化还原反应的认识，也是经历了一个由浅入深、由表及里、由现象到本质的过程。最初氧化是指物质与氧结合的反应，还原是指物质失去氧的反应。例如，在氢气与氧化铜的反应中，氧化铜失去氧发生还原反应，氢气得到氧发生氧化反应。像这样一种物质被氧化，另一种物质被还原的反应，称为氧化还原反应。氢气使氧化铜还原的反应，就是氧化还原反应。这是从得氧失氧的角度来分析氧化、还原反应：

$$\text{CuO} + \text{H}_2 == \text{Cu} + \text{H}_2\text{O}$$

失去氧，被还原 / 得到氧，被氧化

现在，再从元素氧化数升降的角度分析这个反应：

$$\text{CuO} + \text{H}_2 == \text{Cu} + \text{H}_2\text{O}$$

氧化数降低，被还原 / 氧化数升高，被氧化

用氧化数升降的观点来分析大量的氧化还原反应可以得出以下认识：物质所含元素氧化数升高的反应，就是氧化反应；物质所含元素氧化数降低的反应就是还原反应；凡有元素氧化数升降的化学反应，就是氧化还原反应。

用氧化数升降的观点不仅能分析像氧化铜跟氢气这类有失氧和得氧关系的反应，还能分析一些没有失氧和得氧关系而发生元素氧化数升降的反应。例如钠跟氯气的反应：

$$\overset{0}{2\text{Na}} + \overset{0}{\text{Cl}_2} == \overset{+1\ -1}{2\text{NaCl}}$$

氧化数升高，被氧化 / 氧化数降低，被还原

这个反应尽管没有失氧和得氧关系，但发生元素氧化数的升降，因此也是氧化还原反应。

为了进一步认识氧化还原反应的本质，再从电子得失的角度来分析钠跟氯气的反应。钠原子的最外层有 1 个电子，氯原子的最外层有 7 个电子，当钠与氯反应时，钠原子失去 1 个电子，成为钠离子。氯原子得到 1 个电子，成为氯离子。在这个反应中，发生了电子转移。在下面的化学方程式中，用"e^-"表示电子，并用箭头表明同一元素的原子得到或失去电子的情况：

$$\overset{\text{失去 }2e^-}{\underset{\text{得到 }2e^-}{2\overset{0}{Na}+\overset{0}{Cl_2}=\!=2\overset{+1}{Na}\overset{-1}{Cl}}}$$

此外，在化学反应方程式中，也可以用箭头表示不同种元素的原子间的电子得失情况：

$$\overset{2e^-}{2\overset{0}{Na}+\overset{0}{Cl_2}=\!=2\overset{+1}{Na}\overset{-1}{Cl}}$$
$$\text{失电子　得电子}$$

在上述反应中，一个钠原子失去一个电子，钠的氧化数从 0 升高到 +1；一个氯原子得到一个电子，氯的氧化数从 0 降到 -1。氧化数的升高是由于失去电子，升高的数值就是失去的电子数。氧化数降低是由于得到电子，降低的数值也就是得到的电子数。在这类反应中，元素氧化数的升高或降低是由它们的原子失去或得到电子的缘故。这样，从电子得失的观点来分析氧化还原反应，揭示了氧化还原反应的本质。

物质失去电子（氧化数升高）的反应就是氧化反应；物质得到电子（氧化数降低）的反应就是还原反应。凡是有电子得失的化学反应就是氧化还原反应。

氧化与还原是一对矛盾。在氧化还原反应中，某物质失去电子，必定有另一种物质得到电子，这个相反的过程，却在一个反应里同时发生和相互依存，若去掉一方，另一方也就失去了存在的条件，因此，在反应中一种物质被氧化，另一种物质必然被还原。

还有一些生成共价化合物的反应，虽然没有电子的得失，但由于共用电子对发生了偏移，从原子所带电性的角度来看，类似于电子发生了转移，如氯气和氢气生成氯化氢的反应（$\overset{0}{H_2}+\overset{0}{Cl_2}=\!=2\overset{+1}{H}\overset{-1}{Cl}$），这类反应也属氧化还原反应。

氧化还原反应中，电子转移（得失或偏移）和氧化数升降的关系如下：

$$\xrightarrow{\text{氧化，失去电子，氧化数升高}}$$
$$-4\ \ -3\ \ -2\ \ -1\ \ 0\ \ +1\ \ +2\ \ +3\ \ +4\ \ +5\ \ +6\ \ +7$$
$$\xleftarrow{\text{还原，得到电子，氧化数降低}}$$

由于电子的得失（或偏移），直接影响着元素氧化数的变化，因此反应前后元素氧化数的改变是氧化还原反应的标志。

在有机化学和生物化学中，氧化还原反应常常表现为失氢和加氢的现象。凡发生失氢现象的反应，即是氧化反应；凡发生加氢现象的反应，即是还原反应。

三、氧化剂和还原剂

（一）氧化剂和还原剂的概念

根据氧化和还原概念的扩大，氧化剂和还原剂的含义也相应地扩大了。在氧化还原反应中，凡得到电子，氧化数降低的物质，称为氧化剂。凡失去电子，氧化数升高的物质，称为还原剂。氧化剂能使其他物质氧化，而本身被还原，还原剂能使其他物质还原，而本身被氧化。在氧化还原反应中，电子是从还原剂转移到氧化剂。在还原剂被氧化的同时，氧化剂被还原。例如：

$$\overset{\overset{\displaystyle 1e^-\times 2}{\underset{\downarrow}{\rule{3cm}{0.4pt}}}}{\overset{+2}{Cu}O + \overset{0}{H_2} === \overset{0}{Cu} + \overset{+1}{H_2}O}$$

在上述反应中，H_2 中的 H 失去电子，被氧化成 $\overset{+1}{H}$，H_2 是还原剂。CuO 中的 Cu 得电子被还原成 $\overset{0}{Cu}$，CuO 是氧化剂。

在判断氧化剂和还原剂时，应注意以下几点。

① 同一种物质在不同反应中，有时作氧化剂，有时作还原剂。一般具有可变氧化数的元素，当处于中间氧化态时，具有这种性质。如 S 既可作氧化剂又可作还原剂：

$$\overset{\overset{\displaystyle 2e^-}{\underset{\downarrow}{\rule{2.5cm}{0.4pt}}}}{\underset{\text{氧化剂　还原剂}}{\overset{0}{S} + \overset{0}{H_2} === \overset{+1\,-2}{H_2S}}}$$

在上述反应中，硫的氧化数从 0 降为 -2，硫为氧化剂。在下面反应中，硫的氧化数由 0 升至 $+4$，是还原剂：

$$\overset{\overset{\displaystyle 4e^-}{\underset{\downarrow}{\rule{2.5cm}{0.4pt}}}}{\underset{\text{还原剂　氧化剂}}{\overset{0}{S} + \overset{0}{O_2} === \overset{+4\,-2}{SO_2}}}$$

② 有些物质在同一反应中，既是氧化剂又是还原剂。例如，在下面的反应中，一个氯原子的氧化数升高，另一个氯原子的氧化数降低，氯既是氧化剂又是还原剂。

$$\overset{0}{Cl_2} + H_2O === \overset{+1}{H}\overset{}{ClO} + \overset{-1}{H}Cl$$

③ 氧化剂、还原剂的氧化还原产物与反应条件有密切的关系，反应条件不同，氧化还原的产物也不同。例如强氧化剂高锰酸钾在酸性、中性、碱性溶液中，其还原产物分别是 Mn^{2+}、MnO_2、MnO_4^{2-}，反应式如下。

在酸性溶液中：

$$2KMnO_4 + 5K_2SO_3 + 3H_2SO_4 === 2MnSO_4\text{(肉色)} + 6K_2SO_4 + 3H_2O$$

在中性或弱碱性溶液中：

$$2KMnO_4 + 3K_2SO_3 + H_2O === 2MnO_2\text{(棕褐色)}\downarrow + 3K_2SO_4 + 2KOH$$

在强碱性溶液中：

$$2KMnO_4 + K_2SO_3 + 2KOH === 2K_2MnO_4\text{(绿色)} + K_2SO_4 + H_2O$$

硝酸等氧化剂同高锰酸钾一样，被还原时，反应条件不同，还原产物也不同。

由于得失电子的能力不同，所以氧化剂和还原剂也有强弱之分。获得电子能力强的氧化剂，称强氧化剂；容易失去电子的还原剂，称强还原剂。

（二）常见的氧化剂和还原剂

1. 常见的氧化剂

常见的氧化剂是氧化数易降低的物质，见表 5-1。

① 活泼的非金属：如 O_2、Cl_2、Br_2、I_2 等；

② 具有高氧化数的含氧化合物：如 $KMnO_4$、$HClO$、$HClO_3$、HNO_3、H_2SO_4（浓）等；

③ 某些氧化物和过氧化物：如 MnO_2、PbO_2、H_2O_2 等；

④ 高价金属离子：如 Fe^{3+}、Cu^{2+} 等。

表 5-1　常见的氧化剂

氧　化　剂		还　原　产　物	有关元素氧化数变化
非金属单质	O_2	O^{2-}（H_2O、OH^-）	$0 \rightarrow -2$
	Cl_2	Cl^-	$0 \rightarrow -1$
	Br_2	Br^-	$0 \rightarrow -1$
	I_2	I^-	$0 \rightarrow -1$
氧化物和过氧化物	MnO_2	Mn^{2+}	$+4 \rightarrow +2$
	PbO_2	Pb^{2+}	$+4 \rightarrow +2$
	H_2O_2	H_2O、OH^-	$-1 \rightarrow -2$
高、较高氧化数的含氧化合物	MnO_4^-	酸性：Mn^{2+}	$+7 \rightarrow +2$
		中性或弱碱性：$MnO_2\downarrow$	$+7 \rightarrow +4$
		强碱性：MnO_4^{2-}	$+7 \rightarrow +6$
	ClO^-	Cl^-	$+1 \rightarrow -1$
	ClO_3^-	Cl^-	$+5 \rightarrow -1$
	$Cr_2O_7^{2-}$	Cr^{3+}	$+6 \rightarrow +3$
	HNO_3（稀）	$NO\uparrow$	$+5 \rightarrow +2$
	HNO_3（浓）	$NO_2\uparrow$	$+5 \rightarrow +4$
	H_2SO_4（浓）	$SO_2\uparrow$	$+6 \rightarrow +4$
	（与较活泼金属）	$S\downarrow$、$H_2S\uparrow$	$+6 \rightarrow 0$，-2
高价金属离子	Fe^{3+}	Fe^{2+}	$+3 \rightarrow +2$
	Cu^{2+}	Cu^+、Cu	$+2 \rightarrow +1$，0

2. 常见的还原剂

常见的还原剂是氧化数容易升高的物质，见表 5-2。

① 活泼金属和较活泼金属及某些非金属的单质：如 Na、Mg、Zn、Fe、Al、H_2、C 等；

② 具有低或较低氧化数的化合物：如 HCl、H_2S、CO、H_2SO_3、H_2O_2、$H_2C_2O_4$（草酸）、H_3AsO_3、$Na_2S_2O_3$、$NaNO_2$、KI；

③ 低价金属离子：如 Fe^{2+}、Sn^{2+}、Cu^+。

不难理解，处于最高氧化数的元素的化合物，只能作氧化剂；处于最低氧化数的元素的化合物，只能作还原剂；处于中间氧化数的元素的化合物，既可作氧化剂，又可以作还原剂。

表 5-2　常见的还原剂

还　原　剂		氧　化　产　物	有关元素氧化数变化
金属和某些非金属单质	Na	Na^+	$0 \rightarrow +1$
	Mg、Zn、Fe	Mg^{2+}、Zn^{2+}、Fe^{2+}	$0 \rightarrow +2$
	Al	Al^{3+}	$0 \rightarrow +3$
	H_2	H^+	$0 \rightarrow +1$
	C	$CO_2\uparrow$	$0 \rightarrow +4$
低价金属离子	Fe^{2+}	Fe^{3+}	$+2 \rightarrow +3$
	Sn^{2+}	Sn^{4+}	$+2 \rightarrow +4$

续表

还　原　剂		氧　化　产　物	有关元素氧化数变化
低或较低氧化数的化合物	HCl(浓)	$Cl_2\uparrow$	$-1 \rightarrow 0$
	I^-	I_2	$-1 \rightarrow 0$
	H_2S	$S\downarrow$	$-2 \rightarrow 0$
	CO	$CO_2\uparrow$	$+2 \rightarrow +4$
	SO_3^{2-}	SO_4^{2-}	$+4 \rightarrow +6$
	H_2O_2	O_2	$-1 \rightarrow 0$
	$H_2C_2O_4$	$CO_2\uparrow$	$+3 \rightarrow +4$

四、氧化还原反应方程式的配平

对于一些简单的氧化还原反应，可以用观察法来配平。但许多氧化还原反应往往是比较复杂的，反应方程式涉及的物质较多难以配平，故需用一定的方法和步骤来配平。配平氧化还原反应方程式的方法有多种，但其原则都是：还原剂失去电子的总数（或氧化数升高的总数）与氧化剂得到电子的总数（或氧化数降低的总数）必相等；反应前后每一元素的原子数相等。

在这里仅介绍电子得失（或氧化数升降）配平法配平氧化还原反应方程式。

【例 5-3】　高锰酸钾和硫酸亚铁在酸性溶液中的反应。

解：（1）根据反应事实，正确写出反应物和生成物的分子式，中间用"——"表示：

$$KMnO_4 + FeSO_4 + H_2SO_4 \longrightarrow MnSO_4 + K_2SO_4 + Fe_2(SO_4)_3 + H_2O$$

（2）标出氧化剂和还原剂中氧化数发生改变的元素：

$$\overset{+7}{K}MnO_4 + \overset{+2}{Fe}SO_4 + H_2SO_4 \longrightarrow \overset{+2}{Mn}SO_4 + K_2SO_4 + \overset{+3}{Fe_2}(SO_4)_3 + H_2O$$

（3）计算氧化剂和还原剂得失电子的总数，失电子用"－"表示，得电子用"＋"表示，用箭头分别标在反应式的上面和下面：

$$\overset{+7}{K}MnO_4 + \overset{+2}{Fe}SO_4 + H_2SO_4 \longrightarrow \overset{+2}{Mn}SO_4 + K_2SO_4 + \overset{+3}{Fe_2}(SO_4)_3 + H_2O$$

上：$-1e^- \times 2$　下：$+5e^-$

因为反应中铁至少要有两个原子参加，故应乘以 2。

（4）根据氧化剂得到电子和还原剂失去电子的总数必相等的原则求最小公倍数：

$$\overset{+7}{K}MnO_4 + \overset{+2}{Fe}SO_4 + H_2SO_4 \longrightarrow \overset{+2}{Mn}SO_4 + K_2SO_4 + \overset{+3}{Fe_2}(SO_4)_3 + H_2O$$

上：$-1e^- \times 2 \times 5$　下：$+5e^- \times 2$

（5）把得到的系数写在氧化剂和还原剂分子式前面，其他物质的系数用观察法配平，并将"——"号改为等号，最后检查反应前后每一元素的原子数是否相等：

$$2KMnO_4 + 10FeSO_4 + 8H_2SO_4 = 2MnSO_4 + K_2SO_4 + 5Fe_2(SO_4)_3 + 8H_2O$$

【例 5-4】　铜和稀硝酸的反应。

解：（1）　　　$Cu + HNO_3(稀) \longrightarrow Cu(NO_3)_2 + NO\uparrow + H_2O$

（2）　　　$\overset{0}{Cu} + H\overset{+5}{N}O_3(稀) \longrightarrow \overset{+2}{Cu}(NO_3)_2 + \overset{+2}{N}O\uparrow + H_2O$

（3）

$$-2e^-$$

$$\overset{0}{Cu} + \overset{+5}{HNO_3}(稀) \longrightarrow \overset{+2}{Cu(NO_3)_2} + \overset{+2}{NO}\uparrow + H_2O$$

$$+3e^-$$

（4）

$$-2e^- \times 3$$

$$\overset{0}{Cu} + \overset{+5}{HNO_3}(稀) \longrightarrow \overset{+2}{Cu(NO_3)_2} + \overset{+2}{NO}\uparrow + H_2O$$

$$+3e^- \times 2$$

（5）　　　　$3Cu + 8HNO_3(稀) =\!=\!= 3Cu(NO_3)_2 + 2NO\uparrow + 4H_2O$

上述反应中，有 2mol HNO_3 作为氧化剂，还原成 2mol NO，还有 6mol HNO_3 仅提供硝酸根和氢离子，不参加氧化还原反应。

【**例 5-5**】　高锰酸钾和盐酸的反应。

解：（1）　　　　$KMnO_4 + HCl \longrightarrow MnCl_2 + Cl_2 + KCl + H_2O$

（2）　　　　$\overset{+7}{KMnO_4} + \overset{-1}{HCl} \longrightarrow \overset{+2}{MnCl_2} + \overset{0}{Cl_2} + KCl + H_2O$

（3）

$$-e^- \times 2$$

$$\overset{+7}{KMnO_4} + \overset{-1}{HCl} \longrightarrow \overset{+2}{MnCl_2} + \overset{0}{Cl_2} + KCl + H_2O$$

$$+5e^-$$

因为反应产生氯气只能以双原子分子形式存在，因此要求最少有 2mol 盐酸参加反应，故应乘以 2。

（4）

$$-e^- \times 2 \times 5$$

$$\overset{+7}{KMnO_4} + \overset{-1}{HCl} \longrightarrow \overset{+2}{MnCl_2} + \overset{0}{Cl_2} + KCl + H_2O$$

$$+5e^- \times 2$$

（5）　　　　$2KMnO_4 + 16HCl =\!=\!= 2MnCl_2 + 5Cl_2 + 2KCl + 8H_2O$

上述反应中，有 10mol 盐酸作为还原剂，氧化成 5mol 氯气，还有 6mol 盐酸仅提供氯离子和氢离子，不参加氧化还原反应，最后检查原子数是否相等。

【**例 5-6**】　高锰酸钾在酸性溶液中氧化过氧化氢的反应。

解：

$$1e^- \times 2 \times 5$$

$$\overset{+7}{KMnO_4} + \overset{-1}{H_2O_2} + H_2SO_4 \longrightarrow \overset{+2}{MnSO_4} + K_2SO_4 + \overset{0}{O_2}\uparrow + H_2O$$

$$+5e^- \times 2$$

$2KMnO_4 + 5H_2O_2 + 3H_2SO_4 =\!=\!= 2MnSO_4 + K_2SO_4 + 5O_2\uparrow + 8H_2O$

在上述反应中，高锰酸钾为氧化剂，过氧化氢为还原剂。

【**例 5-7**】　重铬酸钾和碘化钾在酸性条件下的反应。

解：

$$-1e^- \times 2 \times 3$$

$$\overset{+6}{K_2Cr_2O_7} + \overset{-1}{KI} + H_2SO_4 \longrightarrow \overset{+3}{Cr_2(SO_4)_3} + K_2SO_4 + \overset{0}{I_2} + H_2O$$

$$+3e^- \times 2$$

$$K_2Cr_2O_7 + 6KI + 7H_2SO_4 =\!=\!= Cr_2(SO_4)_3 + 4K_2SO_4 + 3I_2 + 7H_2O$$

在上述反应中，重铬酸钾为氧化剂，碘化钾为还原剂。

在配平氧化还原反应方程式时，当反应两边 H 原子数或 O 原子数不相等时，可以根据情况在等式左边或右边加 H_2O 进行配平。

五、氧化还原反应的应用

氧化还原反应的应用涉及面很广,动植物生长、工业生产、科学研究、国防建设、医学卫生等方面都与氧化还原反应有着密切的关系,本节重点介绍与专业课有关的几个方面。

1. 分析化学方面的应用

分析化学是通过各种方法对物质进行定性和定量分析。应用氧化还原反应原理对物质进行定性、定量测定的方法是分析化学的一个组成部分。

(1) 定性分析　具有氧化、还原性的物质,往往通过另一种具有氧化、还原性的物质与其反应,从反应过程中的颜色变化、沉淀生成、气体逸出等方面来判断物质的性质,如亚硝酸离子鉴定,通常取亚硝酸离子试液于酸性条件下与还原剂碘化钾反应,游离出碘分子。当试液中加入碘化钾和淀粉即呈蓝色,以鉴定亚硝酸离子,其化学方程式如下:

$$2KI + 2NaNO_2 + 2H_2SO_4 = I_2 + 2NO\uparrow + K_2SO_4 + Na_2SO_4 + 2H_2O$$

(2) 定量分析　具有氧化、还原性的物质以及本身虽然不具氧化、还原性,但它能与氧化剂或还原剂定量地作用,通过氧化还原滴定测定其含量。如过氧化氢的含量测定,通常用强氧化剂高锰酸钾在酸性溶液中直接测定过氧化氢的含量。其反应方程式如下:

$$2KMnO_4 + 5H_2O_2 + 3H_2SO_4 = 2MnSO_4 + 5O_2\uparrow + K_2SO_4 + 8H_2O$$

2. 在药物生产方面的应用

(1) 原料药物的生产　原料药物如氧化锌,它是收敛药,并具有微弱的杀菌能力,用于治疗皮炎和湿疹。它的生产是将金属灼烧成蒸气,锌蒸气遇到空气即氧化为氧化锌。

(2) 增强药物的稳定性　某些药物,尤其是配成药液时,更容易氧化变质,所以防止氧化也是增强药物稳定性的一个方面,这对注射剂尤为重要。具体措施如下:

① 配液用的蒸馏水煮沸驱氧,放冷后立即使用;

② 添加抗氧剂;

③ 调节溶液 pH 值,有些药物在一定的 pH 值条件下比较稳定,不易被氧化;

④ 重金属离子如 Cu^{2+}、Fe^{3+} 等对药物的氧化常起催化作用,可添加乙二胺四乙酸(EDTA)与重金属离子生成难电离的配离子,使其失去原有的催化作用;

⑤ 灌封时,在安瓿瓶中通以二氧化碳或氮气等不活泼性气体以驱氧。

3. 在药物检验方面的应用

氧化还原反应常用于检验某些具有氧化、还原性质的药物。

(1) 高锰酸盐的检验　高锰酸根离子具有紫红色,在酸性溶液中的还原产物锰离子几乎近无色,所以常用还原剂使高锰酸根离子褪色的反应来检验它。

(2) 溴化物的检验　取溴化物试液加氯仿($CHCl_3$)少许,滴入氯水即游离出溴,剧烈振摇,由于溴在氯仿中的溶解度远大于在水中的溶解度,溴即被抽提入氯仿层,显黄色(少量溴)至红棕色(较多量)。

(3) 碘化物的检验　取碘化物试液,加入氯仿少许,滴加氯水并剧烈振摇,生成的碘用氯仿抽提,氯仿层显紫红色。

第二节　原电池和电极电势

一、原电池

1. 原电池的概念

如图 5-1 所示的装置里,在装有 1mol/L $CuSO_4$ 溶液的烧杯中插入铜片,另一盛有

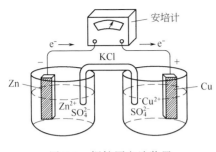

图 5-1　铜锌原电池装置

ZnSO$_4$ 溶液的烧杯中插入锌片。两种溶液之间用盐桥（一个装满饱和 KCl 溶液与琼脂凝胶的 U 形管）连接起来。这时，由于 Zn 和 Cu 互不接触，不会发生反应。当用导线将锌片和铜片相连接，并在线路上串联检流计时，检流计的指针就立即偏向一方，表明导线里有电流通过，进一步的实验证明电子是从锌片移向铜片。

分析产生电流的原因是锌片上 Zn 失去电子，发生氧化反应，形成 Zn^{2+} 进入溶液；锌片上过多的电子经过导线移至铜片；溶液中 Cu^{2+} 从铜片上获得电子，发生还原反应变成金属铜析出：

$$Zn \longrightarrow Zn^{2+} + 2e^-, \quad Cu^{2+} + 2e^- \longrightarrow Cu$$

与此同时，盐桥中 Cl$^-$ 和 K$^+$ 分别移向 ZnSO$_4$ 溶液和 CuSO$_4$ 溶液，以保持两溶液的电中性，从而使 Zn 的氧化和 Cu^{2+} 的还原可以继续进行，电流可以不断产生。上述装置中发生的总化学反应是：

$$Zn + Cu^{2+} \Longrightarrow Zn^{2+} + Cu$$

若把锌片直接插入 CuSO$_4$ 溶液，将发生同样的氧化还原反应。但是由于还原剂 Zn 与氧化剂 Cu^{2+} 直接接触，两者之间电子无序转移，就不能形成电流，化学能转变为热能放出。

在上述装置中，氧化反应和还原反应是被分隔在两处进行的，但又保持着联系。电子经外电路（导线）作有序的定向转移，就可以形成电流。这种利用氧化还原反应产生电流，把化学能转变为电能的装置称为原电池。图 5-1 所示的是铜锌原电池。

2. 原电池的组成

在上述铜锌原电池中，Zn-ZnSO$_4$ 组成锌电极，发生氧化；Cu-CuSO$_4$ 组成铜电极，发生还原。根据电子流向可知，锌电极是负极，铜电极是正极。

任一电极都是由两种物质构成的，它们是同一元素两种不同价态的物质形式。其中高价态的称为氧化型，低价态的称为还原型。两者不仅具有相互依存的关系，而且可以通过电子得失相互转化：

$$氧化型 + ne^- \Longrightarrow 还原型$$

这种相互转化的过程即是电极反应。氧化型及其对应的还原型相互依存，同时存在，故把这样一对物质称为氧化还原电对，简称电对，其符号记作氧化型/还原型（高价的氧化型写在上面，低价的还原型写在下面），如锌电极、铜电极，分别由 Zn^{2+}/Zn 电对和 Cu^{2+}/Cu 电对组成。由此可见，每个特定的电对构成特定的电极。

原电池是由发生氧化的电极和发生还原的电极组成，为了正确地表示原电池的组成，一般规定如下：

① 负极写在左边，用符号"（－）"表示；正极写在右边，用符号"（＋）"表示；

② 竖线"｜"表示不同物相的界面；双竖线"‖"表示盐桥；

③ 各物质的浓度、压力需注明，未注明的一般认为是处于各自的标准状态。根据以上规则，铜锌原电池的表示式可写为：（－）Zn｜Zn^{2+}(c_1)‖Cu^{2+}(c_2)｜Cu（＋）。

3. 原电池的电动势

原电池中电子不断地由负极流向正极，说明正极的电势高于负极的电势。两电极的电势差称为电池电动势。电池电动势决定于两电极的电极电势。若以 $E_{电池}$ 表示电池电动势，以 φ_+、φ_- 分别表示正极和负极的电极电势，则 $E_{电池} = \varphi_+ - \varphi_-$。

电池电动势无论计算值或测量值都应是正值，若出现负值，则表明原来认定的正、负极需要对调。

二、电极电势

1. 标准氢电极与标准电极电势的测定

目前单个电极的电极电势绝对值无法测定，只能选择某一个电极的电极电势作比较标准，求得电极电势的相对数值。现在国际上采用标准氢电极作为比较标准。

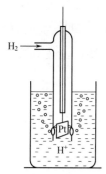

图 5-2　标准氢电极
结构示意图

标准氢电极的结构如图 5-2 所示，将镀铂黑的铂片浸在含有 H^+ 的溶液中，通入氢气使铂黑吸附氢气达到饱和。如果氢气压力为 101.3kPa、温度为 298.15K（25℃）、溶液中 H^+ 浓度为 1mol/L（严格说是活度为 1），氢电极就处于标准状态。可用下列符号表示标准氢电极：

$$Pt, H_2(p=101.3kPa) | H^+(1mol/L)$$

电极反应是：　　$2H^+(aq) + 2e^- \longrightarrow H_2(g)$

把标准氢电极的电极电势规定为零，即 $\varphi^\ominus(H^+/H_2) = 0.00V$

为了测定某电极的标准电极电势，可把该电极与标准氢电极组成原电池，测得电池的电动势，即可推算该电极的标准电极电势。例如，为了测定锌电极的标准电极电势，将它与标准氢电极组成如下原电池：

$$Zn | Zn^{2+}(1mol/L) \| H^+(1mol/L) | H_2(101.3kPa), Pt(+)$$

测得此原电池的电动势为 0.763V，则：

因为 $E_{电池} = \varphi^\ominus(H^+/H_2) - \varphi^\ominus(Zn^{2+}/Zn)$，又 $\varphi^\ominus(H^+/H_2) = 0.00V$，所以：

$$\varphi^\ominus(Zn^{2+}/Zn) = 0.00 - 0.763 = -0.763(V)$$

规定温度为 25℃，凡是组成电极的有关离子浓度（严格说活度 α 为 1）为 1mol/L，气体分压为 101.3kPa 时测得的电极电势称为该电极的标准电极电势，符号为 $\varphi^\ominus$。一些常用电对的 $\varphi^\ominus$ 值见表 5-3。

表 5-3　常见电对的标准电极电势（25℃）

电　　极	电　极　反　应	$\varphi_{M^{n+}/M}/V$
Li^+/Li	$Li^+ + e^- \longrightarrow Li$	-3.046
K^+/K	$K^+ + e^- \longrightarrow K$	-2.931
Na^+/Na	$Na^+ + e^- \longrightarrow Na$	-2.714
Mg^{2+}/Mg	$Mg^{2+} + 2e^- \longrightarrow Mg$	-2.372
Zn^{2+}/Zn	$Zn^{2+} + 2e^- \longrightarrow Zn$	-0.763
Fe^{2+}/Fe	$Fe^{2+} + 2e \longrightarrow Fe$	-0.447
Ni^{2+}/Ni	$Ni^{2+} + 2e^- \longrightarrow Ni$	-0.257

续表

电　　极	电　极　反　应	$\varphi_{M^{n+}/M}/V$
Sn^{2+}/Sn	$Sn^{2+}+2e^-\!\!=\!\!=\!Sn$	-0.137
Pb^{2+}/Pb	$Pb^{2+}+2e^-\!\!=\!\!=\!Pb$	-0.1262
H^+/H_2	$2H^++2e^-\!\!=\!\!=\!H_2$	0.00
Sn^{4+}/Sn^{2+}	$Sn^{4+}+2e^-\!\!=\!\!=\!Sn^{2+}$	$+0.151$
Cu^{2+}/Cu	$Cu^{2+}+2e^-\!\!=\!\!=\!Cu$	$+0.340$
O_2/OH^-	$O_2+2H_2O+4e^-\!\!=\!\!=\!4OH^-$	$+0.401$
I_2/I^-	$I_2+2e^-\!\!=\!\!=\!2I^-$	$+0.5353$
Br_2/Br^-	$Br_2+2e^-\!\!=\!\!=\!2Br^-$	$+1.065$
Cl_2/Cl^-	$Cl_2+2e^-\!\!=\!\!=\!2Cl^-$	$+1.358$
Fe^{3+}/Fe^{2+}	$Fe^{3+}+e^-\!\!=\!\!=\!Fe^{2+}$	$+0.771$
MnO_4^-/Mn^{2+}	$MnO_4^-+8H^++5e^-\!\!=\!\!=\!Mn^{2+}+4H_2O$	$+1.507$

注：数据主要摘自 Lide David CRC Handbook or Chemistry and Physics. 78th，Ed. 1998.

使用标准电极电势时应注意下列几点：

① $\varphi^\ominus$ 与物质的量的多少无关，即电极反应方程式中计量系数改变，对 $\varphi^\ominus$ 值不产生影响。如：

$$Zn^{2+}+2e^-\!\!=\!\!=\!Zn \qquad \varphi^\ominus=-0.763V$$
$$2Zn^{2+}+4e^-\!\!=\!\!=\!2Zn \qquad \varphi^\ominus=-0.763V$$

② 无论电极反应写成氧化反应还是还原反应，$\varphi^\ominus$ 值不变。如：

$$Zn^{2+}+2e^-\!\!=\!\!=\!Zn \qquad \varphi^\ominus=-0.763V$$
$$Zn\!\!=\!\!=\!Zn^{2+}+2e^- \qquad \varphi^\ominus=-0.763V$$

③ 标准电极电势是电极处于平衡时表现出来的特征值，与达到平衡的快慢无关。

2. 能斯特（Nernst）方程

氧化还原电对电极电势的大小，主要决定于电对的本性，并受离子活度和温度等外界条件的影响。如果温度或活度改变，电极电势也随之改变，具体可用能斯特方程式表示。例如，对下述氧化还原半反应，其能斯特方程式表示如下：

$$Ox+ne^- \Longrightarrow Red$$

$$\varphi_{Ox/Red}=\varphi^\ominus_{Ox/Red}+\frac{RT}{nF}\ln\frac{\alpha_{Ox}}{\alpha_{Red}} \tag{5-1}$$

式中，φ 为 Ox/Red 电对的电极电势；$\varphi^\ominus_{Ox/Red}$ 为 Ox/Red 电对的标准电极电势；R 为气体常数，$8.314J/(K\cdot mol)$；T 为热力学温度，$273.15℃+t$，K；n 为半电池反应中转移的电子数；F 为法拉第常数，$96484C/mol$；α_{Ox} 为氧化型的活度；α_{Red} 为还原型的活度。

25℃时，将各常数代入式(5-1)，并将自然对数转换为常用对数，则上式可简化为：

$$\varphi=\varphi^\ominus+\frac{0.05916}{n}\lg\frac{\alpha_{Ox}}{\alpha_{Red}} \tag{5-2}$$

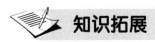 知识拓展

实际工作中通常知道的是反应物的浓度而不是活度，用浓度代替活度，往往会引起较大

的误差。此外，酸度的影响、沉淀及配合物的形成等副反应，都将引起氧化型和还原型物质浓度的变化，从而使电对的电极电势发生改变。因此，若要以浓度代替活度，必须引入相应的活度系数和副反应系数。活度与活度系数及副反应系数的关系为：

$$\alpha_{Ox} = \gamma_{Ox}\frac{c_{Ox}}{\beta_{Ox}}, \qquad \alpha_{Red} = \gamma_{Red}\frac{c_{Red}}{\beta_{Red}}$$

式中，c 为浓度；γ 为活度系数；β 为副反应系数。

若再将以上关系式代入式(5-2)可得：

$$\varphi = \varphi^{\ominus} + \frac{0.059}{n}\lg\frac{\gamma_{Ox}c_{Ox}\beta_{Red}}{\gamma_{Red}c_{Red}\beta_{Ox}} = \left[\varphi^{\ominus} + \frac{0.059}{n}\lg\frac{\gamma_{Ox}\beta_{Red}}{\gamma_{Red}\beta_{Ox}}\right] + \frac{0.059}{n}\lg\frac{c_{Ox}}{c_{Red}}$$

令 $\varphi' = \varphi^{\ominus} + \dfrac{0.059}{n}\lg\dfrac{\gamma_{Ox}\beta_{Red}}{\gamma_{Red}\beta_{Ox}}$，则：

$$\varphi = \varphi' + \frac{0.05916}{n}\lg\frac{c_{Ox}}{c_{Red}} \tag{5-3}$$

式(5-3) 中，φ' 称为条件电极电势。它是在一定条件下，氧化型和还原型物质的浓度为 1mol/L 或它们的浓度比为 1 时的实际电极电势。它只有在实验条件不变的情况下才是一个常数，当条件（介质的种类和浓度）改变时也将随着改变，故称为条件电极电势。例如：Fe^{3+}/Fe^{2+} 电对的标准电极电势为 0.77V；在 0.5mol/L 盐酸溶液中的条件电极电势为 0.71V；在 5mol/L 盐酸溶液中的条件电极电势为 0.64V；在 2mol/L 磷酸溶液中的条件电极电势为 0.46V 等。显然，用条件电极电势处理问题既简便又符合实际情况，所以条件电极电势更具有实际意义。若没有相同条件下的条件电极电势时，可采用该电对在相同介质、相近浓度下的条件电极电势数据，对于尚无条件电极电势的电对，只好采用它的标准电极电势。

例如对于电极反应：aA(氧化型)$+n$e^{-} ==== bB（还原型），25℃时，电极反应的电极电势 φ 常用下式计算：

$$\varphi = \varphi^{\ominus} + \frac{0.05916}{n}\lg\frac{[氧化型]^{a}}{[还原型]^{b}}$$

式中，$\varphi^{\ominus}$ 为标准电极电势；n 为电极反应得失电子数；[氧化型] 和 [还原型] 分别表示电极反应式中氧化型和还原型物质的物质的量浓度；a 和 b 分别是各物质的化学计量数。

应用能斯特方程时必须注意以下两点：

① 若组成电极的物质为纯固体或纯液体，不写入方程；若为气体物质，可在方程中代入其分压（分压以 101.3kPa 的倍数值表示）；

② 电极反应中若有 H^{+}、OH^{-} 存在，则应把这些物质的浓度表示在方程式中，H_2O 不列入方程。

【例 5-8】 已知 $\varphi^{\ominus}_{Zn^{2+}/Zn} = -0.763V$，将锌片浸入 Zn^{2+} 浓度分别为 0.010mol/L 和 2.0mol/L 的溶液中，计算 25℃时这两种锌电极的电极电势。

解：电极反应为 $Zn^{2+} + 2e^{-}$ ==== Zn

当 $[Zn^{2+}] = 0.010mol/L$ 时，则：

$$\varphi_{Zn^{2+}/Zn}=\varphi^{\ominus}_{Zn^{2+}/Zn}+\frac{0.05916}{2}lg[Zn^{2+}]=-0.763+\frac{0.05916}{2}lg0.010=-0.822(V)$$

当 $[Zn^{2+}]=2.0mol/L$ 时，则：

$$\varphi_{Zn^{2+}/Zn}=\varphi^{\ominus}_{Zn^{2+}/Zn}+\frac{0.05916}{2}lg[Zn^{2+}]=-0.763+\frac{0.05916}{2}lg2.0=-0.754(V)$$

【例 5-9】 已知电极反应：$MnO_4^-+8H^++5e^-\Longrightarrow Mn^{2+}+4H_2O$。在 pH=5 时，求 25℃时的 $\varphi_{MnO_4^-/Mn^{2+}}$？（假设 $[MnO_4^-]=[Mn^{2+}]=1.00mol/L$，$\varphi^{\ominus}_{MnO_4^-/Mn^{2+}}=+1.507V$）

解： 电极反应　　　　　$MnO_4^-+8H^++5e^-\Longrightarrow Mn^{2+}+4H_2O$

$$\varphi_{MnO_4^-/Mn^{2+}}=\varphi^{\ominus}_{MnO_4^-/Mn^{2+}}+\frac{0.05916}{5}lg\frac{[MnO_4^-][H^+]^8}{[Mn^{2+}]}$$

$$=+1.507+\frac{0.05916}{5}lg\frac{1.00\times(10^{-5})^8}{1.00}$$

$$=1.034V$$

【例 5-10】 求下面电池的电动势（25℃），写出电极反应式以及电池反应式，并标明正负极。

$$Zn|Zn^{2+}(0.1mol/L)\parallel Cu^{2+}(0.001mol/L)|Cu$$

解： 查表 5-3 得 $\varphi^{\ominus}_{Cu^{2+}/Cu}=+0.34V$，$\varphi^{\ominus}_{Zn^{2+}/Zn}=-0.763V$，根据能斯特方程得：

$$\varphi_{Cu^{2+}/Cu}=\varphi^{\ominus}_{Cu^{2+}/Cu}+\frac{0.05916}{2}lg[Cu^{2+}]=+0.34+\frac{0.05916}{2}lg0.001=+0.25(V)$$

$$\varphi_{Zn^{2+}/Zn}=\varphi^{\ominus}_{Zn^{2+}/Zn}+\frac{0.05916}{2}lg[Zn^{2+}]=-0.76+\frac{0.05916}{2}lg0.1=-0.79(V)$$

$\varphi(Cu^{2+}/Cu)>\varphi(Zn^{2+}/Zn)$，故铜电极为正极，锌电极为负极。

原电池电动势为：$E_{电池}=\varphi_+-\varphi_-=+0.25V-(-0.79V)=+1.04V$

电极反应为：负极　　　　　　　$Zn-2e^-\longrightarrow Zn^{2+}$

　　　　　　　正极　　　　　　　$Cu^{2+}+2e^-\longrightarrow Cu$

电池反应为：　　　　　　　　　$Zn+Cu^{2+}\longrightarrow Zn^{2+}+Cu$

从上面的计算可以看出，物质本身浓度对电极电势的影响很小，如例 5-8 和例 5-10。但是如果有 H^+ 参加的电极反应，则酸度对电极电势的影响就明显，如例 5-9。

三、电极电势的应用

1. 比较氧化剂和还原剂的强弱

电极电势的大小，反映了电对中氧化态物质和还原态物质氧化还原能力的相对强弱，φ 值越大，则电对中氧化态物质的氧化能力越强，相对应的还原态物质的还原能力越弱，反之亦然。

【例 5-11】 已知：$Sn^{4+}+2e^-\longrightarrow Sn^{2+}$　　　　　　　$\varphi^{\ominus}=+0.151V$

　　　　　　　　　$Fe^{3+}+e^-\longrightarrow Fe^{2+}$　　　　　　　$\varphi^{\ominus}=+0.771V$

　　$MnO_4^-+8H^++5e^-\longrightarrow Mn^{2+}+4H_2O$　　$\varphi^{\ominus}=+1.507V$

按照氧化能力由强到弱的顺序排列氧化剂。

解： 因为 $\varphi^{\ominus}(MnO_4^-/Mn^{2+})>\varphi^{\ominus}(Fe^{3+}/Fe^{2+})>\varphi^{\ominus}(Sn^{4+}/Sn^{2+})$，所以氧化剂氧化能力由强到弱的顺序为：$MnO_4^->Fe^{3+}>Sn^{4+}$。

2. 选择氧化剂和还原剂

【例 5-12】 溶液中含有 Cl^-、Br^-、I^- 三种离子，要使 I^- 氧化而又不使 Cl^-、Br^- 氧化，问应采用的氧化剂是 $Fe_2(SO_4)_3$ 还是 $KMnO_4$？

解：查表得：

$$I_2 + 2e^- \longrightarrow 2I^- \qquad\qquad \varphi^\ominus = +0.5353V$$
$$Br_2 + 2e^- \longrightarrow 2Br^- \qquad\qquad \varphi^\ominus = +1.065V$$
$$Cl_2 + 2e^- \longrightarrow 2Cl^- \qquad\qquad \varphi^\ominus = +1.358V$$
$$Fe^{3+} + e^- \longrightarrow Fe^{2+} \qquad\qquad \varphi^\ominus = +0.771V$$
$$MnO_4^- + 8H^+ + 5e^- \longrightarrow Mn^{2+} + 4H_2O \qquad \varphi^\ominus = +1.507V$$

由上述数据可见，$\varphi^\ominus_{MnO_4^-/Mn^{2+}}$ 比其他 $\varphi^\ominus$ 都大，所以如果用 $KMnO_4$ 作氧化剂，能使 Cl^-、Br^-、I^- 都被氧化。$\varphi^\ominus_{Fe^{3+}/Fe^{2+}}$ 仅比 $\varphi^\ominus_{I_2/I^-}$ 大，比 $\varphi^\ominus_{Br_2/Br^-}$ 和 $\varphi^\ominus_{Cl_2/Cl^-}$ 都小，因此应选择 $Fe_2(SO_4)_3$ 作氧化剂，它只能氧化 I^-，而不会氧化 Cl^-、Br^-。

3. 判断氧化还原反应进行的方向

【例 5-13】 判断反应 $2Fe^{3+} + Cu =\!=\!= 2Fe^{2+} + Cu^{2+}$ 在标准状态下的反应方向。

解：查表得：

$$\varphi^\ominus_{Cu^{2+}/Cu} = +0.340V, \qquad \varphi^\ominus_{Fe^{3+}/Fe^{2+}} = +0.77V$$

由于氧化还原反应自发进行的方向是由较强的氧化剂与较强的还原剂生成较弱的还原剂与较弱的氧化剂，在本题中从 $\varphi^\ominus$ 数据可知，Fe^{3+}、Cu 分别是较强的氧化剂和较强的还原剂，而 Cu^{2+}、Fe^{2+} 分别是较弱的氧化剂和较弱的还原剂，因此该氧化还原反应可以自发进行。

这一例题的另一种解法为：上述反应中，Fe^{3+} 是氧化剂，为正极，Cu 是还原剂，为负极。则：

$$E = \varphi_+ - \varphi_- = \varphi^\ominus_{Fe^{3+}/Fe^{2+}} - \varphi^\ominus_{Cu^{2+}/Cu} = +0.77 - (+0.340) = +0.43(V) > 0$$

说明反应正向进行。

一般用电极电势来判断氧化还原反应进行的方向，有以下两种方法。

① 较强氧化剂 1 ＋ 较强还原剂 2 $\longrightarrow$ 较弱还原剂 1 ＋ 较弱氧化剂 2。

② 通过电动势 $E_{电池}$（对于标准状态）来判断，即：

若 $E_{电池} > 0$，则正反应方向自发进行；

若 $E_{电池} < 0$，则逆反应方向自发进行；

如果是非标准状态，则需要计算 E 值后进行判断。

4. 判断氧化还原反应进行的顺序

当溶液中同时存在几种氧化剂或还原剂时，若加入某种还原剂或氧化剂，氧化还原反应是分步进行的。

【例 5-14】 在含有 Fe^{2+}、Sn^{2+} 两种离子的溶液中，用 $KMnO_4$ 作为氧化剂，问反应发生的顺序如何？

解：查表得 $\varphi^\ominus_{Sn^{4+}/Sn^{2+}} = +0.151V$，$\varphi^\ominus_{Fe^{3+}/Fe^{2+}} = +0.771V$，$\varphi^\ominus_{MnO_4^-/Mn^{2+}} = +1.507V$，则：

$$E_1^\ominus = \varphi^\ominus_{MnO_4^-/Mn^{2+}} - \varphi^\ominus_{Sn^{4+}/Sn^{2+}} = +1.356(V)$$

$$E_2^\ominus = \varphi^\ominus_{MnO_4^-/Mn^{2+}} - \varphi^\ominus_{Fe^{3+}/Fe^{2+}} = +0.736(V)$$

在不考虑反应速率的情况下，根据"$E^{\ominus}$大，先反应"的原则，可以得出 $KMnO_4$ 先氧化 Sn^{2+}，然后氧化 Fe^{2+}。

5. 判断氧化还原反应进行的程度

氧化还原反应属于可逆反应，反应进行的程度可以通过反应的平衡常数来判断，而平衡常数可以由电极电势计算。对于任一氧化还原反应：设反应的电子转移数为 n，则利用标准电极电势来计算标准平衡常数 K 的公式为：

$$\lg K = n \times \frac{\varphi_+^{\ominus} - \varphi_-^{\ominus}}{0.05916}$$

【例 5-15】 判断在标准状况下 $Zn + Cu^{2+} =\!=\!= Zn^{2+} + Cu$ 反应进行的程度。

解：$\lg K = 2 \times \dfrac{0.340 + 0.763}{0.05916} = 37$，$K = 10^{37}$，平衡常数值很大，说明此反应进行得很完全。

【例 5-16】 判断在标准条件下 $Sn + Pb^{2+} =\!=\!= Sn^{2+} + Pb$ 反应进行的程度。

解：查表 5-3 得 $\varphi_{Pb^{2+}/Pb}^{\ominus} = -0.1262V$，$\varphi_{Sn^{2+}/Sn}^{\ominus} = -0.137V$，则：

$$\lg K = 2 \times \frac{-0.1262 + 0.137}{0.05916} = 0.34, \quad K = [Sn^{2+}]/[Pb^{2+}] = 2.2$$

此平衡常数很小，所以反应进行得很不完全。

由此可见，两电对的 $\varphi^{\ominus}$ 值相差越大，平衡常数 K 值也越大，反应进行得越完全。一般来说，反应的 $K > 10^6$，就认为反应进行得相当完全。即：

当 $n = 1$ 时，$\varphi_+^{\ominus} - \varphi_-^{\ominus} = 0.36V$

$n = 2$ 时，$\varphi_+^{\ominus} - \varphi_-^{\ominus} = 0.18V$

$n = 3$ 时，$\varphi_+^{\ominus} - \varphi_-^{\ominus} = 0.12V$

所以，可利用两电对的 $E^{\ominus}$ 值之差来判断反应进行的程度。满足上述条件的可认为反应进行得完全，不满足上述条件的可认为反应进行得不完全或不很完全。

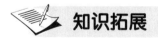 **知识拓展**   高压氧医学

高压氧医学是一门新兴的医学学科，在许多疾病的治疗中发挥了非常重要的作用，尤其对厌氧菌感染、一氧化碳中毒、减压病、气栓症等疾病确有特殊疗效。在急性缺血缺氧性脑病、脑外伤、脑血管疾病、慢性难愈性溃疡、断指（趾）再植术后血运不良、突发性耳聋等疾病的综合治疗中，有不可替代的治疗作用。

从某种意义上来说，生命就是氧化还原反应。人类的大多数疾病究其发病原因、发生发展的病理过程，或因或果，都与缺氧密切相关。所谓高压氧治疗（hyperbaric oxygen therapy，HBOT），就是将患者置入一密闭高气压舱内间断吸纯氧的一种物理治疗手段。高气压状态下，氧气可迅速地溶解到血液中去，通过体循环的流动将分子氧供应到深层的缺氧组织中去。高压氧状态下充足的物理溶解氧可以有效地克服机体病变组织因水肿、毛细血管受压变窄、红细胞无法通过造成的机体组织缺氧进一步加重的恶性循环机制，将溶解到血液液体成分中的分子氧，通过受压变窄的毛细血管迅速供应到缺氧组织中去，改善深层组织的缺氧状态，从而迅速地遏制病程。

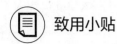 致用小贴

电化学在医学上的应用

生物体内存在的氧化还原体系为应用电化学方法研究生命活动的过程提供了可能。根据膜电势变化的规律研究生物机体活动的情况，是生物电化学研究中的活跃领域。生物细胞膜是一种特殊的半透膜，膜两侧存在多种离子组成的电解质溶液，具有一定的电势差，称为生物膜电势。当刺激神经，或肌肉收缩时，细胞膜电势会发生相应的变化。心电图就是测量心肌收缩与松弛时心肌膜电位相应变化，来诊断心脏是否工作正常；脑电图、肌动电流图，对了解大脑神经活动、肌肉活动等都提供了直接有效的检测手段。目前应用最广泛的生物电化学传感器对分子（离子）的识别是利用特殊的膜电极进行的。根据生物材料的不同，膜电极分为酶电极、微生物电极、免疫电极和细胞电极等。酶传感器是将对待测底物具有选择性响应的酶层固定在离子选择性电极表面上制成的。待测底物在酶的催化作用下，可生成或消耗某些能被电极检测的催化产物。根据催化产物对电极电势的影响，可测得产物的浓度，从而计算出待测底物的含量。例如临床上血糖和尿糖的检查，测定葡萄糖用的酶传感器所基于的生物化学反应是：

$$\text{葡萄糖} + \text{氧气} \xrightarrow{\text{葡萄糖氧化酶}} \text{葡萄糖酸} + \text{过氧化氢}$$

通过电极法测得过氧化氢的生成量或氧气的消耗量，就可计算体液中葡萄糖的含量。

21 世纪人类基因组计划将大大促进医学、生物学等学科的发展。化学传感器与生物活性材料、物理传感器有机结合，不仅能提供感知酶、免疫、微生物、细胞、DNA、RNA、蛋白质、嗅觉、味觉和体液组分的传感器，也可能提供有感知血气、血压、血流量、脉搏等生理量的传感器，从而在临床诊断、药物和食品分析、分子生物学、生物芯片以及环境保护等研究中发挥重要作用。

 目标测试

1. 下列反应中，哪些是氧化还原反应？在氧化还原反应中，哪个被氧化？哪个被还原？哪个是氧化剂？哪个是还原剂？

（1）$CaCO_3 + 2HCl = CaCl_2 + CO_2\uparrow + H_2O$

（2）$2HgCl_2 + SnCl_2 = Hg_2Cl_2 + SnCl_4$

（3）$2KI + Br_2 = 2KBr + I_2$

（4）$2Na + 2H_2O = 2NaOH + H_2\uparrow$

（5）$4NH_3 + 5O_2 = 4NO + 6H_2O$

（6）$2KClO_3 \xrightarrow{\triangle} KClO_2 + KClO_4$

2. 判断下列物质哪些可作氧化剂？哪些可作还原剂？哪些既可作氧化剂又能作还原剂？

Cl^-、H_2S、Cl_2、H_2SO_4（浓）、H_2SO_3、Al、H_2O_2、Fe、$K_2Cr_2O_7$、$KMnO_4$

3. 配平下列氧化还原反应方程式：

（1）$Cu + H_2SO_4$（浓）$\longrightarrow CuSO_4 + SO_2 + H_2O$

（2）$NH_3 + O_2 \longrightarrow NO + H_2O$

（3）$KMnO_4 + HCl \longrightarrow KCl + MnCl_2 + Cl_2 + H_2O$

（4）$FeSO_4 + H_2SO_4 + O_2 \longrightarrow Fe_2(SO_4)_3 + H_2O$

（5）$K_2Cr_2O_7 + HCl \longrightarrow CrCl_3 + KCl + Cl_2 + H_2O$

（6）$KMnO_4 + K_2SO_3 + H_2SO_4 \longrightarrow MnSO_4 + K_2SO_4 + H_2O$

（7）$KMnO_4 \longrightarrow K_2MnO_4 + MnO_2 + O_2\uparrow$

（8）$PbS + H_2O_2 \longrightarrow PbSO_4 + H_2O$

4.填空题

（1）原电池是利用_____产生电流的装置，它是由_____组成的，并用_____加以沟通。在原电池中，氧化剂在_____极发生_____反应；还原剂在_____极发生_____反应。

（2）通常选用_____作为测定电极电势的基准，所以电极电势实际上是一个相对值。电极电势值愈大，表明氧化还原电对中的_____型物质愈易_____电子变成它的_____。

（3）电池电动势为 E，当 $E > 0$ 时，反应_____进行；当 $E < 0$ 时，反应_____进行；当 $E = 0$ 时，反应达到_____。

5.简答题

根据标准电极电势，判断下列两组物质中哪个是最强的氧化剂？哪个是最强的还原剂？

（1）Na^+/Na，Fe^{3+}/Fe^{2+}，Cu^{2+}/Cu，Ag^+/Ag

（2）Cl_2/Cl^-，Br_2/Br^-，I_2/I^-

6.计算题

（1）在298.15K时，把金属 Cu 插入 Cu^{2+} 浓度为 0.01mol/L 或 5mol/L 的溶液中，计算铜电极的电极电势。

（2）已知 $\varphi^{\ominus}(Cr^{3+}/Cr^{2+}) = 0.41V$，$\varphi^{\ominus}(O_2/H_2O) = 1.23V$，对于下列反应：$4Cr^{2+} + O_2 + 4H^+ \Longrightarrow 4Cr^{3+} + 2H_2O$

①写出电极反应方程式；②计算电池的电动势 $E^{\ominus}$；③计算反应的常数 K_c；④Cr^{2+} 在酸性空气中是否稳定？

第六章　缓冲溶液

知识导图

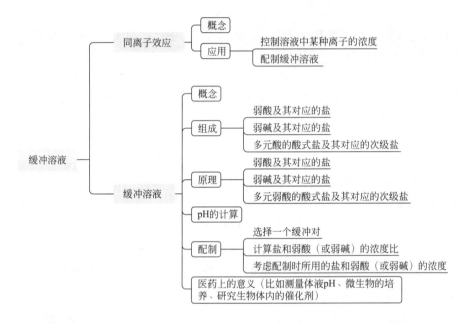

学习目标

1. 掌握同离子效应的概念及判断。
2. 熟悉缓冲溶液的概念、组成。
3. 掌握常见缓冲溶液的原理。
4. 熟悉缓冲溶液 pH 的有关计算。
5. 掌握一定 pH 的缓冲溶液的配制方法及操作。
6. 了解缓冲溶液在医药上的意义。

　　许多化学反应特别是生物体内的化学反应，都需要在适宜而稳定的 pH 条件下才能正常地进行。那么必须有一个具有一定的 pH，并且能保持其 pH 不易发生变化的溶液，这种溶液就是缓冲溶液。学习缓冲溶液的基本原理，不仅在实验工作中有助于正确掌握缓冲溶液的应用，而且在理论上对阐明某些生理现象和体内的化学反应也有重要的意义。

第一节 同离子效应

观察与思考

取两支试管，分别加入 1mol/L 氨水和 1 滴酚酞试液，振荡混匀，向其中一支试管中加入少量氯化铵晶体，振荡后与另一支试管比较颜色的变化。

实验结果表明，氨水中滴加酚酞溶液显红色，是由于氨水电离出 OH^-；加入氯化铵后溶液颜色变浅，是由于氯化铵是强电解质能完全电离出 NH_4^+，溶液中 $[NH_4^+]$ 增大，使氨水电离平衡向左移动，从而降低了氨水的电离度，使溶液中 $[OH^-]$ 减小。即：

$$NH_3 \cdot H_2O \xrightleftharpoons{\longleftarrow} OH^- + NH_4^+$$

$$NH_4Cl \Longrightarrow Cl^- + NH_4^+$$

同理，往乙酸溶液中加入乙酸钠也会使电离平衡向左移动，电离度降低。它们的共同点是加入的物质（强电解质）与原弱电解质含有相同的离子成分。这种在弱电解质溶液中加入与该弱电解质具有相同离子的强电解质，使弱电解质电离度降低的现象称为同离子效应（commoni on effect）。

同离子效应在药物分析中可用来控制溶液中某种离子的浓度，也可用于缓冲溶液的配制。

例如，在硫化氢溶液中加入盐酸，由于同离子效应，溶液中硫离子的浓度大大降低。加入盐酸越多，溶液的 pH 越小，酸度越强，则硫离子浓度也就越小。在分析化学中，硫化氢是检查金属离子的常用沉淀剂，不同金属离子与硫离子生成金属硫化物沉淀所需硫离子浓度是不同的。利用同离子效应，通过调节溶液的 pH 来控制硫离子的浓度，分离不同金属离子。

第二节 缓冲溶液

一、缓冲溶液的概念

观察与思考

先做以下三个实验。

实验一：取试管两支，各加入蒸馏水 10mL，在第一支试管中滴入甲基橙指示剂 2 滴，则溶液呈黄色，再滴入 0.5mol/L 盐酸溶液 1 滴，溶液立即呈红色；在第二支试管中滴入酚酞指示剂 2 滴，则溶液呈无色，再滴入 0.5mol/L 氢氧化钠溶液 1 滴，溶液立即呈红色。

实验二：取试管两支，各加入氯化钠溶液 10mL，重复实验一的内容，观察溶液颜色的变化。

实验三：取试管三支，各加入 0.5mol/L 醋酸和 0.5mol/L 醋酸钠的混合溶液 10mL，再各加入甲基橙指示剂 2 滴，摇匀，三支试管溶液均呈橙色。第一支试管留作对照，在第二支试管中逐滴加入 0.5mol/L 盐酸共约 10 滴左右，摇匀，在第三支试管中逐滴加入 0.5mol/L 氢氧化钠溶液共约 10 滴左右，摇匀，分别与第一支试管溶液的颜色进行比较。

由实验一、二得出结论：在水中或氯化钠溶液中，当加入少量的强酸或强碱时，水或氯化钠溶液的 pH 会发生很大的变化。可观察到实验三的三支试管中溶液颜色没有什么大的差别，即溶液的 pH 没有发生显著变化。

实验证明，由醋酸和醋酸钠组成的混合溶液具有抵抗酸和碱的能力。

能抵抗外来少量酸或碱而保持溶液的 pH 几乎不变的作用称为缓冲作用，具有缓冲作用的溶液称为缓冲溶液。

二、缓冲溶液的组成

溶液要具有缓冲作用，其组成中必须具有抗酸和抗碱成分，两种成分之间必须存在着化学平衡。通常把具有缓冲作用的两种物质称为缓冲对或缓冲系。根据酸碱质子，理论缓冲溶液实质上是一个共轭酸碱体系，缓冲对为一对共轭酸碱对，其抗酸成分为共轭碱，抗碱成分为共轭酸。根据缓冲对组成不同，可分为以下三种类型。

（1）弱酸及其对应的盐　　例如 HAc-$NaAc$，H_2CO_3-$NaHCO_3$、H_2CO_3-$KHCO_3$、H_3PO_4-NaH_2PO_4、H_3PO_4-KH_2PO_4 和其他有机酸-有机酸盐等。

（2）弱碱及其对应的盐　　例如 $NH_3 \cdot H_2O$-NH_4Cl 等。

（3）多元酸的酸式盐及其对应的次级盐　　例如 $NaHCO_3$-Na_2CO_3、$KHCO_3$-K_2CO_3、NaH_2PO_4-Na_2HPO_4 等。

三、缓冲作用的原理

缓冲溶液之所以具有缓冲作用，是因为溶液中含有抗酸成分和抗碱成分，它们能抵抗外来的少量酸或碱，保持溶液的 pH 几乎不变。下面以三种不同类型缓冲溶液为例讨论缓冲作用的原理。

1. 弱酸及其对应盐的缓冲作用原理

在含有 HAc-$NaAc$ 的溶液中，HAc 是弱电解质，仅有少部分电离成 H^+ 和 Ac^-，绝大部分仍以 HAc 分子存在，而 $NaAc$ 是强电解质，几乎全部电离成 Na^+ 和 Ac^-，它们的电离方程式如下：

$$HAc \rightleftharpoons H^+ + Ac^-$$
$$NaAc \rightleftharpoons Na^+ + Ac^-$$

由于同离子效应，抑制了 HAc 的电离。这时，缓冲溶液中 $[HAc]$、$[Ac^-]$ 较大，而 $[H^+]$ 较小。弱酸和弱酸根离子浓度较大，这是弱酸及其对应盐组成的缓冲溶液的特点，其中弱酸根离子是抗酸成分，弱酸是抗碱成分。

若向此溶液中加入少量酸（等于加入 H^+）时，Ac^- 和外来的 H^+ 结合生成 HAc，使电离平衡向左移动，在建立新的平衡时，溶液里 $[HAc]$ 略有增大，$[Ac^-]$ 略有减小，而 $[H^+]$ 几乎没有增大，故溶液的 pH 几乎不变。抗酸的离子方程式是：

$$Ac^- + H^+ \rightleftharpoons HAc$$

Ac^- 起了抵抗 $[H^+]$ 增大的作用，故 Ac^-（主要来自 $NaAc$）是抗酸成分。

若向此溶液中加入少量碱（等于加入 OH^-）时，溶液中的 HAc 电离出的 H^+ 和外来的 OH^- 结合生成水，使 HAc 电离平衡向右移动。由于溶液中 HAc 的浓度较大，足够补充因中和 OH^- 所消耗的 H^+，在 HAc 建立新的电离平衡时，溶液里的 [HAc] 略有减小，[Ac^-] 略有增加，而 [H^+] 几乎没有降低，故溶液的 pH 几乎不变。抗碱的离子方程式是：

$$HAc + OH^- \Longrightarrow Ac^- + H_2O$$

HAc 分子起了抵抗 [OH^-] 增大的作用，故 HAc 是抗碱成分。

这就是 HAc-NaAc（弱酸-其对应盐）组成的缓冲溶液的缓冲作用原理。

2. 弱碱及其对应盐的缓冲作用原理

在含有 $NH_3 \cdot H_2O$ -NH_4Cl 的溶液中，$NH_3 \cdot H_2O$ 是弱电解质，仅有少部分电离成 NH_4^+ 和 OH^-，绝大部分仍以 $NH_3 \cdot H_2O$ 分子存在，而 NH_4Cl 是强电解质，几乎全部电离成 NH_4^+ 和 Cl^-，它们的电离方程式如下：

$$\overleftarrow{}$$
$$\boxed{NH_3 \cdot H_2O \Longrightarrow OH^- + NH_4^+}$$
$$NH_4Cl \Longrightarrow Cl^- + \boxed{NH_4^+}$$

从电离方程式可以看出，在 $NH_3 \cdot H_2O$-NH_4Cl 缓冲溶液中，由于同离子效应，抑制了氨水的电离。这时，缓冲溶液中 [$NH_3 \cdot H_2O$]、[NH_4^+] 较大，而 [OH^-] 较小。弱碱和 NH_4^+ 浓度都较大，是弱碱及其对应盐组成的缓冲溶液的特点。其中弱碱是抗酸成分，对应盐是抗碱成分。

若向此溶液中加入少量酸（等于加入 H^+）时，$NH_3 \cdot H_2O$ 电离出来的 OH^- 和 H^+ 结合生成水，电离平衡向右移动，当建立新的平衡时，溶液里 [$NH_3 \cdot H_2O$] 略有减小，[NH_4^+] 略有增大，而 [OH^-] 几乎没有减小，故溶液的 pH 几乎不变。抗酸的离子方程式是：

$$NH_3 \cdot H_2O + H^+ \Longrightarrow NH_4^+ + H_2O$$

在这里 $NH_3 \cdot H_2O$ 起了抵抗 [H^+] 增大的作用，故 $NH_3 \cdot H_2O$ 是抗酸成分。

若向此溶液中加入少量碱（等于加入 OH^-）时，溶液中的 NH_4^+ 和 OH^- 结合生成 $NH_3 \cdot H_2O$，使电离平衡向左移动，当建立新的平衡时，溶液里 [$NH_3 \cdot H_2O$] 略有增大，[NH_4^+] 略有减小，而 [OH^-] 几乎没有增大，故溶液的 pH 几乎不变。抗碱的离子方程式是：

$$NH_4^+ + OH^- \Longrightarrow NH_3 \cdot H_2O$$

NH_4^+ 起了抵抗 [OH^-] 增大的作用，故 NH_4^+（主要来自 NH_4Cl）是抗碱成分。

这就是 $NH_3 \cdot H_2O$-NH_4Cl（弱碱-其对应盐）组成的缓冲溶液的缓冲作用原理。

3. 多元弱酸的酸式盐及其对应的次级盐的缓冲作用原理

在含有 $NaHCO_3$-Na_2CO_3 的缓冲溶液中，存在着下列电离平衡：

$$NaHCO_3 \Longrightarrow Na^+ + HCO_3^-$$

$$\overleftarrow{}$$
$$\boxed{HCO_3^- \Longrightarrow H^+ + CO_3^{2-}}$$
$$Na_2CO_3 \Longrightarrow 2Na^+ + \boxed{CO_3^{2-}}$$

从电离方程式可以看出，溶液中存在着大量的 HCO_3^- 和 CO_3^{2-}。

若向此溶液中加入少量酸时，CO_3^{2-} 和 H^+ 结合生成 HCO_3^-，使 HCO_3^- 的电离平衡向左移动，直至建立新的电离平衡；若向此溶液中加入少量碱时，HCO_3^- 电离出来的 H^+ 和 OH^- 结合生成 H_2O，使 HCO_3^- 的电离平衡向右移动，直至建立新的电离平衡。

抗酸离子方程式：$CO_3^{2-}+H^+ \rightleftharpoons HCO_3^-$

抗碱离子方程式：$HCO_3^-+OH^- \rightleftharpoons CO_3^{2-}+H_2O$

CO_3^{2-}（主要来自 Na_2CO_3）是抗酸成分，HCO_3^-（主要来自 $NaHCO_3$）是抗碱成分。

必须指出，缓冲溶液的缓冲作用是有一定限度的。如果在缓冲溶液中加入过多的酸或碱时，缓冲溶液就会失去缓冲作用，即溶液的 pH 也将会发生明显的变化。不同浓度的缓冲溶液的缓冲作用能力大小也不同。一般地说，浓度较大的缓冲溶液，抵抗外加酸或碱的能力也较强。

四、缓冲溶液 pH 的计算

缓冲溶液具有保持溶液 pH 相对稳定的性能，比较准确地计算缓冲溶液的 pH 显得十分必要。现以弱酸（用 HA 表示）-其对应的盐（用 MA 表示）所组成的缓冲溶液为例，推导其 pH 计算公式。

在弱酸及其对应盐所组成的缓冲溶液中，有以下电离过程：

$$HA \rightleftharpoons H^+ + A^-$$
$$MA \longrightarrow M^+ + A^-$$

$$K_a = \frac{[H^+][A^-]}{[HA]}，则 [H^+]=K_a\frac{[HA]}{[A^-]}$$

由于 HA 的电离度很小，加上 A^- 的同离子效应，使 HA 的电离度更小，故上式中的 [HA] 可以看作是等于弱酸原来的浓度，同时，在溶液中 MA 几乎全部电离，因此溶液中的 $[A^-]$ 可以认为就等于 MA 的原来浓度。即 [HA]=[酸]，[MA]=[盐] 代入上式得：

$$[H^+]=K_a\frac{[酸]}{[盐]}$$

两边取负对数：

$$-\lg[H^+]=-\lg\left(K_a\frac{[酸]}{[盐]}\right)=-\lg K_a-\lg\frac{[酸]}{[盐]}$$

$$pH=pK_a-\lg\frac{[酸]}{[盐]}=pK_a+\lg\frac{[盐]}{[酸]} \tag{6-1}$$

这个式子即为计算弱酸及其对应盐组成的缓冲溶液 pH 的公式。此公式也适用于多元弱酸酸式盐及其对应的次级盐组成的缓冲溶液 pH 的计算。它表明缓冲溶液的 pH 就决定于弱酸的电离平衡常数 pK_a 和 [盐]/[酸] 的比值，当 [盐]=[酸] 时，$pH=pK_a$。

当加水稀释缓冲溶液时，盐浓度和酸浓度以相同比例稀释，两者的比值几乎不变，因此缓冲溶液的 pH 基本不因稀释而改变。

同理可推得弱碱及其对应盐组成的缓冲溶液 pOH 的计算公式为：

$$pOH=pK_b+\lg\frac{[盐]}{[碱]}$$

$$pH = 14 - pK_b - lg\frac{[盐]}{[碱]} = 14 - pK_b + lg\frac{[碱]}{[盐]} \tag{6-2}$$

缓冲溶液的抗酸抗碱的能力可以通过计算实例进一步加以说明。

【例 6-1】 若在 50mL 0.1mol/L HAc 和 NaAc 缓冲溶液中，加入 1mol/L HCl 0.05mL，计算 pH 如何改变？［已知 $K(HAc) = 1.76 \times 10^{-5}$］

解： (1) 加 HCl 之前，pH 的计算：$[HAc] = [NaAc] = 0.1$mol/L，$K(HAc) = 1.76 \times 10^{-5}$，代入式(6-1) 得：

$$pH = pK(HAc) + lg\frac{[盐]}{[酸]} = -lg1.76 \times 10^{-5} + lg\frac{[0.1]}{[0.1]} = 4.75$$

(2) 加入 HCl 溶液后 pH 的计算：HCl 在该溶液中的浓度（设体积仍为 50mL）为：

$$[HCl] = \frac{1 \times 0.05}{50.05} \approx 0.001(mol/L)$$

由于加入 HCl，它所电离出来的 H^+ 与缓冲溶液中的 Ac^- 结合生成了 HAc 分子，溶液中的 $[Ac^-]$ 降低，$[HAc]$ 增加。即：

$$[HAc] = 0.1 + 0.001 = 0.101(mol/L)$$
$$[Ac^-] = 0.1 - 0.001 = 0.099(mol/L)$$

代入式(6-1) 得：

$$pH = 4.75 + lg\frac{0.099}{0.101} = 4.75 - 0.01 = 4.74$$

由此可见，在 HAc-NaAc 组成的缓冲溶液中，加入少量 HCl 后，溶液的 pH 从 4.75 变为 4.74，pH 仅改变 0.01 个单位。在 50mL 纯水中加入同量（0.05mL）的 HCl 后，$[H^+]$ 由 10^{-7}mol/L 升至 10^{-3}mol/L，pH 由 7 变为 3，改变 4 个单位。

【例 6-2】 若在 50mL 0.1mol/L HAc 和 0.1mol/L NaAc 缓冲溶液中，加入 0.05mL 1mol/L NaOH 溶液，计算 pH 又如何改变？

解： 在加入 NaOH 溶液后，缓冲溶液 pH 的计算如下。

NaOH 在该溶液中的浓度为：

$$[NaOH] = \frac{1 \times 0.05}{50.05} = 0.001(mol/L)$$

由于加入 NaOH 溶液，它所电离出来的 OH^- 与缓冲溶液中的 H^+ 结合生成了 H_2O 分子，溶液中 $[HAc]$ 降低，$[Ac^-]$ 增加。即：

$$[HAc] = 0.1 - 0.001 = 0.099(mol/L)$$
$$[Ac^-] = 0.1 + 0.001 = 0.101(mol/L)$$

代入式(6-1) 得：

$$pH = 4.75 + lg\frac{0.101}{0.099} = 4.75 + 0.01 = 4.76$$

在 HAc-NaAc 的缓冲溶液中，加入少量 NaOH 溶液后，溶液的 pH 从 4.75 变为 4.76，pH 同样仅改变 0.01 个单位。在 50mL 纯水中若加入同量（0.05mL）的 NaOH 溶液后，$[H^+]$ 即由 10^{-7}mol/L 下降至 10^{-11}mol/L，pH 由 7 变为 11，改变 4 个单位。

【例 6-3】 在 25℃时取 0.08mol/L HAc 溶液与 0.2mol/L NaAc 溶液以等体积混合，计算该缓冲溶液的 pH。［已知 HAc 的 $K(HAc) = 1.76 \times 10^{-5}$］

解： 混合后，溶液中：

$$[HAc]=\frac{0.08}{2}=0.04(mol/L)，\quad [NaAc]=\frac{0.2}{2}=0.1(mol/L)$$

代入式(6-1) 得：

$$pH=-lg(1.76\times10^{-5})+lg\frac{0.1}{0.04}=4.75+0.4=5.15$$

【例 6-4】 求在 90mL 含 $NH_3\cdot H_2O$ 和 NH_4Cl 各为 0.1mol/L 的缓冲溶液的 pH。（已知 $NH_3\cdot H_2O$ 的 $K_b=1.76\times10^{-5}$）

解： 代入式(6-2) 得：

$$pH=14-4.75+lg\frac{0.1}{0.1}=14-4.75=9.25$$

【例 6-5】 在上述缓冲溶液中若分别加入 10mL 0.01mol/L HCl 和 0.01mol/L NaOH 溶液，求溶液的 pH 各为多少？

解： 加入 10mL HCl 或 NaOH 溶液的总体积为：90mL＋10mL＝100mL（设溶液混合时体积有加和性）。

（1）加入 10mL 0.01mol/L HCl 后，缓冲溶液 pH 的计算：

$$c_b=0.1\times\frac{90}{100}-0.01\times\frac{10}{100}=0.089\ （mol/L）$$

$$c_s=0.1\times\frac{90}{100}+0.01\times\frac{10}{100}=0.091\ （mol/L）$$

代入式(6-2) 得：

$$pH=14-4.75+lg\frac{0.089}{0.091}=14-4.75-0.01=9.24$$

（2）加入 10mL 0.01mol/L NaOH 溶液后，缓冲溶液 pH 的计算：

$$c_b=0.1\times\frac{90}{100}+0.01\times\frac{10}{100}=0.091\ （mol/L）$$

$$c_s=0.1\times\frac{90}{100}-0.01\times\frac{10}{100}=0.089\ （mol/L）$$

代入式（6-2）得：

$$pH=14-4.75+lg\frac{0.091}{0.089}=14-4.75+0.01=9.26$$

大多数弱酸和弱碱的电离平衡常数随温度的变化而改变很小，所以从式(6-1) 可以知道：弱酸及弱酸强碱盐所组成的缓冲溶液的 pH 可以认为不受温度的影响。但在弱碱及弱碱强酸盐所组成的缓冲溶液的 pH 计算式(6-2) 中包含着 K_w 项，因 K_w 项随温度的上升有较大的升高。那么，pK_w 随温度的上升则有较大的下降，因此弱碱及弱碱强酸盐所组成的缓冲溶液的 pH 随温度的上升而下降。在医药上，常用弱酸及弱酸强碱盐或多元弱酸的两种盐来配制缓冲溶液。

五、缓冲溶液的配制

在实际工作中需要配制某一 pH 的缓冲溶液时，可按以下步骤设计。

1. 选择一个缓冲对

选择一个缓冲对，使其中弱酸（或弱碱）的 pK_a（或 pK_w-pK_b）与所需求的 pH 相等或在缓冲溶液的缓冲范围内。例如，由表 6-1 可知，HAc-NaAc 缓冲对，作为弱酸 HAc 的 $pK_a=4.75$，因此它就只能配制 $3.7\sim5.6$ 的缓冲溶液。

表 6-1　几种常用缓冲溶液中弱酸的 pK_a 及缓冲溶液的缓冲范围

缓冲溶液的组成	作为弱酸的 pK_a	缓 冲 范 围
HAc-NaAc	4.75	$3.7\sim5.6$
NaH_2PO_4-Na_2HPO_4	7.2	$5.8\sim8.0$
$NaHCO_3$-Na_2CO_3	$10.3(pK_{a_2})$	$9.2\sim11.0$
$NH_3\cdot H_2O$-NH_4Cl	$9.25(14-pK_b)$	$8.4\sim10.3$

2. 计算浓度比或体积比

pK_a 与配制的 pH 不相等，则按所要求的 pH，利用缓冲溶液的 pH 计算公式(6-1) 算出所需盐和弱酸（或弱碱）的浓度比。

根据公式(6-1)，若调节 ［盐］/［酸］ 的比值，就可以配制不同 pH 的缓冲溶液。实际上为了方便起见，常配等浓度的酸及盐的溶液，以不同的体积比例混合，配成不同 pH 的缓冲溶液。

设：c_a 为酸溶液的浓度，c_s 为盐溶液的浓度；V_a 为酸溶液的体积，V_s 为盐溶液的体积。当 $c_a=c_s$ 时，代入式(6-1)：

$$pH=pK_a+\lg\frac{c_sV_s/(V_a+V_s)}{c_aV_a/(V_a+V_s)}=pK_a+\lg\frac{V_s}{V_a} \tag{6-3}$$

由式(6-3) 可见，等浓度的缓冲对所组成的缓冲溶液，它的 pH 随着 V_s/V_a 比值的变化而变化。

根据公式(6-3)，算出 ［盐］＝［酸］（或［碱］）时所需盐和弱酸（或弱碱）的体积比。

3. 选择适当的浓度

考虑配制时所用的盐和弱酸（或弱碱）的浓度，使获得适宜的缓冲范围。一般所需的浓度范围为 $0.05\sim0.5mol/L$。

【例 6-6】　如何配制 pH＝5.0、具有中等缓冲能力的缓冲溶液 1000mL?

解：(1) 选择缓冲对：根据 HAc 的 $pK_a=4.75$ 接近 5.0，故可选择 HAc-NaAc 缓冲对配制 pH＝5.0 的缓冲溶液。

(2) 根据要求具有中等缓冲能力，并考虑计算和配制方便，选用 0.1mol/L HAc 和 0.1mol/L NaAc 来配制；并运用公式(6-3) 计算 V_s 和 V_a：

$$pH=pK_a+\lg\frac{V_s}{V_a}$$

$$\lg\frac{V_s}{V_a}=5.0-4.75=0.25, \quad \frac{V_s}{V_a}=1.78$$

即 $V(NaAc)=1.78V(HAc)$，因为：

$V(总)=V(NaAc)+V(HAc)=1000mL$，所以：

$$1.78V(HAc)+V(HAc)=1000mL$$

可求得 $V(HAc)=359mL$，$V(NaAc)=1000mL-359mL=641mL$

将两者按此体积混合，即得 pH＝5.0 的缓冲溶液。

在配制一定 pH 的弱酸及弱酸强碱盐的缓冲溶液时，也常在一定量的弱酸溶液中加入一定量的强碱，中和部分弱酸（即生成弱酸强碱盐），以得到要求配制的缓冲溶液。

应该指出，用缓冲溶液 pH 计算公式计算得到的 pH 与实验测得的 pH 是稍有差异的，这是由于计算公式忽略了溶液中各离子、分子间的相互影响所致。在需要比较准确 pH 的缓冲溶液时，按上述方法配制后，应用 pH 计或精密 pH 试纸加以校准，或者可以按照前人所研究拟定的缓冲溶液配方配制。各种经验配方在有关的化学手册中均可查到。

六、缓冲溶液在医药上的意义

缓冲溶液在医药上有很重要的意义。例如，测量体液的 pH 时，需用一定 pH 的缓冲溶液作比较来加以测定；微生物的培养、组织切片和细菌的染色都需要一定 pH 的缓冲溶液；研究生物体内的催化剂——酶的催化作用，也需要在一定 pH 的缓冲溶液中进行；许多药物也常需要在一定 pH 的介质中才能稳定。

缓冲对的缓冲作用，在人体内也很重要。人体的血液或其他体液中的化学反应，都必须在一定的 pH 条件下进行，所以要依靠存在于体液中的各种缓冲对来使它们的 pH 保持恒定。例如血液的 pH 总是维持在 $7.35 \sim 7.45$ 狭小的范围内，主要因为在血液中存在下列缓冲对：

血浆：H_2CO_3-$NaHCO_3$，H-蛋白质-Na-蛋白质，NaH_2PO_4-Na_2HPO_4；

红细胞：H_2CO_3-$KHCO_3$，H-血红蛋白-K-血红蛋白，H-氧合血红蛋白-K-氧合血红蛋白，KH_2PO_4-K_2HPO_4。

在这些缓冲对中，碳酸氢盐缓冲对在血液中浓度最高，缓冲能力最大，维持血液正常的 pH 的作用也最重要。当某酸或由代谢产生的酸进入血液时，碳酸氢盐电离出的 HCO_3^- 和 H^+ 结合成 H_2CO_3，H_2CO_3 立即分解成 H_2O 与 CO_2，CO_2 经肺排出体外：

$$H^+ + HCO_3^- \rightleftharpoons H_2CO_3 \rightleftharpoons H_2O + CO_2 \uparrow$$

其他缓冲对当然也有类似的调节作用。当碱性物质进入血液时，就可以引起如下的调节反应：

$$OH^- + H_2PO_4^- \rightleftharpoons H_2O + HPO_4^{2-}$$

反应中生成的 HPO_4^{2-} 由尿排出体外，因此，血液 pH 仍能维持恒定。

 知识拓展　药物生产和保护过程中离不开缓冲溶液

在药物生产和保护过程中，根据人的生理特征结合药物的性质来选择适当的缓冲溶液是非常重要的。例如人的泪液 pH 在 $7.3 \sim 7.5$ 之间，若滴眼剂的 pH 控制不当将会刺激眼黏膜；维生素 C 溶液的 pH 为 3.0，为了增加它的稳定性和减轻病人注射时的痛苦，常用碳酸氢钠调节 pH 在 $5.5 \sim 6.0$ 之间；又如有些注射剂经灭菌后 pH 可能发生改变，常用盐酸、枸橼酸、酒石酸、枸橼酸钠、硫酸氢二钠等物质的稀溶液调节 pH，使注射剂在加热灭菌过程中 pH 保持相对稳定。

 致用小贴

肺和肾在维持酸碱平衡中的作用

人体通过肺的呼吸运动调节血浆中的 H_2CO_3 的浓度，来维持正常酸碱范围。当新陈代

谢产生的 CO_2 溶入血液，以及代谢中产生的其他非挥发性酸，使血中酸的浓度增大，pH 随之降低。同时，血液中 H_2CO_3 分解增强，提高了血中 CO_2 的浓度。CO_2 的分压增高和 pH 降低均可刺激呼吸中枢，引起呼吸加深加快，使血液将 CO_2 送至肺部，由肺部排出体外。呼出 CO_2，使 $[HCO_3^-]/[H_2CO_3]$ 的比值接近 20/1，pH 恢复正常范围。当碱性物质进入血液时，使血中 H_2CO_3 浓度降低、HCO_3^- 浓度增高，pH 升高，H_2CO_3 分解减弱，从而降低了血浆中 CO_2 的浓度。CO_2 分压降低和 pH 升高对呼吸中枢产生抑制，呼吸变浅变慢，减少排出 CO_2，以维持血中的 H_2CO_3 浓度，使 $[HCO_3^-]/[H_2CO_3]$ 接近 20/1 的正常比值，血液 pH 也就恢复正常范围。总之，肺部通过控制呼出 CO_2 的量，精确调节 $[HCO_3^-]/[H_2CO_3]$ 的分母，维持血液 pH 的相对恒定。肺的调节作用较迅速，正常情况下 30min 内即可完成。

肾在维持酸碱平衡中的作用是通过保留 $NaHCO_3$ 多少的方式来调节 $[HCO_3^-]/[H_2CO_3]$ 的比值，使之维持正常。肾将体内的酸转化为铵盐和磷酸盐随尿液排出体外，同时还要补充血液中消耗掉的 HCO_3^-，所以肾具有排酸和保碱的双重作用。肾的调节作用比较缓慢，通常需要数小时或数天才能完成。

目标测试

1. 什么是同离子效应？在氨水中加入①氯化铵晶体；②盐酸；③氢氧化钠时，氨水的电离平衡是否发生移动？移动方向如何？

2. 什么是缓冲溶液和缓冲对？以 NaH_2PO_4-Na_2HPO_4 缓冲对为例说明缓冲溶液中缓冲对的作用原理。

3. 怎样来配制一个 pH 一定的缓冲溶液？

4. 求在 90mL 中含 HAc 和 NaAc 各为 0.1mol/L 的缓冲溶液的 pH？若加入 0.01mol/L 盐酸 10mL，问该溶液的 pH 又是多少？

5. 欲配制 500mL pH＝4.5 的缓冲溶液，问需用 0.5mol/L HAc 和 0.5mol/L NaAc 溶液各多少毫升？

6. 血浆中具有 $H_2PO_4^-$-HPO_4^{2-} 缓冲对，而 $H_2PO_4^-$ 的 pK_a＝6.8，已知：$[HPO_4^{2-}]/[H_2PO_4^-]$（[盐]/[酸]）为 4/1，求血浆的 pH。在尿中也有这一缓冲对，但它们在尿中的比值与在血浆中的比值不同，一般在尿中 $[HPO_4^{2-}]/[H_2PO_4^-]$ 较小，为 1/9，求这一尿液的 pH。

7. 现由实验测得三人血浆中 HCO_3^- 和溶解的 CO_2 浓度如下：

(1) $[HCO_3^-]$＝0.024mol/L，$[CO_2]$＝0.0012mol/L；

(2) $[HCO_3^-]$＝0.0216mol/L，$[CO_2]$＝0.00175mol/L；

(3) $[HCO_3^-]$＝0.056mol/L，$[CO_2]$＝0.0014mol/L。

试求此三人血浆的 pH。（pK_a＝6.1）

8. 欲配制 250mL pH＝5 的缓冲溶液，问应在 125mL 1mol/L NaAc 溶液中加入 6mol/L HAc 和 H_2O 各多少毫升？

9. 判断下列混合溶液是不是缓冲溶液？如果是，则计算其 pH。

(1) 100mL 0.1mol/L HAc 溶液中加入 50mL 0.1mol/L NaOH 溶液；

（2）500mL 0.5mol/L 氨水溶液中加入 100mL 1mol/L HCl 溶液；

（3）100mL 1mol/L HCl 溶液中加入 50mL 2mol/L NaOH 溶液；

（4）50mL 0.1mol/L HAc 溶液中加入 100mL 0.1mol/L NaOH 溶液。

10. 将 400mg 固体 NaOH 分别加到下列两种溶液中，它们的体积均为 1L。试分别计算这两种溶液 pH 的变化。

（1）0.1mol/L HAc；

（2）0.1mol/L HAc 和 0.1mol/L NaAc。

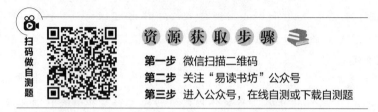

第七章 配位化合物

知识导图

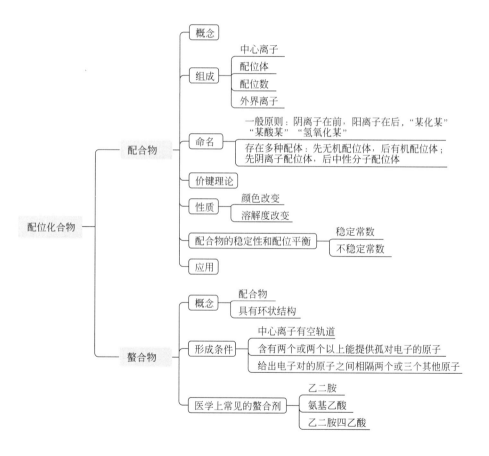

学习目标

1. 了解配位化合物的概念、组成和配位化合物的价键结构理论。
2. 掌握配位离子及配位化合物的命名。
3. 熟悉螯合物的概念、形成条件和医学上常见的螯合物。
4. 了解配位化合物的性质和配合平衡的概念。
5. 了解螯合物在医学上的应用。

配位化合物（简称配合物）是一类组成较为复杂而又普遍存在的化合物，它不仅在稀有元素的提取、冶金、染料等工业上有着广泛的应用，而且在生物体内也有重要的作用。如人体内输送氧气的亚铁血红蛋白是一种含铁的配合物；植物进行光合作用所依赖的叶绿素是含镁的配合物；人体内各种酶的分子几乎都是金属的配合物。配合物与医药的关系也极为密切。如锌胰岛素是含锌的配合物；维生素 B_{12} 是含钴的配合物；柠檬酸铁铵和酒石酸锑钾本身就是配合物。在医疗上，常利用某些配合剂能与重金属离子形成配离子的性质而把它们用作解毒剂。此外，在生化检验、环境监测、药物分析等方面，配合物的应用也很广泛。

第一节　配　合　物

一、配合物的概念

为了阐明配合物的概念，先做两个实验：

① 取三支试管，分别加入硫酸铜溶液 1mL。

在第一支试管中，加入少量氢氧化钠溶液，即出现蓝色氢氧化铜沉淀，这表明溶液中有铜离子存在，其反应式如下：

$$CuSO_4 + 2NaOH == Cu(OH)_2 \downarrow + Na_2SO_4$$

在第二支试管中加入少量氯化钡溶液，即出现白色硫酸钡沉淀，表明溶液中有硫酸根离子存在，其反应式如下：

$$CuSO_4 + BaCl_2 == BaSO_4 \downarrow + CuCl_2$$

在第三支试管中先加入适量的氨水，开始出现浅蓝色碱式硫酸铜 $[Cu_2(OH)_2SO_4]$ 沉淀，继续加入氨水，至沉淀刚好消失，变成深蓝色的溶液。

② 把上述的深蓝色溶液分装在两支试管里，在一支试管中加入少量氯化钡溶液，即生成白色硫酸钡沉淀，表明溶液中仍含有硫酸根离子。在另一支试管中加入少量氢氧化钠溶液，并无氢氧化铜沉淀和氨气产生。经分析证实，在这种深蓝色的溶液中，生成了一种复杂的四氨合铜（Ⅱ）配离子 $[Cu(NH_3)_4]^{2+}$：

$$CuSO_4 + 4NH_3 == [Cu(NH_3)_4]SO_4$$

上述实验表明，配离子是一种复杂的离子，它是由一个金属阳离子和一定数目的中性分子或阴离子结合而成。配离子和带相反电荷的其他简单离子所组成的化合物称配合物。

此外，配合物亦可是简单的金属离子与一定数目的阴离子和中性分子所组成的中性配合分子，如二氯二氨合铂（Ⅱ）$[Pt(NH_3)_2Cl_2]$。还有一些配合物是由金属原子和中性分子组成的加成物，如五羰基合铁 $[Fe(CO)_5]$。

尚需指出，配合物和复盐虽分子式非常相似，但在水溶液中，复盐能完全电离成组成它的简单离子，而配合物在水溶液中只能电离出配离子和外界离子，而不能完全电离成组成它的简单离子。如复盐水合硫酸铝钾 $KAl(SO_4)_2 \cdot 12H_2O$ 和配合物硫酸四氨合铜（Ⅱ）$[Cu(NH_3)_4]SO_4$，在水溶液中电离方程式分别为：

$$KAl(SO_4)_2 \cdot 12H_2O == K^+ + Al^{3+} + 2SO_4^{2-} + 12H_2O$$

$$[Cu(NH_3)_4]SO_4 == [Cu(NH_3)_4]^{2+} + SO_4^{2-}$$

二、配合物的组成

通常配合物是由配离子和带相反电荷的其他离子所组成的化合物。在配离子中，含有一个中心离子，在中心离子的周围结合着几个中性分子或阴离子称为配位体。中心离子和配位体构成了配离子（书写化学式时用方括弧表示），由于两者相距较近，常称为配合物的内界。配合物中，除配离子外，其他离子距中心离子较远，常称为配合物的外界。

1. 中心离子

中心离子一般位于配合物的中心，是配合物形成体。一般是带正电荷的金属离子，如 Ag^+、Cu^{2+}、Hg^{2+}、Fe^{3+} 等，也有的是金属原子，如 Fe、Co 等。

2. 配位体

配位体是配合物中以配位键与中心离子直接相连接的中性分子或离子。常见配位体如 NH_3、H_2O、I^-、CN^-、SCN^- 等。配位体中提供孤对电子并能与中心离子直接结合的原子称配位原子，常见的配位原子有 N、C、O、S、X 等。

3. 配位数

配位数指中心离子（或原子）所接受的配位原子的数目。如 $[Cu(NH_3)_4]^{2+}$ 配离子中，Cu^{2+} 的配位数是 4，$[Fe(CN)_6]^{3-}$ 配离子中，Fe^{3+} 的配位数是 6。通常每种金属离子有它特征的配位数。一些金属阳离子的常见配位数见表 7-1。

表 7-1　一些金属阳离子的常见配位数

配 位 数	金 属 阳 离 子
2	Ag^+、Cu^+、Au^+
4	Cu^{2+}、Zn^{2+}、Hg^{2+}、Ni^{2+}、Pt^{2+}
6	Fe^{2+}、Fe^{3+}、Co^{2+}、Co^{3+}、Cr^{3+}、Al^{3+}、Ca^{2+}

4. 外界离子

外界离子是配合物中距离中心离子较远的简单离子或原子团，与配离子以离子键相结合，它构成了配合物的外界。

5. 配离子的电荷数

配离子带有电荷，配离子的电荷数是中心离子的电荷数和配位体电荷数的代数和。如 $[Fe(CN)_6]^{3-}$ 配离子中，中心离子铁带 3 个单位正电荷，而配位体 6 个氰根各带一个单位负电荷，$[Fe(CN)_6]^{3-}$ 配离子的电荷数：$+3+(-1)\times6=-3$。又如在 $[Cu(NH_3)_4]^{2+}$ 配离子中，中心离子铜带 2 个单位正电荷，配位体氨分子不带电，$[Cu(NH_3)_4]^{2+}$ 配离子的电荷数：$+2+0\times4=+2$。

由于配合物是中性的，因此，也可以从外界离子的电荷数来决定配离子的电荷数。如 $Na_2[Cu(CN)_3]$ 配合物中，它的外界有 2 个 Na^+，所以 $[Cu(CN)_3]^{2-}$ 配离子的电荷数为 -2，从而可推知中心离子是 Cu^+ 而不是 Cu^{2+}。

常见配合物的分子组成见表 7-2。

表 7-2　常见配合物的分子组成

配 合 物	中心离子	配离子 配位体	配位数	外界离子
$[Cu(NH_3)_4]SO_4$	Cu^{2+}	NH_3	4	SO_4^{2-}
$[Ag(NH_3)_2]Cl$	Ag^+	NH_3	2	Cl^-
$K_2[HgI_4]$	Hg^{2+}	I^-	4	K^+
$K_3[Fe(CN)_6]$	Fe^{3+}	CN^-	6	K^+

三、配合物的命名

配合物的命名服从一般无机化合物的命名原则。即阴离子在前，阳离子在后，分别称为：某化某、某酸某和氢氧化某等。配合物的命名比一般无机化合物命名更复杂的地方在于配离子。处于配合物内界的配离子，其命名方法一般依照如下顺序：配位体数目（中文数字表示）和名称合中心离子名称和价数（以罗马字表示）。若有多种配位体时，一般先无机配位体，后有机配位体；先阴离子配位体，后中性分子配位体。

命名实例：

$[Ag(NH_3)_2]^+$	二氨合银（Ⅰ）配离子
$[Fe(CN)_6]^{3-}$	六氰合铁（Ⅲ）配离子
$[Ag(NH_3)_2]Cl$	氯化二氨合银（Ⅰ）
$[Cu(NH_3)_4]SO_4$	硫酸四氨合铜（Ⅱ）
$K_4[Fe(CN)_6]$	六氰合铁（Ⅱ）酸钾
$K_3[Fe(SCN)_6]$	六硫氰合铁（Ⅲ）酸钾
$[Co(NH_3)_4Cl_2]Cl$	氯化二氯四氨合钴（Ⅲ）
$[Pt(NH_3)_2Cl_2]$	二氯二氨合铂（Ⅱ）
$[Co(H_2NCH_2CH_2NH_2)_2Cl_2]Cl$	氯化二氯二乙二胺合钴（Ⅲ）

对于一些常见的配合物，通常还用习惯名称。如 $[Ag(NH_3)_2]^+$ 称银氨配离子，$[Cu(NH_3)_4]^{2+}$ 称铜氨配离子，$K_3[Fe(CN)_6]$ 称铁氰化钾（赤血盐），$K_4[Fe(CN)_6]$ 称亚铁氰化钾（黄血盐）等。

四、配合物的价键理论

在配合物中，配离子和外界离子之间是以离子键相结合的。配合物结构的特点主要是配离子中的中心离子和配位体之间的特殊结合形式。在这方面目前已提出了不少的理论，这里主要介绍配合物的价键结构理论。

在配离子中，中心离子和配位体间通常是以配位键相结合的。如铜氨配离子中，配位体氨分子中氮原子的最外层有 5 个价电子，其中 3 个电子分别和 3 个氢原子的 1s 电子配对，以共价键相结合，剩下一对未共用的电子对可以单独提供出来和中心离子共用形成配位键。中心离子铜的原子序数为 29，当失去 2 个电子成为铜离子时，它的电子排布式为 $1s^2 2s^2 2p^6 3s^2 3p^6 3d^9$，价电子层还有空轨道。当铜离子和配位体氨分子接近时，铜离子空的价电子轨道就可容纳 4 个氨分子提供的 4 对孤电子，两者以配位键的形式结合，其结构示意如下：

$$
\begin{bmatrix}
& & H & & \\
& H & H{-}N{-}H & H & \\
H{-}N & {-}{\!\rightarrow}Cu{\leftarrow}{-} & N{-}H & \\
& H & H{-}N{-}H & H & \\
& & H & &
\end{bmatrix}^{2+}
$$

由此可见，在配合物中，作为电子接受体的中心离子，必须具有空的能成键的价电子轨道，而配位体必须有未共用的电子对。

通常周期表中 d 区元素的离子大多具有空的价电子轨道，形成配合物的倾向比较大，是最常见的中心离子，如 Ag^+、Cu^{2+}、Fe^{2+}、Fe^{3+}、Hg^{2+}、Pt^{2+} 等。某些负离子如 X^-、NO_3^-、CN^- 和中性分子 NH_3、H_2O 等都有未共用的电子对，可以作为配位体，它们与中心离子结合而生成配离子。

五、配合物的性质

配合物和一般无机、有机物质在性质上有很大的差异。这与配离子的特殊结构有着密切的关系。在溶液中，形成配合物时，常常出现颜色、溶解度改变等现象。

1. 颜色的改变

通常有色金属离子与配位体形成配离子时，离子颜色改变，常见离子颜色改变如表 7-3 所示。

表 7-3　常见离子颜色改变

金属离子/配离子	Ni^{2+}/NiY^{2-}	Cu^{2+}/CuY^{2-}	Co^{3+}/CoY^-	Mn^{2+}/MnY^{2-}	Fe^{3+}/FeY^-
金属离子的颜色	绿色	蓝色	红色	肉色	淡黄色
配离子颜色	蓝绿色	深蓝色	紫红色	紫红色	黄色

根据颜色的变化，可以判断配离子的生成。在分析化学中，常利用某些配合物和金属离子的特殊显色反应来鉴定金属离子。在染料工业上，也常利用这一特点，获得所需要的颜色。

2. 溶解度的改变

一些难溶于水的金属氯化物、溴化物、碘化物、氰化物可以依次溶于过量的 Cl^-、Br^-、I^-、CN^- 等离子和氨水中，形成可溶性的配合物。难溶的 $AgCl$ 可溶于过量的浓盐酸及氨水中，形成配合物，其反应分别为：

$$AgCl + HCl = [AgCl_2]^- + H^+$$
$$AgCl + 2NH_3 = [Ag(NH_3)_2]Cl$$

在定影时用硫代硫酸钠洗去难溶的 $AgBr$，其原理就是形成了可溶性配合物，反应方程式为：

$$AgBr + 2Na_2S_2O_3 = Na_3[Ag(S_2O_3)_2] + NaBr$$

六、配合物的稳定性和配位平衡

在配合物中，配离子和外界离子之间是以离子键的形式相结合的，在溶液中能完全电离。在配离子中，中心离子和配位体都以配位键的形式相结合，比较稳定。那么在溶液中，配离子能否再离解？通过实验来认识这个问题。

取试管两支，分别加入 1mL 硫酸铜氨溶液。在一支试管中，滴入氢氧化钠溶液，没有氢氧化铜沉淀生成，说明溶液中可能没有或含极少量的铜离子。在另一支试管中，滴入硫化钠溶液，即有黑色的硫化铜沉淀生成，说明溶液中有少量的铜离子存在。以上实验说明，在溶液中铜氨配离子可以微弱地离解为中心离子和配位体：

$$[Cu(NH_3)_4]^{2+} \rightleftharpoons Cu^{2+} + 4NH_3$$

配离子在溶液中的离解平衡与弱电解质的电离平衡相似，因此配离子的离解平衡常数表达式为：

$$K_{不稳} = \frac{[Cu^{2+}][NH_3]^4}{[Cu(NH_3)_4]^{2+}}$$

这个常数越大，表示铜氨配离子越易离解，即配离子越不稳定。所以，这个常数称为铜氨配离子的不稳定常数，用 $K_{不稳}$ 来表示。

在实际工作中，除了用 $K_{不稳}$ 外，也常用稳定常数表示配离子的稳定性。其含义是当铜氨配离子形成时，存在着下列配位平衡，其反应式为：

$$Cu^{2+} + 4NH_3 \rightleftharpoons [Cu(NH_3)_4]^{2+}$$

其平衡常数表达式为：

$$K_{稳} = \frac{[Cu(NH_3)_4]^{2+}}{[Cu^{2+}][NH_3]^4}$$

这个常数越大，说明生成配离子的倾向越大，而离解的程度越小，即配离子越稳定。所以，这个常数称为铜氨配离子（或配合物）的稳定常数，用 $K_{稳}$ 来表示。显然稳定常数和不稳定常数互为倒数，即：

$$K_{稳} = \frac{1}{K_{不稳}}$$

稳定常数和不稳定常数在应用上十分重要，使用时应注意不可混淆。通常配合物的稳定常数都比较大，为了书写方便，可用它的对数值 $\lg K_{稳}$ 来表示。常见配离子的 $\lg K_{稳}$ 值见表 7-4。

螯合物和一般配合物相比，其最大的特点之一就是稳定常数更大，因而它更稳定。一些常见 EDTA 金属螯合物的 $\lg K_{稳}$ 值见表 7-5。

表 7-4　一些常见配离子的 $\lg K_{稳}$ 值

配离子	$[FeF_6]^{3-}$	$[Fe(SCN)_6]^{3-}$	$[Ag(NH_3)_2]^+$	$[Zn(NH_3)_4]^{2+}$	$[Cu(NH_3)_4]^{2+}$
$\lg K_{稳}$	12.06	3.36	7.05	9.46	13.32

表 7-5　一些常见 EDTA 金属螯合物的 $\lg K_{稳}$ 值

金属离子	Na^+	Ba^{2+}	Mg^{2+}	Ca^{2+}	Zn^{2+}	Pb^{2+}	Cu^{2+}	Fe^{3+}
$\lg K_{稳}$	1.7	7.8	8.6	11.0	16.4	18.3	18.7	24.2

从表 7-5 可知，EDTA 和重金属如 Fe^{3+}、Cu^{2+}、Pb^{2+} 等离子生成的螯合物要比 EDTA 和轻金属如 Na^+、Ba^{2+}、Mg^{2+} 等离子生成的螯合物更稳定。

七、配合物的应用

由于 EDTA 和金属离子的螯合反应进行迅速，生成的螯合物性质又较稳定，易溶于水，因此医疗上就用 EDTA 作为解毒剂来治疗机体重金属铅的中毒。分析化学上，利用 EDTA 进行配合滴定来测定某些药物中金属离子的含量。在药物的制剂工作中，常利用 EDTA 能和药物中某些微量金属离子杂质生成稳定的螯合物，从而消除这些金属离子催化药物氧化的破坏作用。可见多种配合物和 EDTA 在医药上有着广泛的用途。

第二节 螯　合　物

一、螯合物的概念

随着科学的发展，人们认识到不仅无机化合物可以作为配位体，而且有机化合物也可以作为配位体，从而形成更复杂的配合物。例如乙二胺就是一种有机配位体，它每个分子上有两个氨基，其结构式为：$H_2N—CH_2—CH_2—NH_2$。

当乙二胺和铜离子配合时，乙二胺氨基的两个氮原子，可各提供一对未共用的电子对和中心离子配位，也就是说每分子乙二胺上有两个配位原子可以形成两个配位键。由于两个配位原子在分子中相隔两个其他原子，因此一个乙二胺分子和铜离子配合形成了一个由五个原子组成的环状结构，称五元环。当有两个乙二胺分子和铜离子配合时，就形成了具有两个五元环结构的稳定的配离子，它像螃蟹的两个螯钳，从两边紧紧地把金属离子钳在中间。其反应方程式如下：

$$Cu^{2+} + 2\ \begin{array}{l} CH_2—NH_2 \\ | \\ CH_2—NH_2 \end{array} \longrightarrow \left[\begin{array}{c} \overset{H_2}{} \quad \overset{H_2}{} \\ H_2C—N \quad N—CH_2 \\ | \quad\quad Cu \quad\quad | \\ CH_2—N \quad N—CH_2 \\ \overset{H_2}{} \quad \overset{H_2}{} \end{array} \right]^{2+}$$

这种具有环状结构的配合物称为螯合物（或内配合物），形成螯合物的配位体称为螯合剂。

二、螯合物的形成条件

螯合物的形成条件如下：

① 中心离子必须具有空轨道能接受配位体提供的孤对电子；

② 螯合剂必须含有两个或两个以上都能给出孤对电子的原子，这样才能与中心离子配合成环状结构；

③ 这两个能给出电子对的原子应该在它们之间相互隔着两个或三个其他原子，以便形成稳定的五元环或六元环。

三、医学上常见的螯合剂

医学上常见螯合剂除乙二胺外，还有氨基乙酸、乙二胺四乙酸等。

在氨基乙酸分子中，有一个氨基和一个有机酸特有的羧基（—COOH），有机酸电离后，羧基上的氧原子也具有未共用的电子对。氨基乙酸根离子的结构可写成：

$$H_2\ddot{N}—CH_2—\overset{\displaystyle O}{\overset{\displaystyle \|}{C}}—\ddot{\overset{..}{O}}:$$

当氨基乙酸和铜离子配合时，每分子氨基乙酸上氨基的氮原子和羧基的氧原子都可供出一对未共用的电子和中心离子配位，从而形成环状的螯合物。由于铜离子的特征配位数是4，一个铜离子可以和两个氨基乙酸分子螯合，这样铜离子所带的正电荷和两个氨基乙酸根离子羧基上的负电荷中和，所以形成的是中性配合分子，而不是配离子：

$$\begin{array}{c} \overset{H_2}{} \quad\quad\quad O \\ H_2C—N \quad O—C \\ | \quad\quad Cu \quad\quad | \\ C—O \quad N—CH_2 \\ \overset{\displaystyle \|}{O} \quad\quad \overset{H_2}{} \end{array}$$

实用意义较大的螯合剂是乙二胺四乙酸（缩写成 EDTA），它是一种有机四元酸，每分子上有两个氨基和四个羧基。这类分子中既具有氨基，又具有羧基的配合剂称氨羧螯合剂。

当 EDTA 和铜离子螯合时，每分子 EDTA 上两个氨基的氮原子和羧基上的氧原子都可以供出一对未共用的电子和中心离子配位，因此形成了由五个五原子环组成的更复杂的多环螯合物：

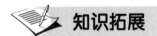

EDTA 也可以简写成 H_4Y。它在冷水中溶解度较小，因此使用上受到限制，通常用它的二钠盐 Na_2H_2Y（也简称 EDTA，或 EDTA 二钠盐），它在水中的溶解度较大，并可以发生电离：

$$Na_2H_2Y \Longrightarrow 2Na^+ + H_2Y^{2-}$$

当用 EDTA 的二钠盐和一些金属离子 M^{2+} 螯合时，其反应方程式可简写如下：

$$M^{2+} + H_2Y^{2-} \Longrightarrow MY^{2-} + 2H^+$$

事实上，生物体内的许多金属离子也都是以螯合物的形式存在的，而且在临床诊断和治疗上也越来越多地应用配合反应和螯合物药剂。因此，螯合物和医学的关系极为密切。

知识拓展　螯合物在医学上的应用

螯合物在自然界存在较为广泛，并且对生命现象有着重要的作用。例如，血红素就是一种含铁的螯合物，血红素与蛋白质结合成为血红蛋白（hemoglobin），存在于红细胞中，在人体内起着输送氧的作用，其结构如下图所示：二价铁离子在卟吩环的中间空穴处通过共价键及配位键与卟吩环形成配合物，同时四个吡咯环的 β-位还各有不同的取代基。

血红素结构示意图

在卟吩环的中间空穴处，可以配合不同的金属离子则成为不同的物质。例如，配合镁离子的是叶绿素，配合钴离子的是维生素 B_{12}。维生素 B_{12} 是含钴的螯合物，对恶性贫血有防治作用。另外，胰岛素是含锌的螯合物，对调节体内的物质代谢（尤其是糖类代谢）有重要作用。有些螯合剂可用作重金属（Pb^{2+}、Pt^{2+}、Cd^{2+}、Hg^{2+}）中毒的解毒剂。有些药物本身就是螯合物。例如，有些用于治疗疾病的某些金属离子，因其毒性、刺激性、难吸收性等不适合临床应用，将它们变成螯合物后就可以降低其毒性和刺激性，有助于在体内吸收。

致用小贴

生命系统对铁元素的争夺

尽管铁元素是地壳中丰度第四的元素，但生物体很难吸收足够量的铁以满足自身的需要，如人体缺铁导致缺铁性贫血，植物缺铁导致的枯叶病会使叶子变黄。生命系统之所以会缺铁主要是与生命诞生的演进过程有关：由于在漫长的地质年代中，地球环境发生改变，早期的生命可以在海洋中得到充分的二价铁（可溶于水），然而，由于大气中的氧气含量不断上升，大量的二价铁被氧化生成了难溶于水的三价铁。存留于水中的二价铁不足以支持生命系统。微生物为了适应环境的变化，分泌出一种可以和铁络合的化学物质——铁载体（siderophore）。铁载体可以与三价铁生成易溶于水的配位化合物——铁色素（铁载体的 6 个氧原子与 Fe^{3+} 形成配位键，形成非常稳定的配合物，其 $K_{稳}$ 值大约为 10^{30}。铁载体甚至可以把玻璃中的铁提取出来，也可以很容易地从铁的氧化物中把三价铁溶解出来）。铁色素是电中性的，这可以使它很容易通过细胞膜进入细胞。当铁色素的稀溶液加入细胞悬浮液中，1h 后，铁色素就完全转移至细胞内。此时，三价铁会被酶催化反应还原为二价铁，从铁色素中脱出（二价铁与铁载体形成的配合物的稳定性较低），微生物借此可从周围的环境中获取自身所需要的铁。

人类可从食物中获取所需的铁并在小肠中吸收。转铁蛋白与铁结合并将其转运过小肠壁至人体各处组织中。一个正常成人体内大约有 4 g 铁，其中 75 % 以血红蛋白的形式存在于血液中，其余大部分以转铁蛋白携带。

在血液中的细菌同样需要获得生长和繁殖所需的铁。细菌通过分泌铁载体进入血液，和血液中的转铁蛋白争夺铁。转铁蛋白和铁色素的稳定常数大约相同。毫无疑问，细菌能获得的铁越多，其生长和繁殖的速度越快，危害也越大。数年前，新西兰的医院定期给新生儿补铁，结果发现补铁的婴儿与未补铁的婴儿相比，细菌感染的概率增加了 8 倍。可以想象，血浆中超出正常需要的铁会使细菌得以生长和繁殖。

在美国，婴儿出生后的一年之内补铁被视为一个常规的医疗手段。这是由于母乳中几乎不含铁。最新的研究成果表明，给新生儿补铁是不恰当的，也是不明智的。

随着细菌在血液中不断地增加，细菌必须合成新的铁载体以满足其需要。研究发现当体温超过 37 ℃时，其合成速率减慢；而当体温达到 40 ℃时，合成完全停止。这就提示我们：高烧实际上是人体自身抵抗外来入侵的微生物的一种自然的反应机制。

目标测试

1. 什么是配合物、中心离子、配位体、配位数和外界离子？举例说明。

2. 试述配合物的结构和形成条件。

3. 什么是螯合物、螯合剂？螯合物形成的条件是什么？

4. 试述配合物的稳定常数、不稳定常数和相互关系。

5. 指出下列各配合物中的内界、外界及中心离子。

$K_2[PtCl_6]$；$K_3[FeF_6]$；$(NH_4)_2[Hg(SCN)_4]$；$[Co(NH_3)_6]Cl_3$

6. 按系统命名法写出下列各配合物的名称。

$[Co(NH_3)_6]Cl_3$；$K_4[Co(CN)_6]$；$Na_3[Co(NO_2)_6]$；

$[Ni(NH_3)_6]SO_4$；$K_2[PtCl_4]$；$(NH_4)_2[Hg(SCN)_4]$

7. 根据下列配合物的名称，写出配合物的化学式。

（1）六氯合锑（Ⅴ）酸铵；（2）四碘合汞（Ⅱ）酸钾；

（3）硫酸四氨合锌（Ⅱ）；（4）六硫氰合铁（Ⅲ）酸钾。

8. 在两支试管中，分别盛有由 NH_4^+、Fe^{3+}、SO_4^{2-} 组成溶质和 K^+、Fe^{2+}、CN^- 组成溶质的溶液，各加入一定量硫化氢溶液，前者能产生沉淀，后者无反应。根据这一事实，指出这两种化合物中，哪种是复盐？哪种是配合物？写出分子式并说明理由。

资 源 获 取 步 骤

第一步 微信扫描二维码

第二步 关注"易读书坊"公众号

第三步 进入公众号，在线自测或下载自测题

第八章　常见非金属元素及其化合物

 知识导图

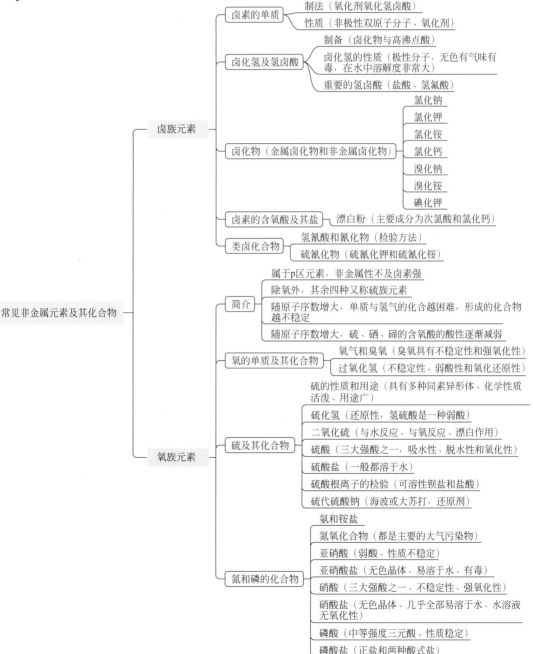

学习目标

1. 掌握卤素的单质、氢卤酸、卤化物、卤素含氧酸及盐。
2. 了解类卤化合物、消毒概念及常见消毒剂。
3. 熟悉氧、硫的单质及其化合物的性质。
4. 掌握氨和铵盐。
5. 熟悉亚硝酸、硝酸、磷酸及医学上常见的亚硝酸盐、硝酸盐和磷酸盐。

元素化学是无机化学的重要组成部分，主要讨论周期表中所有元素在自然界的存在形式、分布、提取、制备；讨论其单质和化合物的组成、结构、性质、用途以及性质与结构的关系和变化规律等问题，内容十分丰富。

到目前为止，已经知道的元素有 100 多种，其中人造元素有十几种，有许多元素及其化合物是人体所必需的。本章将在物质结构和元素周期律知识的基础上，从周期表第ⅦA族～第ⅢA族，依次讨论重要非金属元素及其化合物的主要性质。

第一节　卤族元素

ⅦA族包括氟（F）、氯（Cl）、溴（Br）、碘（I）和砹（At）五种元素，统称为卤族元素，简称卤素，它们是典型的非金属元素。卤素希腊原文是"成盐元素"的意思。因为它们都能和金属直接化合而生成典型的盐类。卤素在自然界中分布广泛，一般以稳定的金属卤化物的形式存在。如海水、盐湖、盐井中含有丰富的氯化钠；溴化物常与氯化物共存，但含量较少，某些矿物或石油矿井盐水中也含有少量的溴；碘主要存在于海带、海藻中。另外，碘还以碘酸盐的形式存在于矿物中，如智利硝石中含碘较多。卤素也是人体内的重要元素。氟和碘是人体必需的微量元素。氟是防止儿童龋齿，维持骨骼正常发育，增进牙齿和骨骼强度的元素。碘存在于甲状腺中，体内若缺乏碘，就可能发生甲状腺肿大症或智力低下。氯以离子形式存在于各种体液中，以化合物形式存在于脑下垂体的内分泌腺中。砹是极微量的放射性元素，在本节不作讨论。卤素的一些重要性质见表8-1。

卤素原子的最外层电子构型都是 ns^2np^5，即最外层都有 7 个电子。卤素在周期表中的位置反映出它是各周期中电负性最大、非金属性最强的元素，它们在化学反应中都有夺取 1 个电子使最外层达到 8 个电子的稳定结构，因此，在通常情况下显示的氧化数都是 -1，它们的最高氧化数应是 $+7$。氟只有氧化数 -1 的化合物，显正氧化数的化合物是不存在的。氯、溴和碘都有氧化数为 $+1$、$+3$、$+5$ 和 $+7$ 的化合物，例如高氯酸（$HClO_4$）中的氯氧化数为 $+7$。

表 8-1　卤族元素的一些重要性质

元素名称	氟	氯	溴	碘
元素符号	F	Cl	Br	I
原子序数	9	17	35	53
原子量	8.9984	35.453	79.904	126.9045

续表

元素名称	氟	氯	溴	碘
最外层电子构型	$2s^2 2p^5$	$3s^2 3p^5$	$4s^2 4p^5$	$5s^2 5p^5$
氧化数	-1	$-1, +1, +3, +5, +7$	$-1, +1, +3, +5, +7$	$-1, +1, +3, +5, +7$
原子半径$/\times 10^{-10}$ m	0.64	0.99	1.14	1.333
电负性	4.0	3.0	2.8	2.5
单质	F_2	O_2	Br_2	I_2
颜色和状态	淡黄绿色气体	黄绿色气体	红棕色液体	紫黑色固体
固体密度$/(g/cm^3)$	1.3	1.9	13.4	4.93
熔点/℃	-219.6	-101	-7.2	113.5
沸点/℃	-188.1	-34.6	58.78	184.4
溶解度$/(100g$ 水$)^{-1}$	反应	$310cm^3$（气）（0.983g）	4.17g	0.029g

氟、氯、溴、碘原子的核电荷数是不相同的，电子层数也不同。从氟到碘核电荷数依次增加，电子层数也从 2 层增加到 5 层，这种在原子结构上的差异导致元素性质上的差异。例如，卤素单质的颜色随着核电荷数的增加而加深，氟呈淡黄绿色，氯呈黄绿色，溴呈红棕色，碘呈紫黑色。卤素单质的熔点和沸点也随着核电荷数的增加而升高，氟和氯在常温下是气体，溴是液体，碘是固体。卤素的原子半径随着核电荷数的增加而增大，电负性随着核电荷数的增加而减小，所以卤素的非金属性随着核电荷数的增加从上到下逐渐减弱。

上述事实证明，同族元素性质相似，但并不完全相同。

一、卤素的单质

1. 制法

实验室中卤素单质一般可用氧化剂〔如 MnO_2、$KMnO_4$、$K_2Cr_2O_7$、$KClO_3$、$Ca(ClO)_2$ 等〕氧化氢卤酸的方法制取。例如：

$$2KMnO_4 + 16HCl = 2KCl + 2MnCl_2 + 5Cl_2\uparrow + 8H_2O$$

工业上制取氯气通常是用电解饱和食盐水的方法，同时可以得到三种重要的化工产品，在阳极上得到氯气，在阴极上得到氢气，在溶液中得到烧碱（NaOH）。

制取氟只能采用电解法。例如：

$$2KHF_2(熔融) \xrightarrow{\text{电解}} 2KF + H_2\uparrow + F_2\uparrow$$

2. 性质

卤素单质都是非极性的双原子分子。除氟外，它们在极性溶剂水中的溶解度都很小，但较易溶于四氯化碳、苯、氯仿和酒精等有机溶剂中。医药上用酒精溶解碘制取碘酊（也称碘酒）。在配制碘酒时加入适量的碘化钾，可使碘的溶解度增大，减少碘的挥发。即使是碘化钾的水溶液，也能增大碘的溶解度，这是由于碘化钾与碘反应生成多碘化钾（$I_2 + KI =$ KI_3）的缘故。另外碘晶体被加热时可以不经液化而直接气化，这种现象称碘的升华，也称碘华，常用来提纯碘。

 观察与思考

在试管中加入 2mL 0.1mol/L 的淀粉溶液，滴入 1 滴碘溶液，观察溶液颜色的变化。

在淀粉溶液中，加入一滴碘液，可以看到溶液呈蓝色，碘遇淀粉变蓝色，这是碘的一个特殊性质。利用碘的这个特性，可以检验碘或淀粉的存在。

卤素单质都有刺激性气味，并有腐蚀性和毒性，吸入少量卤素气体就会使呼吸系统受到强烈的刺激，能引起喉部和鼻腔黏膜发炎，吸入较多量时会引起肺炎和其他疾病以致死亡，可吸入少量的氨气作为解毒剂。卤素单质可用作消毒剂，如氯气广泛地用于自来水的消毒；碘酒广泛地用作医药上外用消毒剂等。

游离态的卤素非金属活泼性显著，是常见的氧化剂，它们可与多种金属直接化合生成氢卤酸盐，也可与不少非金属反应得到非金属卤化物。例如：

$$2Fe + 3Cl_2 \xrightarrow{\triangle} 2FeCl_3$$

$$2P + 3Br_2 = 2PBr_3$$

$$Cl_2 + H_2 \xrightarrow{光} 2HCl$$

下面以卤素与水、碱的反应为例，来进一步认识卤素的性质。

（1）与水反应　氟遇水发生剧烈反应，水是还原剂，生成氟化氢和氧气：

$$2F_2 + 2H_2O = 4HF + O_2\uparrow$$

其他卤素与水发生歧化反应。例如，氯气的水溶液称为"氯水"，溶解的氯气能与水反应，生成盐酸和次氯酸（HClO）。次氯酸不稳定，容易分解，放出氧气。当氯水受热或光照时，次氯酸的分解会加速，所以一般把氯水盛在棕色瓶内并放于阴凉处：

$$Cl_2 + H_2O = HCl + HClO$$

$$2HClO \xrightarrow{光照} 2HCl + O_2\uparrow$$

次氯酸是一种强氧化剂，具有杀菌消毒、漂白等作用，所以经常用氯气对自来水进行消毒（1L 水中大约通入 0.002g 的氯气）和造纸、染织方面进行漂白等。

 观察与思考

将有色纸条或布条分别放入盛有 1/3 容积新制氯水的广口瓶和盛满干燥氯气的集气瓶中，盖上玻璃片，观察两个瓶中的现象，并思考氯气本身有无漂白性。

实验现象表明，有色纸条或布条在氯水中褪色，而在干燥氯气中却不褪色，说明起漂白作用的不是氯气，而是氯气与水反应生成的次氯酸。次氯酸的强氧化性能使一些染料和有机色质氧化而褪色。

（2）与碱溶液反应　氟气通过稀的氢氧化钠溶液（2%水溶液）生成氟化钠，同时放出一种无色气体 OF_2（还有可能生成 O_3）：

$$2F_2 + 2OH^- = 2F^- + OF_2\uparrow + H_2O$$

其他卤素单质和氢氧化钠溶液反应生成卤化物、次卤酸盐和卤酸盐：

$$Cl_2 + 2OH^- = Cl^- + ClO^- + H_2O \quad 或 \quad 3Cl_2 + 6OH^- = 5Cl^- + ClO_3^- + 3H_2O$$

$$Br_2 + 2OH^- = Br^- + BrO^- + H_2O \quad 或 \quad 3Br_2 + 6OH^- = 5Br^- + BrO_3^- + 3H_2O$$

$$3I_2 + 6OH^- = 5I^- + IO_3^- + 3H_2O(IO^- 常温下不稳定,歧化为 I^-、IO_3^-)$$

用 NaOH 吸收氯气以及漂白粉的制造都是根据卤素单质与碱反应这个性质。

 **观察与思考**

取两支试管，分别加入 2mL 溴化钠溶液和碘化钾溶液，再滴入 1mL 新制的氯水，振荡，观察溶液颜色。再各滴入 1mL 无色四氯化碳，振荡，观察四氯化碳层（下层）的颜色。另取两支试管，加入 2mL 无色氯化钠溶液和碘化钾溶液，滴入 5 滴溴水，振荡，观察溶液颜色。再加入四氯化碳 1mL，振荡，观察四氯化碳层（下层）的颜色。观察 4 支试管中四氯化碳层（下层）的颜色变化，并思考氯、溴、碘的非金属性的变化顺序。

氟能把氯、溴、碘从它们的固态卤化物中置换出来；氯能把溴和碘从它们的卤化物溶液中置换出来；而溴只能从碘化物溶液中把碘置换出来。这说明卤素单质的氧化能力强弱顺序为：

$$F_2 > Cl_2 > Br_2 > I_2$$
$$Cl_2 + 2NaBr = 2NaCl + Br_2$$
$$Cl_2 + 2KI = 2KCl + I_2$$
$$Br_2 + 2KI = 2KBr + I_2$$

过量的氯气可与 I_2 和 Br_2 进一步反应：

$$I_2 + 5Cl_2(过量) + 6H_2O = 10HCl + 2HIO_3(无色)$$
$$Br_2 + Cl_2(过量) = 2BrCl(黄色)$$

元素的原子越易获得电子，即元素的氧化性越强，它的离子失去电子的能力就越弱，离子的还原性也就越弱。卤素阴离子的还原性由强到弱的顺序是：

$$I^- > Br^- > Cl^- > F^-$$

对于氟的特殊性还应注意下列几方面：
① 氟能氧化稀有气体；
② 绝大多数的金属加热后能在氟气中燃烧，生成氟化物；
③ 氟能使硫氧化为 +6 价，其他卤素均不能将硫氧化为 +6 价；
④ 氟是人体形成强壮骨骼和预防龋齿所必需的微量元素；
⑤ CaF_2、MgF_2 难溶于水。

二、卤化氢及氢卤酸

（一）制备

实验室里卤化氢可用卤化物与高沸点酸反应制取，其反应式如下：

$$CaF_2 + H_2SO_4(浓) = CaSO_4 + 2HF\uparrow$$
$$NaCl + H_2SO_4(浓) = NaHSO_4 + HCl\uparrow$$
$$NaX + H_3PO_4 = NaH_2PO_4 + HX\uparrow$$

（二）卤化氢的性质

卤化氢分子中原子间的化学键都是极性共价键，分子都是极性分子。卤化氢都是无色具有刺激性的气体，有一定的毒性，其中以氟化氢的毒性最大。它们的一些物理性质见表 8-2。

从表 8-2 可以看出，熔点、沸点除 HF 外都是按 HCl、HBr、HI 的顺序依次增大。为什么 HF 的熔点和沸点并不是最小而是相当大呢？这是因为它的分子间存在着氢键，产生分子缔合现象。在固态氟化氢中分子间由氢键连接成锯齿形的长链。在室温下，氟化氢气体是 (HF)$_2$ 和 (HF)$_3$ 的混合物，只有在 80℃ 以上的蒸气才基本上全是由 HF 单分子所组成。

表 8-2   卤化氢的物理性质

性 质	HF	HCl	HBr	HI
熔点/℃	−83.1	−114.8	−88.5	−50.8
沸点/℃	−19.54	−84.9	−67.0	−35.38
在 1000℃分解分数/%	—	0.014	0.5	33
表观电离度(0.1mol/L,18℃)/%	8.5	92.6	93.5	95

卤化氢在水中的溶解度都非常大。例如，在 0℃ 时，1 体积的水能溶解 500 体积的 HCl 气体，所以它们都能在潮湿空气中形成酸雾。卤化氢的水溶液称为氢卤酸。氢卤酸都是无氧酸，也都是非氧化性酸，除氢氟酸是弱酸外，其余的氢卤酸都是强酸，并且从氟到碘酸性逐渐增强。最重要的氢卤酸有盐酸和氢氟酸。

（三）重要的氢卤酸

1. 盐酸

纯净的盐酸是无色透明的溶液。市售的浓盐酸密度为 1.19kg/L，$w(HCl)=0.37$ 的浓度，约为 12mol/L，具有氯化氢的刺激性气味，这种盐酸中的氯化氢容易从溶液中挥发出来，与空气中的水分形成酸雾，因此也称它为发烟盐酸。实验室里的稀盐酸是一个笼统的概念，一般指的是含 HCl 较少的溶液。药典规定，稀盐酸是指含 $\rho(HCl)=100g/L$ 左右的溶液。工业用的盐酸因含 $FeCl_3$ 等杂质而显黄色。

盐酸是重要的三大无机强酸之一，具有酸的一些通性。例如，使蓝色石蕊试纸变红；与较活泼金属反应生成相对应的氯化物并放出氢气；与碱性氧化物或碱反应生成盐和水等。

盐酸的用途很广：常用来制备金属氯化物和氯化铵等；冶金、电镀、皮革、焊接、食品等工业部门都需用盐酸；医药领域中，中草药有效成分的提取，药品合成等也常用盐酸。人的胃液里，含盐酸约 $\rho(HCl)=5g/L$，有些人胃酸不足，可服适量的极稀盐酸来补充。

2. 氢氟酸

氢氟酸属于弱酸，造成它酸性弱的原因是氟原子和氢原子间结合比较牢固以及分子间氢键的形成引起了分子的缔合，所以在水中难以电离。

氢氟酸的特殊性能是腐蚀玻璃。无论是二氧化硅还是硅酸钙（玻璃的重要成分）都能与氢氟酸作用，生成挥发性四氟化硅气体和水：

$$SiO_2 + 4HF \Longrightarrow SiF_4 \uparrow + 2H_2O$$
$$CaSiO_3 + 6HF \Longrightarrow SiF_4 \uparrow + 3H_2O + CaF_2$$

因此不能用玻璃瓶贮存氢氟酸，通常用塑料瓶来装氢氟酸。人们常利用氢氟酸这一特性来雕刻玻璃或溶解各种硅酸盐。

氢氟酸和氟化氢的毒性都很大，氢氟酸与皮肤接触可引起肿痛并进一步形成溃疡，治疗愈合很慢，并因这种损害起初不感疼痛，不易觉察。因此，在使用氢氟酸时要加倍小心或戴上橡胶手套。

三、卤化物

卤化物分为金属卤化物和非金属卤化物两大类。金属卤化物可以看作是氢卤酸的盐。这里重点讨论医药上常见的一些金属卤化物。

大多数金属卤化物都是白色晶体，熔点和沸点都比较高，水溶液或熔融状态下都能导电等。大多数金属卤化物易溶于水，常见的金属氯化物中只有 $AgCl$、Hg_2Cl_2 难溶于水，$PbCl_2$ 的溶解度也较小，其他氯化物均易溶于水。溴化物和碘化物的溶解度和对应的氯化物相似。氟化物的溶解度较特殊，例如 CaF_2 难溶，而其他卤化钙则易溶；AgF 易溶于水，而其他卤化银则难溶于水等。

1. 氯化钠

氯化钠俗称食盐，我国盛产海盐、井盐、池盐和岩盐。纯净的氯化钠是无色透明的晶体，通常所见的都是白色结晶型粉末。氯化钠是正常人体生理活动不可缺少的，成人每天要进食氯化钠 8～15g 来补充通过尿、汗等排泄掉的氯化钠。医疗上用的生理盐水是 9g/L 的氯化钠溶液，用于出血过多、严重腹泻等引起的失水病症，也可以用来洗涤创伤或灌肠。

2. 氯化钾

氯化钾是无色晶体。医药上制成片剂（0.25～0.5g）、控释片（0.6g）和注射液（1g/10mL）。氯化钾的性质和氯化钠相似，但生理作用与氯化钠完全不同，它们不能互相替代，绝对不能用氯化钾代替氯化钠配制生理盐水。氯化钾是一种利尿药，用于心脏性或肾脏性水肿，也可用于其他缺钾症。

3. 氯化铵

氯化铵是无色晶体，置于空气中易潮解。易溶于水，水溶液显弱酸性。溶解时吸收大量的热而使溶液的温度下降。氯化铵晶体受热易分解为氯化氢和氨气，遇冷时又生成氯化铵晶体。氯化铵在医药上配制成注射液以治疗碱血症，口服用作祛痰剂，应用于急、慢性呼吸道炎症和痰多不易咳出的患者，还可用于治疗碱中毒。

4. 氯化钙

氯化钙通常以含结晶水的无色晶体形式存在。加热失去结晶水，成为白色的无水氯化钙。无水氯化钙有很强的吸水性，常作干燥剂。临床上用于治疗钙缺乏症，也可用作抗过敏药。

5. 溴化钠

溴化钠是无色晶体，露置空气中能逐渐潮解，应密封保存。易溶于水，其水溶液呈中性。$NaBr$ 常与 KBr 和 NH_4Br 压制成三溴片或配制三溴合剂，一般用作镇静剂，对中枢神经有抑制作用，对兴奋性失眠、制止癫痫发作都有效。

6. 溴化铵

溴化铵是无色晶体，放置空气中微有分解，呈浅黄色，易溶于水，可用作镇静剂。

7. 碘化钾

碘化钾是无色或白色晶体，味苦咸，在潮湿空气中微潮解，易溶于水，久置空气中易被氧化析出碘而变黄。KI 是一种常用的化学试剂。生物碱和蛋白质等的检验，容量分析的碘量法等都必须使用 KI。KI 是常用的补碘试剂，它不但用于配制碘酒，也作为药物治疗甲状腺肿大、慢性关节炎、动脉硬化等症。

四、卤素的含氧酸及其盐

氯、溴、碘都可以生成多种含氧酸，氧化数为＋1、＋3、＋5、＋7分别称为次卤酸、亚卤酸、（正）卤酸和高卤酸。次卤酸及次卤酸盐存在于水溶液中，都不稳定，亚卤酸最不稳定。次卤酸都是弱酸，卤酸是强酸，高卤酸的酸性更强，酸性比盐酸、硫酸和硝酸都强。浓的高氯酸具有高沸点、强氧化性等性质，在分析化学中有着重要的应用。

卤素的含氧酸盐有许多种，这里仅介绍与我们关系较为密切的漂白粉。漂白粉是混合物，其主要成分为次氯酸钙和氯化钙，工业上用氯气和消石灰制成。其化学方程式表示如下：

$$2Cl_2 + 2Ca(OH)_2 =\!=\!= Ca(ClO)_2 + CaCl_2 + 2H_2O$$

漂白粉，它的有效成分是次氯酸钙 $[Ca(ClO)_2]$，次氯酸钙又称漂白精。

漂白粉是颗粒状白色固体，具有氯的刺激性气味。将漂白粉放入水中（一般溶有少量的二氧化碳），或与空气中的水蒸气和二氧化碳作用，都能产生次氯酸，因此漂白粉具有漂白消毒作用。若在漂白粉水溶液中加入少量盐酸或硫酸，则会产生大量次氯酸，使漂白作用大大增强：

$$Ca(ClO)_2 + 4HCl =\!=\!= CaCl_2 + 2Cl_2\uparrow + 2H_2O$$
$$Ca(ClO)_2 + H_2O + CO_2 =\!=\!= CaCO_3 + 2HClO$$

漂白粉的漂白作用原理和氯气的漂白作用原理相似。漂白粉不仅可以用来漂白棉麻纸浆，还广泛用于消毒饮用水、游泳池水、污水和厕所。

漂白粉的质量，决定于其中"有效氯"的含量。所谓"有效氯"是指漂白粉跟酸作用时产生氯气的量。一般漂白粉约含"有效氯"35％左右。

 知识拓展　　　　消毒及含氯消毒剂

消毒（disinfection）是指杀死病原微生物，但不一定能杀死细菌芽孢的方法。用于消毒的化学药物叫作消毒剂（disinfectant）。

常用的化学消毒剂按消毒效果可分为以下几类。

（1）高效类消毒剂　能杀灭一切微生物，包括芽孢。

① 过氧乙酸：0.2％溶液用于手的消毒，浸泡 2min；0.5％溶液用于餐具消毒，浸泡 30～60min；1％～2％溶液用于室内空气消毒；1％溶液用于体温表消毒，浸泡 30min。过氧乙酸对金属有腐蚀性，不能浸泡金属类物品。应现配现用并放于阴凉处，以防高温引起爆炸。

② 戊二醛：2％戊二醛常用于浸泡金属器械及内镜等，消毒时间需 30～60min，灭菌时间需 10h，应现配现用。

③ 甲醛：40％甲醛熏蒸消毒空气和某些物品；4％～10％甲醛用于浸泡器械及内镜。甲醛蒸气穿透力弱，消毒的物品须悬挂或抖散。熏蒸消毒要求室温在 18℃以上，相对湿度在 70％～90％。

④ 含氯消毒剂：常用的有氯胺 T、漂白粉、二氯异氰脲酸钠（优氯净）。0.5％漂白粉溶液或 0.5％～1％氯胺溶液用于消毒餐具、便器等，浸泡 30min；1％～3％漂白粉溶液或 0.5％～3％氯胺溶液用于喷洒或擦拭地面、墙壁及物品表面；干粉用于消毒排泄物。漂白粉与粪便 1:5 用量搅拌后，放置 2h，尿液每 100mL 加漂白粉 1g，放置 1h，消毒剂应现配现用，保存在密闭容器内，置于干燥、阴凉、通风处。因有褪色和腐蚀作用，不宜用于金属制

品、有色衣物及涂漆家具的消毒。

⑤ 过氧化氢。

⑥ 碘酊：2%碘酊用于皮肤消毒和一般皮肤感染，涂擦后 20s，再用 75%乙醇脱碘。碘酊不能用于黏膜消毒。皮肤过敏者禁用。碘对金属有腐蚀作用，不能浸泡金属器械，用后需加盖保存。

（2）中效类消毒剂　杀灭细菌繁殖体、病毒，不能杀灭芽孢。

① 乙醇：75%乙醇用于皮肤消毒，也可用于浸泡锐利金属器械及体温计。95%乙醇可用于燃烧灭菌。乙醇易挥发，故应加盖保存并定期测试，以保持有效浓度。乙醇有刺激性，不宜用于黏膜及创面消毒，应存放于阴凉、避火处。

② 碘伏：5%碘伏溶液用于皮肤消毒；20%溶液用于消毒体温计，应连续浸泡 2 次，每次 30min。碘伏稀释后稳定性差，故宜现配现用，还应密闭、避光，置阴凉处保存。

③ 洗必泰：0.02%溶液用于手的消毒，浸泡 3min；0.05%溶液用于黏膜消毒；0.1%溶液用于器械消毒，浸泡 30min。

④ 苯扎溴铵酊：0.1%溶液用于皮肤、黏膜消毒。

（3）低效类消毒剂　不能杀灭结核杆菌、亲水性病毒和芽孢。

如苯扎溴铵（新洁尔灭），其 0.05%溶液用于黏膜消毒；0.1%溶液用于皮肤消毒；0.1%溶液浸泡金属器械时加入 0.5%亚硝酸钠可防锈。苯扎溴铵有吸附作用，溶液内勿投入纱布、毛巾等，它是阳离子表面活性剂，对阴离子表面活性剂（如肥皂）有拮抗作用；对铝制品有破坏作用，勿用铝制容器盛装。

五、类卤化合物

有些原子团，在游离态时具有类似卤素单质的性质，在成为阴离子时，也具有类似卤离子的性质，这些原子团称为类卤素或拟卤素。重要的类卤素有氰 $(CN)_2$、氧氰 $(OCN)_2$ 和硫氰 $(SCN)_2$。对应的阴离子有氰离子、氰酸根离子和硫氰酸根离子，它们的盐分别称氰化物、氰酸盐和硫氰酸盐。

1. 氢氰酸和氰化物

氢氰酸是一种很弱的酸。它是一种无色透明的液体，极易挥发，熔点 -3.4℃，沸点 25.6℃。氢氰酸与水互溶，稀溶液有苦杏仁味，剧毒，很微量就能致死。因此保管和使用必须严格按照规章制度。过氧化氢是氰化物中毒的解毒剂。

ⅠA、ⅡA 金属的氰化物易溶于水，其水溶液呈碱性，并有 HCN 的苦杏仁气味。重金属的氰化物除 $Hg(CN)_2$ 外，多数不溶于水，但它却溶于过量的氰离子溶液里，生成可溶性的配合物。

氰化钾是一种白色晶体，易溶于水，其水溶液呈碱性，并有苦杏仁气味。毒性极大，是属于特殊保管和使用的毒品，在使用时要按规定办理使用登记手续。氰化钾的废液，应先加入次氯酸钠或双氧水将它氧化成无毒的 KCNO，再埋掉或排出；或加入 $FeSO_4$，使其生成无毒的 $K_4[Fe(CN)_6]$，然后再排出。因氢氰酸比碳酸还弱，固体的 KCN 会吸收空气中的水分和二氧化碳，反应产生 HCN，所以 KCN 应当密封保存。

氰化物的检验，即氰离子（CN^-）的检验方法：取试液 1mL，加入 NaOH 溶液碱化，再加入 $FeSO_4$ 溶液数滴，将混合液煮沸，然后用 HCl 酸化，再滴加 $FeCl_3$ 溶液 1～2 滴，溶液立即出现蓝色，表示有 CN^- 存在，其反应式如下：

$$6KCN + FeSO_4 \xrightarrow{\text{碱化}} K_4[Fe(CN)_6] + K_2SO_4$$

$$3K_4[Fe(CN)_6] + 4FeCl_3 \xrightarrow{\text{酸化}} Fe_4[Fe(CN)_6]_3 \downarrow + 12KCl$$

2. 硫氰化物

硫氰化物又称硫氰酸盐，其中硫氰化钾（KSCN）和硫氰化铵（NH_4SCN）是常用的化学试剂。硫氰化物的一个特殊而灵敏的化学反应是与 Fe^{3+} 生成血红色化合物。其化学方程式如下：

$$FeCl_3 + 6KSCN == K_3[Fe(SCN)_6] + 3KCl$$

利用这个性质，常用 KSCN 或 NH_4SCN 检验 Fe^{3+}，或用 $FeCl_3$ 检验硫氰化物。

第二节　氧族元素

元素周期表第ⅥA族元素包括氧（O）、硫（S）、硒（Se）、碲（Te）、钋（Po）五种元素，称为氧族元素。硫不能导电，硒是半导体，而碲却能够导电。钋是放射性元素，在本节不作讨论。

一、氧族简介

氧族元素最外层电子排布为 ns^2np^4，属 p 区元素。它们有从其他原子获得 2 个电子或与其他原子共用 2 个电子以达到稳定结构的倾向。但与卤素比较，氧族元素的非金属性较弱，它们获得电子的能力比卤素原子要弱，因此非金属性不及卤素强。

氧族元素除氧外，其余四种元素又称为硫族元素。硫族元素的原子最外层的 6 个或 4 个电子一般也可以发生偏移，形成氧化数为 +6 或 +4 的化合物。氧的非金属性仅次于氟，所以氧的氧化数除 OF_2 中为 +2 以及 H_2O_2 中为 -1 外，一般皆为 -2。

氧族元素单质的化学性质，随着原子序数的增大而起变化，它们与氢气的化合越来越困难，生成的化合物也越来越不稳定。硫、硒、碲元素的含氧酸的酸性一般也是随着原子序数的增大而逐渐减弱。

氧族元素性质的差异和递变与它们的原子结构有关。随着核电荷数的增加，氧族元素的电子层数增多，原子半径增大，原子核对外层电子的引力逐渐减弱，使原子获得电子的能力依次减弱，失去电子的倾向依次增强，电负性逐渐变小，所以从氧到钋，元素的非金属性逐渐减弱，金属性逐渐增强。氧和硫是典型的非金属，硒和碲表现出某些金属性，钋是典型的金属。

氧和硫是氧族元素里具有代表性的、最常见的两种元素，本节主要介绍臭氧、过氧化氢、硫及其重要化合物。

二、氧的单质及其化合物

1. 氧气和臭氧

众所周知，高空大气的臭氧层是人类免于太阳光中紫外线强烈侵袭的天然屏障。人类通过对臭氧的研究发现，臭氧具有不稳定特性和很强的氧化能力。臭氧是氧气的同素异形体。与氧气相比，臭氧有草腥气味，淡蓝色，易溶于水，易分解。由于臭氧是由氧分子携带一个氧原子组成，决定了它只是一种暂存形态，携带的氧原子除氧化用掉外，剩余的又组合为氧气进入稳定状态，所以臭氧工作中没有二次污染产生，这是臭氧技术应用的最大优越性。作为物质存在的臭氧既是强氧化剂，又是高效的消毒剂，同时还是强催化剂。它具有杀菌消毒、漂白、除臭、去味等氧化分解作用。

臭氧的应用主要在人为的灭菌消毒。这主要是臭氧有很强的氧化能力，臭氧在一定浓度下能与细菌、病毒、病原体等微生物产生生物化学氧化反应。臭氧有很高的能量，在常温、常压下很快自行分解为氧分子和单个氧原子，单个氧原子具有很强的活性，对细菌、病毒、病原体等微生物具有较强的氧化作用。

臭氧能直接与细菌、病毒发生作用，氧化并穿透其细胞壁，破坏其细胞器和核糖核酸，分解 DNA、RNA、蛋白质、脂质类和多糖等大分子聚合物，使细菌、病毒的新陈代谢和繁殖过程遭到破坏，而夺取细菌的生命。同时还可以渗透细胞膜组织、侵入细胞膜内作用于外膜脂蛋白和内部的脂多糖，使细胞发生通透性畸变，导致细胞溶解性死亡，并将死亡菌体内的遗传基因、寄生菌种、寄生病毒粒子、噬菌体、支原体及热原（内毒素）等溶解杀死。无菌技术对微生物作用的原理可分为抑菌型、杀菌型和溶菌型三种。臭氧灭菌消毒属于溶菌型剂体，可以达到"彻底、永久地消灭物体内部所有微生物的目的"，而且它的作用是即刻完成的。

2. 过氧化氢

在过氧化氢分子中，两个氧原子间以一个非极性键相连，如—O—O—，这个键称为过氧键。两个氢原子分别以极性键和两个氧原子相连。这个分子不是直线形的，两个氢原子像半展开书的两页纸，这两页纸的夹角为 $93°51'$，氧原子在书的夹缝上，O—H 键与 O—O 键之间的夹角为 $96°52'$，所以过氧化氢是极性分子。

纯的过氧化氢是无色黏稠状的液体，它可与水以任何比例混合，其水溶液俗称双氧水。和水相似，过氧化氢可以发生缔合作用，而且缔合的程度比水高。

过氧化氢的化学性质主要为不稳定性、弱酸性和氧化还原性。

（1）不稳定性 过氧化氢不稳定，常温下即能分解放出 O_2。因此，过氧化氢应低温、密闭、避光保存。其反应式如下：

$$2H_2O_2 == 2H_2O + O_2\uparrow$$

（2）弱酸性 过氧化氢是一个很弱的酸，它能与金属氢氧化物作用生成过氧化物：

$$H_2O_2 + Ba(OH)_2 == BaO_2 + 2H_2O$$

（3）氧化性与还原性 过氧化氢分子中氧原子的氧化数为 -1，处于中间氧化态，因此既有氧化性又有还原性。在酸性或碱性溶液中都是一个强氧化剂。例如 H_2O_2 能从碘化钾的酸性溶液中将碘析出：

$$H_2O_2 + 2KI + 2HCl == I_2 + 2H_2O + 2KCl$$

在碱性溶液中，H_2O_2 可以把 Cr^{3+} 氧化成 CrO_4^{2-}：

$$3H_2O_2 + Cr_2(SO_4)_3 + 10NaOH == 2Na_2CrO_4 + 3Na_2SO_4 + 8H_2O$$

当过氧化氢遇到更强的氧化剂时，也可以作为还原剂。例如：

$$H_2O_2 + Cl_2 == 2HCl + O_2\uparrow$$

$$2KMnO_4 + 5H_2O_2 + 3H_2SO_4 == K_2SO_4 + 2MnSO_4 + 5O_2\uparrow + 8H_2O$$

过氧化氢常用作氧化剂，具有消毒杀菌作用。医药上常用质量分数为 0.03 的过氧化氢水溶液作为外用消毒剂，清洗创口。市售过氧化氢溶液的质量分数为 0.3，有较强氧化性，对皮肤有很强的刺激作用，使用时要进行稀释。

含有过氧键的化合物的名称都加上"过氧"二字。例如，过氧化钠：Na_2O_2，过氧化钡：BaO_2，过氧化铬：CrO_5。过氧化物都具有氧化性，在酸性溶液中都能生成过氧化氢。通过过氧化氢的特征反应，就可以将它们检验出来。

在药典上，鉴别 H_2O_2 的方法是在酸性溶液中加入重铬酸钾溶液，生成蓝色的过氧化铬。过氧化铬在水中不稳定，在乙醚中较稳定，故常预先加一些乙醚。其反应式为：

$$K_2Cr_2O_7 + H_2SO_4 + 4H_2O_2 =\!=\!= K_2SO_4 + 2CrO_5 + 5H_2O$$

三、硫及其化合物

硫与氧相似，也是活泼的非金属元素。硫原子既能获得 2 个电子形成 -2 价的阴离子，又有 $+4$ 和 $+6$ 价的化合物。

1. 硫的性质和用途

硫俗称硫黄，是一种淡黄色的晶体，质松脆，易敲成碎块或研成粉末，它的密度大约是水的两倍，不溶于水，微溶于酒精，易溶于二硫化碳中。硫沸腾时变成黄色蒸气，将硫的蒸气急速冷却，能不经液态而直接凝成硫的很小的晶体形粉末，称硫华，即是药用的升华硫。

硫有多种同素异形体（由同一种元素组成而性质不同的单质，称为同素异形体），重要的有斜方硫、单斜方硫和弹性硫三种。斜方硫是菱形晶体，单斜硫是针状晶体，弹性硫是具有弹性的无定形硫。

硫的化学性质比较活泼，跟氧相似，容易与金属、氢气和其他非金属发生反应。

硫的用途很广。世界上每年消耗掉大量的单质硫，其中大部分用于制造硫酸。在橡胶制品、纸张、黑色火药、焰火、硫酸盐、硫化物等产品生产中，也用掉数量可观的硫黄。医药上，硫可以用来制造硫黄软膏，治疗某些皮肤病。硫又是制造某些农药（如石灰硫黄合剂）的原料。

2. 硫化氢

硫化氢（hydrogen sulfide）是一种无色、易燃的酸性气体，浓度低时有臭鸡蛋气味，浓度高时反而没有气味（因为高浓度的硫化氢可以麻痹嗅觉神经）。因此，绝对不能凭嗅觉来区别硫化氢浓度的高低。硫化氢比空气重，能溶于水，在常温常压下，1 体积水约能溶解 2.6 体积的硫化氢。硫化氢有剧毒，空气中的硫化氢含量达到 0.1% 时，就会使人感到头痛、恶心，吸入大量的硫化氢气体，会使人窒息死亡。

硫化氢通常存在于某些火山喷气、工业废水及某些温泉中，动植物体及各种各样的有机垃圾腐败时，也产生硫化氢气体。

（1）硫化氢的还原性　在硫化氢分子中，硫为最低化合价 -2 价，所以有较强的还原性，容易被一些氧化剂如氧气、二氧化硫、碘等氧化为单质硫，其反应式如下：

$$H_2S + I_2 =\!=\!= 2HI + S$$
$$2H_2S + SO_2 =\!=\!= 2H_2O + 3S$$

（2）氢硫酸　硫化氢的水溶液称为氢硫酸，是一种弱酸，具有酸的通性，还原性比硫化氢气体强，室温下能被空气中的氧缓慢氧化，析出单质硫而使溶液变浑浊，所以氢硫酸应在使用时配制，不能久存。

3. 二氧化硫

二氧化硫是无色、有刺激性气味的气体，比空气重。二氧化硫有毒，是大气的主要污染物，它能剧烈地刺激眼睛的角膜和呼吸器官的黏膜，造成呼吸困难，严重时可导致死亡。

（1）二氧化硫与水反应　二氧化硫易溶于水，1 体积水约能溶 40 体积的二氧化硫，其水溶液称为亚硫酸，故二氧化硫又称亚硫酐，其反应式如下：

$$SO_2 + H_2O \Longrightarrow H_2SO_3$$

亚硫酸为中等强度的酸，很不稳定，极易分解，其反应式如下：

$$H_2SO_3 \Longrightarrow SO_2\uparrow + H_2O$$

（2）二氧化硫与氧反应　有催化剂存在时，二氧化硫能与氧气反应，生成三氧化硫，其反应式如下：

$$2SO_2 + O_2 \underset{\text{加热}}{\overset{V_2O_5}{\rightleftharpoons}} 2SO_3$$

工业上用此反应制取三氧化硫。三氧化硫极易被水吸收生成硫酸，其反应式如下：

$$SO_3 + H_2O \Longrightarrow H_2SO_4$$

（3）二氧化硫的漂白作用　二氧化硫能与某些有色物质结合生成无色的物质，所以二氧化硫具有漂白作用。但是，这种无色物质不稳定，易分解而恢复原来的颜色，故二氧化硫漂白过的草帽，时间久了又渐渐变成黄色。二氧化硫还可用作消毒杀菌剂。

4. 硫酸及医学上常见的硫酸盐

（1）硫酸　纯硫酸（sulfuric acid）是无色油状液体。市售浓硫酸的质量分数为 0.98，密度为 $1.84g/cm^3$。

硫酸是难挥发的强酸，能与水以任意比例混溶。硫酸是三大强酸之一。稀硫酸具有酸的通性，浓硫酸除具有酸的通性之外，还具有强烈的吸水性、脱水性和氧化性。在常温下，浓硫酸与某些金属如铁、铝、铬等接触，能够在金属表面生成一层致密的氧化物保护膜，阻止内部金属继续与硫酸起反应，这种现象为金属的"钝化"。因此冷的浓硫酸可以用铁器或铝器贮存。

硫酸是重要的化工原料，具有十分广泛的用途。在石油化学工业中，硫酸用于精炼石油；在金属加工或金属制品电镀前，需用硫酸进行表面清洗；可用稀硫酸制取氮肥、磷肥和许多硫酸盐；硫酸还用来制备药物、炸药和染料等。

（2）硫酸盐　硫酸盐（sulfate）种类很多，一般都溶于水，硫酸银、硫酸铅微溶，碱土金属（铍、镁除外）的硫酸盐微溶于水，而硫酸钡不溶于水。硫酸盐在医学上应用较为广泛，医学上常见硫酸盐的物理性质及用途见表 8-3。

表 8-3　常见硫酸盐的物理性质及用途

分子式	俗称	主要物理性质	主要用途
$Na_2SO_4 \cdot 10H_2O$	芒硝	无色晶体	用作泻药及钡盐、铅盐的解毒剂
$CaSO_4 \cdot 2H_2O$	（生）石膏	白色晶体	制造塑像模型、医用绷带
$MgSO_4 \cdot 7H_2O$	泻盐	无色晶体	内服用作泻药，注射用作解痉药
$BaSO_4$	重晶石	白色晶体	胃肠透视用的内服造影剂，俗称"钡餐"
$CuSO_4 \cdot 5H_2O$	胆矾	蓝色晶体	催吐剂，可治疗磷中毒
$FeSO_4 \cdot 7H_2O$	绿矾	淡绿色晶体	用作补血剂，治疗缺铁性贫血
$KAl(SO_4)_2 \cdot 12H_2O$	明矾	无色晶体	用作净水剂

（3）硫酸根离子的检验

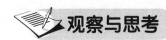

在分别盛有稀硫酸、硫酸钠溶液、碳酸钠溶液各2mL的3支试管里，各滴入少量氯化钡溶液，观察实验现象。再在上述试管中分别加入少量稀硝酸，振荡，观察现象。想一想为什么要加入少量稀硝酸？

在稀硫酸或硫酸盐溶液中加入氯化钡溶液，都能生成白色的硫酸钡沉淀。加入少量的盐酸（或稀硝酸），沉淀也不溶解，其反应式如下：

$$H_2SO_4 + BaCl_2 = BaSO_4 \downarrow + 2HCl$$
$$Na_2SO_4 + BaCl_2 = BaSO_4 \downarrow + 2NaCl$$

在碳酸钠溶液中加入氯化钡溶液，先生成白色的碳酸钡沉淀，加入少量的盐酸（或稀硝酸）后，沉淀溶解，并放出气体，其反应式如下：

$$Na_2CO_3 + BaCl_2 = BaCO_3 \downarrow + 2NaCl$$
$$BaCO_3 + 2HNO_3 = Ba(NO_3)_2 + CO_2 \uparrow + H_2O$$

由于其他钡盐，如碳酸钡或磷酸钡，虽然不溶于水，但能溶于盐酸或稀硝酸中，因此，用可溶性钡盐（氯化钡或硝酸钡）和盐酸（或稀硝酸）可以检验溶液中是否有硫酸根离子存在。

5. 硫代硫酸钠

带有5个分子结晶水的硫代硫酸钠（$Na_2S_2O_3 \cdot 5H_2O$）是透明的、无色的晶体，易溶于水，俗称海波或大苏打。硫代硫酸钠在中性、碱性溶液中很稳定，但在酸性溶液中迅速分解，其反应式如下：

$$Na_2S_2O_3 + 2HCl = 2NaCl + S \downarrow + SO_2 \uparrow + H_2O$$

生成的SO_2有刺激性气味，并产生淡黄色硫沉淀，从而可以检验硫代硫酸根离子。

硫代硫酸钠是一个中等强度的还原剂，与碘作用时，它被氧化为连四硫酸钠，其反应式如下：

$$2Na_2S_2O_3 + I_2 = Na_2S_4O_6 + 2NaI$$

在上述反应中，碘是氧化剂，硫代硫酸钠是还原剂。这个反应是分析化学和药物分析中，氧化还原滴定方法——碘量法的基础。

硫代硫酸钠主要用作化工生产中的还原剂，棉织物漂白后的脱氯剂，照相行业的定影剂，医药上的解毒剂。20％硫代硫酸钠普通制剂内服用于治疗重金属中毒，外用治疗疥疮和慢性皮炎等。10％硫代硫酸钠注射剂用于治疗氰化物、砷、汞、铅、铋和碘中毒。

第三节　氮和磷的化合物

元素周期表中ⅤA族称为氮族元素，包括氮（N）、磷（P）、砷（As）、锑（Sb）、铋（Bi）五种元素。氮和磷都是生物体内含量较多的重要的生命必需元素。氮是构成蛋白质的主要元素，磷主要存在于人和脊椎动物的骨骼和牙齿中，脑神经系统、骨髓、心、肝、肾等脏器中也含有丰富的磷脂。本节主要介绍氮和磷的化合物。

一、氨和铵盐

1. 氨

氨（ammonia）是无色、有刺激性气味的气体，比空气轻，在常温下很容易被加压液化，液态氨气化时吸收大量的热量，并使其周围的温度急剧降低。因此，氨常用作制冷剂。氨也是体内蛋白质代谢产物之一。

氨气极易溶于水，常温下，1 体积水能溶解约 700 体积氨。氨的水溶液称为氨水（ammonia liquor）。氨水中大部分氨结合成一水合氨（$NH_3 \cdot H_2O$），很少一部分电离为 NH_4^+ 和 OH^-，所以氨水呈弱碱性，能使酚酞试液变红，其反应式如下：

$$NH_3 \cdot H_2O \Longleftrightarrow NH_4^+ + OH^-$$

一水合氨不稳定，受热时又分解产生氨和水，其反应式如下：

$$NH_3 \cdot H_2O \xrightarrow{\triangle} NH_3\uparrow + H_2O$$

氨有弱碱性，能与酸反应生成铵盐。例如氨与浓盐酸反应：

$$NH_3 + HCl \Longrightarrow NH_4Cl$$

氨同样也能与硝酸、硫酸反应，生成硝酸铵和硫酸铵。

2. 铵盐

（1）铵盐的性质　铵盐（ammonium）是由铵根离子和酸根离子组成的化合物。大多数铵盐是无色晶体，均易溶于水。铵盐加热时都会分解，生成氨气和对应的酸。例如：

$$NH_4Cl \xrightarrow{\triangle} NH_3\uparrow + HCl\uparrow$$

氯化铵的水溶液显弱酸性，在医药上可纠正碱中毒，也是常见的利尿剂和祛痰剂。

（2）铵根离子的检验　铵盐能与碱反应放出氨气，这是铵盐共同的性质。利用这一性质，在实验室可以制氨气，也可以检验铵根离子的存在。例如将氯化铵溶液和氢氧化钠溶液共热，生成的气体有氨的刺激性气味，能使湿润的红色石蕊试纸变蓝，说明这种气体就是氨气，溶液中有 NH_4^+ 存在，其反应式为：

$$NH_4Cl + NaOH \xrightarrow{\triangle} NaCl + NH_3\uparrow + H_2O$$

二、亚硝酸及医学上常见的亚硝酸盐

1. 氮氧化合物

氮氧化合物（nitrogen oxides）包括多种化合物，如氧化亚氮（N_2O）、一氧化氮（NO）、二氧化氮（NO_2）、三氧化二氮（N_2O_3）、四氧化二氮（N_2O_4）和五氧化二氮（N_2O_5）等。

它们都是主要的大气污染物，主要来源是化工燃料（煤、石油）的燃烧废气，如汽车尾气、喷气飞机尾气和火电厂废气等。未经处理的硝酸厂和某些工厂的废气排放，也会产生较高浓度的氮的氧化物。除 NO_2 以外，其他氮氧化物均极不稳定，遇光、湿或热变成 NO 及 NO_2，NO 又可变为 NO_2。这几种气体混合物常称为硝烟（气），主要为 NO 和 NO_2，并以 NO_2 为主。它们都能刺激和损害呼吸系统，也伤害植物的生长和发育。NO 易与血红蛋白结合，形成亚硝基血红蛋白而失去输氧能力。NO_2 跟血红蛋白能生成硝基血红蛋白，同样失去输氧功能。所以，在高浓度 NO、NO_2 的空气中，会导致严重的伤害甚至死亡；在低浓度 NO、NO_2 的空气中时间过长时，可因 NO、NO_2 在肺中生成硝酸和亚硝酸而发生病变。NO 和 NO_2 在湿空气中产生的硝酸，对金属、机械、建筑物等都有明显的腐蚀作用。NO 上升到臭氧层，也会对臭氧层产生破坏。

NO 分子中有孤对电子，可以作为配体。有文献报道，某些含有 NO 基团的血管舒张药如亚硝酸异戊酯、三硝酸甘油酯、亚硝酰铁氰化钠等，经服用后在人体内释放出 NO，而 NO 则被称为人血管内皮舒张因子。

2. 亚硝酸和亚硝酸盐

（1）亚硝酸（nitrous acid）　亚硝酸是一种弱酸，性质很不稳定，只能存在于稀溶液或冷溶液中。将二氧化氮和一氧化氮的混合物溶解在接近 0℃ 的水中，即生成亚硝酸的水溶液，其反应式如下：

$$NO_2 + NO + H_2O \Longrightarrow 2HNO_2$$

（2）亚硝酸盐　亚硝酸盐比亚硝酸稳定，大多是无色晶体，易溶于水。亚硝酸盐有毒性。若误服亚硝酸钠后，亚硝酸钠会进入血液，能把亚铁血红蛋白氧化为高铁血红蛋白，使血液失去携氧功能，从而造成组织缺氧，严重时人会因缺氧而全身青紫，甚至窒息死亡。由于亚硝酸钠外观类似食盐，因此，要严防把它误当食盐使用而引起中毒。

亚硝酸钠大量用于染料工业和有机合成工业。临床上，亚硝酸钠常用作消毒灭菌浸泡时的缓释剂。由于亚硝酸钠有毒及较强的致癌作用，使用时应注意安全。

三、硝酸及医学上常见的硝酸盐

1. 硝酸

硝酸（nitric acid）是重要的无机酸，纯硝酸是无色、易挥发、有刺激性气味的液体，能以任意比例与水混溶。市售浓硝酸的质量分数为 0.69，发烟硝酸因溶有过量的 NO_2 而呈红棕色。

硝酸是三大强酸之一，具有酸的通性。同时硝酸还有一些特性如不稳定性、强氧化性等。

（1）不稳定性　纯硝酸常温下见光就会分解，久置的硝酸因溶有硝酸分解时产生的 NO_2 而常显黄色。因此，硝酸要密闭存放在棕色试剂瓶中，放置于冷暗处，以防止硝酸分解。

（2）强氧化性　无论浓硝酸还是稀硝酸都具有氧化性。除金、铂等少数几种金属外，硝酸几乎可以氧化所有金属，其还原产物各不相同。铝、铁、铬等金属能溶于稀硝酸，但不溶于冷浓硝酸，因为这些金属表面被浓硝酸氧化，产生钝化现象，因此常用铝制容器盛放冷的浓硝酸。此外，硝酸还能与大部分非金属反应，如碳、硫、磷、碘等。

浓硝酸和浓盐酸的混合物（用浓硝酸与浓盐酸体积比为 1:3 配制）称为王水（nitrohydrochloric acid）。王水的氧化能力比硝酸强，一些不溶于硝酸的金属如金和铂能溶于王水。

2. 硝酸盐

大多数硝酸盐（nitrate）为无色晶体，几乎全部易溶于水，其水溶液都无氧化性。常温下硝酸盐比较稳定，但加热时易分解放出氧气，所以高温时固体硝酸盐是强氧化剂。

蔬菜中的残留的硝酸盐能被逐渐还原成亚硝酸盐。常温下贮藏蔬菜，硝酸盐还原菌活跃，会很快将硝酸盐还原成亚硝酸盐。叶菜类煮沸后，其中大部分硝酸盐溶解到汤中，若放置时间长了，硝酸盐还原菌将其还原成亚硝酸盐。因此，不要食用腐烂的蔬菜和隔夜菜汤。

硝酸银（$AgNO_3$）是重要的硝酸盐，为白色晶体，易溶于水，见光易分解，应保存在棕色瓶中。硝酸银对有机组织有破坏和腐蚀作用，蛋白质遇硝酸银即生成沉淀。在临床上硝酸银用作收敛剂、腐蚀剂和消毒剂。

四、磷酸及医学上常见的磷酸盐

磷是人体内含量较多而仅次于钙的元素，占体重1％，成人体内含磷600～700g，其中80％～90％与钙形成羟磷灰石结晶而存在于骨、齿等硬组织中，其余的磷主要存在于软组织细胞中。

1. 磷酸

纯净的磷酸（phosphoric acid）是无色晶体，熔点为42.3℃。加热时逐渐脱水生成焦磷酸、偏磷酸等含氧酸。磷酸与水能以任意比例混溶。

磷酸是中等强度的三元酸，磷酸具有酸的通性。磷酸没有氧化性，也没有挥发性，性质稳定，不易分解。磷酸的结构式为：

$$\begin{array}{c} O \\ \uparrow \\ HO-P-OH \\ | \\ OH \end{array}$$

磷酸在生物体内主要以磷酸酯的形式存在，如磷酸己糖、核酸、磷脂等，在人体内许多生化反应、生理活动中具有重要意义。磷酸酯还是构成生物膜（如细胞膜、核膜等）的重要成分。

2. 磷酸盐

磷酸是三元酸，可形成三种形式的盐：正盐和两种酸式盐。例如：

磷酸盐　　　　Na_3PO_4，$Ca_3(PO_4)_2$，$(NH_4)_3PO_4$；

磷酸氢盐　　　Na_2HPO_4，$CaHPO_4$，$(NH_4)_2HPO_4$；

磷酸二氢盐　　NaH_2PO_4，$Ca(H_2PO_4)_2$，$(NH_4)H_2PO_4$。

磷酸二氢盐几乎都溶于水。正盐和磷酸氢盐中只有钾盐、钠盐和铵盐溶于水。磷酸氢二钠和磷酸二氢钠用于配制缓冲溶液。在人体的各种体液中，磷酸盐都以 $H_2PO_4^-$ 和 HPO_4^{2-} 等酸根离子形式存在，对维持细胞内外的酸碱平衡具有重要作用。

 致用小贴

医药上常用的硫酸盐

硫酸钡（$BaSO_4$）是白色晶体状粉末，医学上常用于胃肠造影，俗称"钡餐"。

硫酸钠（Na_2SO_4）是白色粉末，易溶于水，无水硫酸钠在医药上用作泻药，也可用于钡盐、铅盐中毒时的解毒剂。

硫酸钙（$CaSO_4$）是白色固体，含有2个分子结晶水的硫酸钙（$CaSO_4 \cdot 2H_2O$）称为石膏。医学上用其制成石膏绷带。

硫酸亚铁（$FeSO_4$）含有7个分子结晶水，$FeSO_4 \cdot 7H_2O$ 俗称绿矾。医药上用作补血剂，治疗缺铁性贫血。

硫酸铜（$CuSO_4$）是白色粉末状，易吸收水分，含5个分子结晶水的硫酸铜（$CuSO_4 \cdot 5H_2O$）为蓝色，俗称胆矾。医药上可作催吐剂，治疗磷中毒。

 **目标测试**

1.方志敏烈士生前在狱中曾用米汤（内含淀粉）给鲁迅先生写信，鲁迅先生收到信后，为了看清信的内容，使用的哪种化学试剂？

2.有些商贩为了使银耳增白，用硫黄（燃烧硫黄）对银耳进行熏制，用这种方法制取的洁白的银耳对人体是有害的。这些不法商贩制取银耳利用的是 SO_2 的什么性质？

3.漂白粉的有效成分是什么？漂白原理是什么？为什么漂白粉在潮湿的空气中容易失效？

4.医疗上用的生理盐水是什么？

5.为什么硫酸钡可以用作 X 射线胃肠透视的内服对比剂？怎样鉴别硫酸根离子？

6.为了防止和治疗碘缺乏症，我国政府在严重缺碘区推广碘盐（在食盐中加入少量的碘酸钾），为什么碘盐要在菜快烧好时较低温时加入？

7.为什么干燥的氯气没有漂白作用，而氯水有漂白作用？

资 源 获 取 步 骤

扫码做自测题

第一步 微信扫描二维码
第二步 关注"易读书坊"公众号
第三步 进入公众号，在线自测或下载自测题

第九章 常见金属元素及其化合物

知识导图

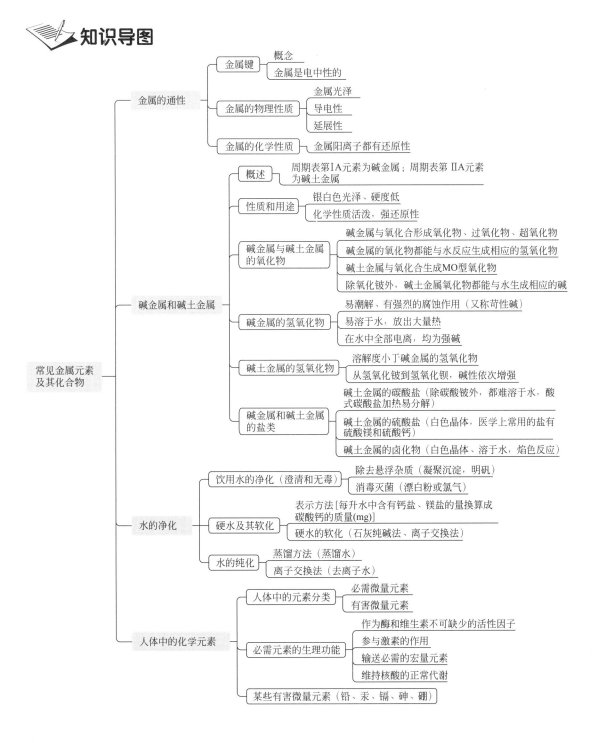

常见金属元素及其化合物
- 金属的通性
  - 金属键
    - 概念
    - 金属是电中性的
  - 金属的物理性质
    - 金属光泽
    - 导电性
    - 延展性
  - 金属的化学性质——金属阳离子都有还原性
- 碱金属和碱土金属
  - 概述——周期表第ⅠA元素为碱金属；周期表第ⅡA元素为碱土金属
  - 性质和用途
    - 银白色光泽、硬度低
    - 化学性质活泼，强还原性
  - 碱金属与碱土金属的氧化物
    - 碱金属与氧化合形成氧化物、过氧化物、超氧化物
    - 碱金属的氧化物都能与水反应生成相应的氢氧化物
    - 碱土金属与氧化合生成MO型氧化物
    - 除氧化铍外，碱土金属氧化物都能与水生成相应的碱
  - 碱金属的氢氧化物
    - 易潮解、有强烈的腐蚀作用（又称苛性碱）
    - 易溶于水，放出大量热
    - 在水中全部电离，均为强碱
  - 碱土金属的氢氧化物
    - 溶解度小于碱金属的氢氧化物
    - 从氢氧化铍到氢氧化钡，碱性依次增强
  - 碱金属和碱土金属的盐类
    - 碱土金属的碳酸盐（除碳酸铍外，都难溶于水，酸式碳酸盐加热易分解）
    - 碱土金属的硫酸盐（白色晶体，医学上常用的盐有硫酸镁和硫酸钙）
    - 碱土金属的卤化物（白色晶体、溶于水，焰色反应）
- 水的净化
  - 饮用水的净化（澄清和无毒）
    - 除去悬浮杂质（凝聚沉淀，明矾）
    - 消毒灭菌（漂白粉或氯气）
  - 硬水及其软化
    - 表示方法[每升水中含有钙盐、镁盐的量换算成碳酸钙的质量(mg)]
    - 硬水的软化（石灰纯碱法、离子交换法）
  - 水的纯化
    - 蒸馏方法（蒸馏水）
    - 离子交换法（去离子水）
- 人体中的化学元素
  - 人体中的元素分类
    - 必需微量元素
    - 有害微量元素
  - 必需元素的生理功能
    - 作为酶和维生素不可缺少的活性因子
    - 参与激素的作用
    - 输送必需的宏量元素
    - 维持核酸的正常代谢
  - 某些有害微量元素（铅、汞、镉、砷、硼）

第一节 金属的通性

周期表中位于硼和硅与碲和砹之间连线左下方的主族元素和周期表中全部副族元素都是金属。

金属通常可分为黑色金属与有色金属两大类。黑色金属包括铁、锰和铬及它们的合金，主要是铁碳合金（钢）；有色金属是指除去铁、铬、锰之外的所有金属。

如果按密度分类，通常把密度大于 $5g/cm^3$ 的金属称重金属，如铜、铁、铅等，把密度小于 $5g/cm^3$ 的金属称轻金属，如钠、镁、铝等。

如果按化学的活泼性分类，可分为活泼金属和不活泼金属两大类。活泼金属是指在金属活动顺序表中位于氢前面的金属，其中钾、钙、钠是最活泼的金属。不活泼金属是指在金属活动性顺序表位于氢后面的金属，其中铂、金是最不活泼的金属。

一、金属键

金属的内部结构是复杂的，它包含着中性的原子、带正电荷的阳离子和从原子上脱落下来的电子。这些电子不是固定在某一金属离子附近，而是在整块金属内部的原子和离子间不停地进行着交换和不规则地移动位置，这种在一瞬间不受一定原子的束缚的电子称为自由电子。在金属结构中，电子不停地进行着交换，当电子从原子脱落下来时，原子就变成了阳离子，当阳离子与电子结合时又变为原子，同时总有一些自由电子存在。在金属结构中，这种由于自由电子运动而引起金属原子和离子间互相结合的化学键称为金属键。

由于自由电子并没有完全离开金属，从整体来说，金属还是电中性的。虽然金属单质的化学式通常用元素符号来表示，如 Fe、Cu 等，但不能根据这一点就认为金属是单原子分子，它只能说明在金属单质中只存在着一种元素的原子。

二、金属的物理性质

由于各种金属晶体中都存在自由电子，使金属具有许多共同的性质，如良好的导电性、导热性、延展性以及金属的光泽等。

1.金属光泽

当可见光线投射到金属表面时，自由电子吸收了所有波长的光，然后又放出各种波长的光，这样就使大多数的金属呈现钢灰色以至银白色光泽。金属的光泽只有在整块时才能表现出来，在粉末状时，一般金属都呈暗灰色或黑色。

2. 金属的导电性、导热性

当金属放到直流电场中，在微小的电位差的影响下，金属内部的自由电子就能向一定的方向运动形成电流，显示了金属的导电性。当金属的某一部分受热而获得能量时，自由电子就迅速地把能量传递给邻近的原子或离子以至整块金属，很快使整块金属温度一致，显示了金属的导热性。

大多数金属有良好的导电性和导热性。善于导电的金属也善于导热，按照导电和导热的能力由大到小的顺序，将常见的几种金属排列如下：

$$Ag>Cu>Au>Al>Zn>Pt>Sn>Pb>Hg$$

3. 金属的延展性

当金属受到外力作用时，金属内原子与原子之间容易作相对位移，而金属原子、离子和自由电子仍保持着金属键的结合力，因此金属可以拉成细丝、压成薄片而不断裂，具有良好的变形性。

此外，由于各种金属结构中的原子不同，自由电子浓度也不同，不仅使它们的延展性、导电性、导热性等有差别，而且密度、熔点、沸点、硬度等也不相同，有的差别很大。

三、金属的化学性质

金属的基本化学性质就是金属在化学反应中容易失去最外层电子而变成阳离子，它们都有还原性。愈容易失去电子的金属，它们的化学性质愈活泼，还原能力也愈强。

根据金属的化学活泼性大小，可以把所有的金属按照它们的活动性递减的顺序排列起来，这个顺序称金属活动顺序。由几种主要的金属排成的活动顺序如下：

$$\text{K Ca Na Mg Al Mn Zn Fe Ni Sn Pb （H） Cu Hg Ag Pt Au}$$
金属活动性由强逐渐减弱

金属活动性顺序表反映了金属从酸中置换氢或从盐中置换另一种金属的能力。排在前面的金属，能将后面的金属从盐溶液中置换出来。排在后面的金属，却不能将它前面的金属从盐溶液中置换出来。氢以前的金属，都能与非氧化性的酸作用，置换出酸中的氢。氢以后的金属，不能置换出酸中的氢。活动性强的金属容易与氧、硫、卤素等非金属化合而分别生成氧化物、硫化物、卤化物。

第二节　碱金属和碱土金属

一、碱金属和碱土金属的概述

碱金属即周期表第ⅠA元素，包括锂（Li）、钠（Na）、钾（K）、铷（Rb）、铯（Cs）和钫（Fr）。由于钠和钾的氧化物和氢氧化物易溶于水且显强碱性，很早就被称为"碱"，所以本族元素统称为"碱金属"。碱土金属即周期表第ⅡA元素，包括铍（Be）、镁（Mg）、钙（Ca）、锶（Sr）、钡（Ba）和镭（Ra）。由于钙、锶、钡的氢氧化物显碱性，它们的氧化物在性质上具有碱性又具有土性（在化学史上把在水中溶解度不大，而又难熔融的金属氧化物称为"土"），所以本族元素称为"碱土金属"。锂、铷、铯、铍为稀有金属，钫和镭是放射性元素。

碱金属和碱土金属原子的次外层电子，除锂和铍是 2 个外，其余的都是 8 个。最外层电子的构型分别为 ns^1、ns^2，因此都容易失去电子。它们的氧化数分别为 +1、+2，表现出活泼的金属性。在每一族中元素的原子半径随着原子序数的增加而增大，电负性逐渐变小，金属活泼性也逐渐增强，密度逐渐增大，熔点、沸点逐渐降低。

二、碱金属和碱土金属的性质与用途

碱金属和碱土金属除铍（钢灰色）外都具有银白色光泽。它们的硬度都较低，可以用刀切割，密度也较小。由于碱金属和碱土金属都是化学性质很活泼的金属，所以都具有很强的还原性，在空气中都能与氧气化合。

碱金属和碱土金属与水都能发生剧烈反应，生成氢氧化物和氢气。例如：

$$2Na + 2H_2O \Longrightarrow 2NaOH + H_2 \uparrow$$

$$Ca + 2H_2O \Longrightarrow Ca(OH)_2 + H_2 \uparrow$$

但是，锂、铍、镁与水作用时，金属表面由于生成难溶的氢氧化物，因而阻碍了反应的继续进行。

碱金属和碱土金属与稀酸作用更为强烈，生成盐置换出氢气。例如：

$$2Na + 2HCl \Longrightarrow 2NaCl + H_2 \uparrow$$

$$Mg + 2HCl \Longrightarrow MgCl_2 + H_2 \uparrow$$

碱金属和碱土金属能与卤素或硫直接化合生成卤化物或硫化物。在加热条件下，可与氮生成氮化物，与氢生成氢化物（铍除外）。例如：

$$2Na + Cl_2 \Longrightarrow 2NaCl$$

$$3Mg + N_2 \overset{\triangle}{\Longrightarrow} Mg_3N_2$$

$$Ca + H_2 \overset{\triangle}{\Longrightarrow} CaH_2$$

因为碱金属在空气中易被氧化，与水能发生剧烈反应，所以常将它们保存在中性干燥的煤油中。

三、碱金属和碱土金属的氧化物、氢氧化物及盐类

（一）碱金属和碱土金属的氧化物

碱金属与氧化合生成相应的氧化物 M_2O、过氧化物 M_2O_2 和超氧化物 MO_2。除 Li_2O 外，其余碱金属的 M_2O 型氧化物只能在缺氧的情况下才能得到，由于反应条件不易控制，通常用碱金属还原其过氧化物或亚硝酸盐来制得相应的氧化物。

碱金属的氧化物都能与水反应，生成相应的氢氧化物。例如：

$$Na_2O + H_2O \Longrightarrow 2NaOH$$

过氧化钠是黄色粉末，与水或稀酸在室温下作用时，生成过氧化氢，过氧化氢立即分解放出 O_2。其反应式如下：

$$Na_2O_2 + 2H_2O \Longrightarrow 2NaOH + H_2O_2$$

$$Na_2O_2 + H_2SO_4 \Longrightarrow Na_2SO_4 + H_2O_2 \,(2H_2O_2 \Longrightarrow 2H_2O + O_2 \uparrow)$$

所以，Na_2O_2 可用作氧化剂和氧气发生剂。

过氧化钠与二氧化碳作用时，生成碳酸钠，同时放出氧气。其反应式如下：

$$2Na_2O_2 + 2CO_2 \xrightarrow{\quad} 2Na_2CO_3 + O_2 \uparrow$$

利用这一性质，Na_2O_2 可以用于防毒面具，潜水艇或高空飞行中用以吸收 CO_2 和放出 O_2，用作氧气发生剂。由于空气中的 CO_2 和水蒸气都能与 Na_2O_2 反应，所以 Na_2O_2 必须密闭保存。

碱土金属与氧很容易直接化合成 MO 型的氧化物，但实际上，碱土金属的氧化物都是由碳酸盐或硝酸盐加热分解而制得的。例如：

$$MgCO_3 \xrightarrow{\triangle} MgO + CO_2 \uparrow$$

$$2Ca(NO_3)_2 \xrightarrow{\triangle} 2CaO + 4NO_2 \uparrow + O_2 \uparrow$$

碱土金属的氧化物除氧化铍外，都能与水反应生成相应的碱。例如：

$$MgO + H_2O \xrightarrow{\triangle} Mg(OH)_2$$

$$CaO + H_2O \xrightarrow{\triangle} Ca(OH)_2$$

氧化镁（MgO）是白色粉末，在 2800℃ 才开始熔化，因此工业上常用它来制造各种耐火制品，如坩埚、高温电炉以及各种耐火材料等。医药上将纯的氧化镁用作止酸剂，以中和过多的胃酸，还可作轻泻剂，也常作为各种气态物质的吸收剂。

（二）碱金属和碱土金属的氢氧化物

1. 碱金属的氢氧化物

碱金属的氢氧化物极易潮解，对纤维和皮肤有强烈的腐蚀作用，所以称为苛性碱。氢氧化钠又称为烧碱。它们易溶于水（氢氧化锂例外），并放出大量的热。在水中全部电离，因此都是强碱；它们还易与空气中的二氧化碳作用生成碳酸盐，所以要密闭保存。但在 NaOH 表面总难免带有一些碳酸钠，在分析工作中有时需要用不含 Na_2CO_3 的 NaOH 溶液，可先配制成氢氧化钠的饱和溶液，碳酸钠即沉淀析出，静置后取上清液，用新鲜煮沸后冷却的蒸馏水稀释至所需的浓度即可。盛碱溶液的瓶子应用橡胶塞，因为它们能跟玻璃成分里的二氧化硅（SiO_2）生成硅酸盐：

$$SiO_2 + 2NaOH \xrightarrow{\quad} Na_2SiO_3 + H_2O$$

会使瓶颈和瓶塞粘连在一起，长期盛放碱溶液的玻璃瓶也会被腐蚀。

氢氧化钠是基本化学工业中最重要的产品之一，主要用来制肥皂、精炼石油、造纸、药物合成、制造人造丝、染料等，也是实验室里常用的试剂。

2. 碱土金属的氢氧化物

碱土金属的氢氧化物的溶解度比碱金属的氢氧化物的溶解度要小，从氢氧化铍到氢氧化钡溶解度依次增大。它们碱性的强弱，也是从氢氧化铍到氢氧化钡依次增强，氢氧化钡是强碱。

氢氧化镁是白色粉末，难溶于水。通常用可溶性镁盐与可溶性碱反应来制取。例如：

$$MgCl_2 + 2NaOH \xrightarrow{\quad} Mg(OH)_2 \downarrow + 2NaCl$$

氢氧化镁在医药上常配成乳剂，称为镁乳，作为轻泻剂，也有抑制胃酸的作用。制造牙膏牙粉时也可用氢氧化镁。

氢氧化钙是白色固体，稍溶于水，在 20℃ 时 100g 水能溶解 0.165g 氢氧化钙。氢氧化钙的饱和水溶液称"石灰水"，呈碱性，常被用作廉价的碱性物质。石灰水在空气中能吸收

CO_2，产生 $CaCO_3$ 白色沉淀，而使澄清的石灰水溶液变浑浊。常用这一反应来检验二氧化碳气体。

氢氧化钙是一种很重要的建筑材料，在化学工业上用以制造漂白粉，在医药上常采用它与植物油类配成乳剂，用于治疗烫伤。

（三）碱金属和碱土金属的盐类

碱金属和碱土金属的盐类，主要是碳酸盐、硝酸盐、磷酸盐、硫酸盐和卤化物。

1. 碱土金属的碳酸盐

碱土金属的碳酸盐除碳酸铍（$BeCO_3$）外，其余的都难溶于水。镁、钙、锶、钡的碳酸氢盐的溶解度比相应的碳酸盐大。因此镁、钙、锶、钡的碳酸盐在过量的二氧化碳溶液中生成碳酸氢盐而溶解：

$$MCO_3（难溶）+CO_2+H_2O \Longrightarrow M(HCO_3)_2（易溶）（M＝Mg、Ca、Sr、Ba）$$

碱土金属的酸式碳酸盐加热时会分解生成碳酸盐、二氧化碳和水。例如：

$$M(HCO_3)_2 \overset{\triangle}{\Longrightarrow} MCO_3+CO_2\uparrow+H_2O$$

碱土金属的碳酸盐在高温下也能分解，生成碱土金属的氧化物和二氧化碳。

碳酸镁呈白色粉末状，几乎不溶于水，它以菱镁矿存在于自然界中。在可溶性镁盐溶液中，加入 Na_2CO_3 溶液时，得到的不是 $MgCO_3$，而是组成不定的碱式碳酸镁，反应方程式如下：

$$2MgSO_4+2Na_2CO_3+H_2O \Longrightarrow Mg_2(OH)_2CO_3+2Na_2SO_4+CO_2\uparrow$$

碱式碳酸镁是白色沉淀，俗名白苦土，在医药上称镁白，可用作牙膏和制酸剂。

2. 碱土金属的硫酸盐

碱土金属的硫酸盐都是白色晶体，其中钙、锶、钡的硫酸盐都难溶于水，但它们都溶于浓硫酸而生成酸式盐：

$$MSO_4+H_2SO_4（浓）\Longrightarrow M(HSO_4)_2$$

在分析化学中常利用生成硫酸钡沉淀来检验钡离子或硫酸根离子。

铍、镁、钙的硫酸盐易形成水合物，最常见的是 $BeSO_4 \cdot 4H_2O$、$MgSO_4 \cdot 7H_2O$ 和 $CaSO_4 \cdot 2H_2O$。锶和钡的硫酸盐是无水晶体。除锶和钡外，其他硫酸盐与碱金属硫酸盐都能形成水合复盐，如 $K_2SO_4 \cdot MgSO_4 \cdot 6H_2O$、$K_2SO_4 \cdot CuSO_4 \cdot H_2O$ 等。

下面介绍几种医药上常用的盐。

（1）硫酸镁（$MgSO_4 \cdot 7H_2O$）　硫酸镁是易溶于水的重要镁盐，溶液带苦味，在干燥空气中易风化而成粉末。常温时在水中结晶，析出无色的水合物 $MgSO_4 \cdot 7H_2O$。它在医药上被用作泻药，作为轻泻盐。硫酸镁和甘油调和后用于外科，有消炎功效。

（2）硫酸钙（$CaSO_4 \cdot 2H_2O$）　硫酸钙以石膏矿 $CaSO_4 \cdot 2H_2O$ 的形式大量存在于自然界中。纯净的石膏是透明或白色的晶体。石膏与硫酸钙在水中的溶解度都很小。石膏加热到 120℃ 的温度，便失去一部分结晶水，变成熟石膏 $\left(CaSO_4 \cdot \dfrac{1}{2}H_2O\right)$：

$$2CaSO_4 \cdot 2H_2O \overset{120℃}{=\!=\!=} 2CaSO_4 \cdot \frac{1}{2}H_2O+3H_2O$$

熟石膏与水混合成糊状后，很快凝固和硬化，重新变成 $CaSO_4 \cdot 2H_2O$。由于这种性质，故可用于制造模型和雕像，在外科上用于石膏绷带。如果把石膏加热到 800℃ 以上，它能失去全部结晶水变成无水硫酸钙的粉末，这种粉末和水调和后不会硬化，商业上称为"死石膏"。

（3）硫酸钡（$BaSO_4$）　硫酸钡是不溶于水和酸的钡盐。它与硫化锌（ZnS）的混合物是一种白色颜料。在医药上，由于钡的原子量很大，能阻止 X 射线通过，故内服硫酸钡后，可作胃肠 X 射线检查。但服用时，应特别小心，$BaSO_4$ 必须绝对纯净，不能混有其他可溶性钡盐。因为可溶性钡盐有毒，内服时会引起致命的危险。硫酸钡在胃肠中不溶解，也不被吸收，它能完全排出体外。

3. 碱土金属的卤化物

碱土金属的氯化物都是白色晶体，溶于水，能形成水合物。碱土金属的溴化物和碘化物的性质与氯化物很相似，其中除碘化钙（CaI_2）为淡黄色外，其他都是白色晶体。在常温下，由饱和氯化钙水溶液中析出的是六水合氯化钙（$CaCl_2 \cdot 6H_2O$）。无水氯化钙溶于水时放热，六水合物溶于水时吸热。如将六水合氯化钙与冰以 1.44∶1 的比例混合，可得到 $-54.9℃$ 的低温混合物。无水氯化钙有强吸湿性，可作干燥剂，但不能用于乙醇和氨气的干燥，因为氯化钙与氨或乙醇能生成加合物。氯化钡为白色晶体，易溶于水，是实验中常用的一种可溶性钡盐。

碱金属和碱土金属盐类，在无色火焰上燃烧时会呈现出不同的焰色，利用这一性质可以粗略地区别它们。例如：钠盐的火焰为持久的亮黄色；钾盐的火焰为紫红色；钙盐的火焰为砖红色；钡盐的火焰为黄绿色。但当有钠盐存在时，钾的紫红色火焰被钠的强烈的黄色火焰所遮盖，因此需要用蓝色的钴玻璃隔着火焰进行观察。因为蓝色玻璃能吸收黄色光，而不能吸收紫光，这样可以正确地检出钾。

第三节　水的净化

一、饮用水的净化

饮用水要求澄清和无毒，所以饮用水的净化包括除去悬浮杂质和消毒灭菌两步。

用凝聚沉淀的方法可以除去水里的泥沙等悬浮状态的杂质。常用的沉淀剂是明矾 $KAl(SO_4)_2 \cdot 12H_2O$，其中起作用的是 $Al_2(SO_4)_3$。它和水作用能生成胶黏性絮状氢氧化铝沉淀，沉淀和水中的泥沙等悬浮杂质结成较重的颗粒而沉到水底。上层的水经过由某种多孔物如砂、木炭、碎石构成的过滤层，这样就可以把残剩的悬浮物截留下来，得到澄清的水。

除去悬浮杂质的水再进行消毒处理，通常用的消毒剂是漂白粉或氯气。

二、硬水及其软化

工业上把溶有多量钙、镁盐类的水称硬水，而将含有少量或不含钙、镁的水称软水。天然水中除雨雪外，地面水特别是地下水，一般都含有钙和镁的碳酸氢盐、硫酸盐、氯化物等杂质。

水中钙盐、镁盐的含量常以硬度来表示，硬度单位有各种表示方法，如"毫克/升（mg/L）"或"度"等，而且各国标准也不同。在我国通常以每升水中含有钙盐、镁盐的量换算成 $CaCO_3$ 的毫克数表示。另外也有以每升水中含 CaO 10mg 作为 $1°$（硬度 1 度）来表示。

硬水对工业生产的危害很大。如果以硬水作为锅炉用水，则水中碳酸氢钙、碳酸氢镁在受热时可转变成碳酸钙和碳酸镁沉淀：

$$Ca(HCO_3)_2 \xrightarrow{\triangle} CaCO_3 \downarrow + H_2O + CO_2 \uparrow$$

$$Mg(HCO_3)_2 \xrightarrow{\triangle} MgCO_3 \downarrow + H_2O + CO_2 \uparrow$$

碳酸镁在加热时生成溶解度更小的氢氧化镁：

$$MgCO_3 + H_2O \xrightarrow{\triangle} Mg(OH)_2 \downarrow + CO_2 \uparrow$$

微溶于水的硫酸钙在温度升高时，溶解度更小。因此，在热锅炉中会析出质地坚硬、黏结性强的硫酸钙。硫酸钙再黏结其他沉淀物牢固地附在锅炉壁上，形成坚固的水垢。水垢的形成不仅阻碍传热、多耗燃料，并且容易造成锅炉局部过热损坏，甚至发生爆炸。此外，硬水对工业产品的质量也有很大的影响。例如，染色用硬水，则色泽不匀，不易着色；造纸用硬水，则纸有斑点等。日常生活中也不宜用硬水洗涤衣物，因为肥皂中可溶性的脂肪酸钠遇 Ca^{2+}、Mg^{2+} 等离子转变成不溶性沉淀（脂肪酸钙或脂肪酸镁），不仅浪费肥皂，而且污染衣物。

硬水分为暂时硬水和永久硬水两种。含有钙、镁的酸式碳酸盐的硬水，称暂时硬水。因为煮沸时酸式碳酸盐可分解成不溶于水的沉淀而除去。

含有钙或镁的硫酸盐或氯化物的硬水，称永久硬水。它们不能用加热煮沸的方法使之沉淀，因而不能用煮沸法软化。通常的硬水中大多含有上述的盐类。

使用硬水前，采取一定的方法减少硬水中钙盐和镁盐的过程，称硬水的软化。

软化硬水的方法通常有下列两种。

(1) 石灰纯碱法　将消石灰 $[Ca(OH)_2]$ 和纯碱（Na_2CO_3）的混合物加入欲软化的硬水中，使钙盐、镁盐等生成沉淀而除去。石灰纯碱法操作比较复杂，软化效果较差，但成本低，适用于作初步处理大量硬度较大的水。

(2) 离子交换法　离子交换法是用离子交换剂来软化硬水的方法。所谓离子交换剂，是一种难溶的固态物质，它能用自身所含的阴离子和阳离子同水中的阴、阳离子发生交换作用，从而除去水中含有的离子。

离子交换剂可分为阳离子交换剂和阴离子交换剂。阳离子交换剂是以自身的阳离子与水中的阳离子交换，阴离子交换剂是以自身的阴离子同水中的阴离子发生交换。常用的阳离子交换剂有泡沸石（Na_2Z），磺酸型阳离子交换树脂 H 型（$R\text{-}SO_3H^+$），阴离子交换树脂有 $R\text{-}N(CH_3)_3^+OH^-$。

三、水的纯化

某些生产科研部门以及医药用水等对水的质量要求很高，必须用高纯水。一般常用蒸馏方法制得纯水，这种纯水称蒸馏水。若再蒸馏一次得到的纯水称重蒸馏水，也可以用离子交换法制得纯水。当普通水先通过 H 型阳离子交换树脂时，水中的阳离子如 K^+、Na^+、Ca^{2+}、Mg^{2+} 等被交换。再把从阳离子交换树脂出来的水通过阴离子交换树脂，水中的阴离子如 Cl^-、SO_4^{2-}、HCO_3^- 等被交换。经过这样的处理后，水中的各种杂质离子被树脂吸附，从树脂上下来的 H^+ 和 OH^- 结合成水。这种除去了各种杂质离子的水称作去离子水。

第四节　人体中的化学元素

一、人体中元素的分类

现在地球上发现的 90 多种稳定元素中，绝大多数在生物体内都有发现。到目前为止，人体内已知含有 60 多种化学元素，其中碳、氢、氧、氮、磷、硫、氯、钙、钾、钠、镁 11 种元素占人体总重量的 99.95%，这些元素称为人体必需的宏量元素，其余的元素占人体总重量的 0.05%，称为人体的微量元素。人体的微量元素通常可以分为两类：一类是维持人的生命，对人体具有特殊生理功能的元素，称为必需微量元素，目前已经证明，人体内必需的微量元素有 14 种，即铁、钴、锌、铜、锰、钼、碘、铬、钒、硒、氟、硅、镍、锡；另一类是对人体有害，即使在体内含量很低，仍有毒性作用的元素，称为有害微量元素，如镉、汞、铅、硼、砷、锑、铋、铍等。

二、必需元素的生理功能

必需宏量元素中的氧、碳、氢、氮、磷、硫 6 种非金属元素是组成人体的最主要成分。它们是组成蛋白质和核酸的元素，而蛋白质和核酸是生命的基础，所以这 6 种元素对于生命起着首要的作用，必需宏量元素中的钠、钾、钙、镁在周期表中彼此相邻，钠、钾元素都以水合离子形式存在于体内，它们各自维持细胞内外电解质平衡，对维持体液的渗透压方面起着重要的作用。例如 Na^+ 是血浆中的阳离子，但细胞内 Na^+ 却很少，相反，K^+ 则是细胞内液的主要阳离子；又如体液中的 Ca^{2+}，对保持神经和肌肉正常生理机能起着重要作用，Ca^{2+} 的浓度稍有降低，便会引起神经肌肉兴奋性增强，甚至出现手足抽搐现象；Mg^{2+} 在整个细胞的新陈代谢中起着重要的催化作用。

人体中必需微量元素与生命过程有着密切的关系，虽然它们在体内的含量非常微小，但在新陈代谢中起着十分重要的作用。

（1）作为酶和维生素不可缺少的活性因子　酶是一种大而复杂的蛋白质，它能催化生物体系中的化学反应，在已知的几千种酶中，大多数酶都含有 1 个或多个微量金属离子。实验证明，从酶中除去金属离子，则酶的活性下降；获得金属离子，则酶的活性恢复正常。

（2）参与激素的作用　激素是人体分泌腺所分泌的化学物质，它能调节重要的生理功能，其浓度很低，而作用很大。微量元素能促使激素发挥其应有的生理功能。

（3）输送必需的宏量元素　某些微量元素在体内能把必需的宏量元素输送到身体各个组织中去，供代谢之用。例如，血红素中的铁是氧的携带者，它能把氧带到身体每个组织和器官的细胞中去以供代谢需要。

（4）维持核酸的正常代谢　核酸是遗传信息的携带者，它含有多种适量的微量元素，例如锌、铁、钴、铬、钒、锰、铜和镍等，它们在维护核酸的立体结构和正常功能方面起着重要的作用。

由于人的生命活动的机理正在被逐步揭示出来，因此发现了许多微量元素在人的生命过程中起着极其重要的作用。人体某些疾病的发生，实质上是化学元素的平衡失调（即某些元素的过量或不足）所致。例如，锰缺乏时，可引起骨骼畸形，而过多时，可引起运动失调。又如，0.1mg/L 的硒对身体有好处，可以防癌，但当 10mg/L 时，便成了致癌因素。因此，医生在遇到疑难病症时，除了在病毒、细菌和寄生虫等方面寻找原因外，还应考虑微量元素平衡与否对人体的影响。下面就各必需微量元素的主要生理功能介绍如下。

（1）氟　氟在人体中的含量仅次于铁和硅。它在形成骨骼组织、牙齿釉质以及钙、磷代谢等方面有重要的作用。氟缺乏时，可致龋齿，老人易致骨质疏松；氟过量时，可出现甲状腺病变、肾病变等。

（2）碘　碘是人类发现的第二个必需微量元素，是甲状腺素的主要成分。甲状腺素是一种重要的激素，其生物学作用包括促进蛋白质合成、活化 100 多种酶、调节能量转换、加速生长发育、保持正常的精神状态等。缺碘时，可引起甲状腺肿，严重缺乏时，可影响生长发育，妨碍儿童身体和智力的发育。

（3）硅　硅参与多糖的代谢，与结缔组织的弹性及结构有关。水中含硅量低的地区，人群中的冠心病死亡率较高。

（4）硒　1975 年证实，硒是人体必需的微量元素。硒缺乏时，可引起克山病，它是一种以心肌病变为主要表现的地方病，死亡率很高，服用 Na_2SeO_3 可使发病率大幅度下降。土壤含硒量低的地区，癌症的总死亡率增高。增加硒的摄入量可减少癌的发生。高硒地区冠心病、高血压等的发病率均比低硒地区低。硒还能增强视力，刺激免疫球蛋白和抗体的产生。

（5）铁　铁是人类认识最早、研究最多的微量元素。铁是血红蛋白、肌红蛋白、细胞色素的组成部分，都是以 Fe^{2+} 与原卟啉形成配合物的形式存在，为血红蛋白中氧的携带者。此外，铁也是很多酶的活性成分，缺乏时，可引起贫血。

（6）铜　铜为多种金属酶的成分，是氧化还原体系的有效催化剂。铜主要参与造血过程，影响铁的吸收、运送和利用。缺铜时，同样会引起贫血。国内调查发现，人发中铜的含量，长寿地区显著地低于非长寿地区。国外亦有报道，体内铜含量过高时，对心血管产生不利影响。

（7）钴　钴对血红蛋白的合成、红细胞的发育及成熟等均有重要作用，是维生素 B_{12} 的组成成分。

（8）锌　除铁外，锌在人体内的含量居微量元素之首，它分布在人体各个组织中，尤以视网膜、精子中含量为高，因此锌在维持视觉和精子的生成等方面有特殊的功能。锌参与体内许多酶的合成，性腺、胰腺、脑下垂体的活动都与锌有关；锌具有促进生长发育、改善味觉等作用。缺锌时，生长停滞、生殖无能、机体衰弱，可有结膜炎、口腔炎、舌炎、食欲不振、慢性腹泻、味觉丧失等。研究发现，正常血清中，Cu/Zn 比值为 0.8～1.2，很多病理情况下，其比值发生变化，在恶性肿瘤活动和复发期间，其比值增大，这对研究恶性肿瘤的发病机制有重要意义。

（9）锰　锰主要以金属酶的形式存在，参与多种代谢过程。缺锰时，胰腺发育不全，胰岛素减少，儿童出现贫血、骨骼病变，孕妇出现死胎、胎儿畸形等。长寿地区，人发中锰含量高于非长寿区。

（10）钼　钼是黄嘌呤氧化酶等的成分，钼有防龋齿的作用。缺乏时可引起肾结石。土壤中含量高时能引起严重腹泻。研究指出，食管癌高发区的发病率与亚硝胺有关，钼可以中断亚硝胺类强致癌物质在体内合成，从而防止癌变。在食管癌高发区经使用钼酸铵肥料后，粮食、蔬菜中钼含量明显增高，而硝酸盐、亚硝酸盐含量大幅度下降，食管癌发病率也逐年明显下降。

（11）铬　铬是人体必需的微量元素，它与胰岛素的活性有关，缺乏时，胰岛素活性降低，血脂含量增高，可出现动脉粥样病变。Cr^{6+} 有毒，可干扰许多重要酶的活性，损伤肝、肾，诱发肝癌等。可见铬元素的氧化态既决定元素的化学性质，也影响它的生理功能。

（12）镍　镍可促进红细胞的再生，能激活一些酶。研究发现，镍的含量与鼻咽癌发病率有关，土壤、食物、水中镍含量高的地区，鼻咽癌发病率也高。

（13）锡　锡可促进蛋白质及核酸的反应，补充锡，可加速动物的生长。

（14）钒　钒可促进造血机能，给动物钒盐后，可见其血红蛋白增加，还能抑制胆固醇的合成，增强心肌的收缩力，使血管收缩。

三、某些有害微量元素

（1）铅　铅及其化合物对人体均有毒，溶解度越大的化合物，毒性越大，它主要危害消化系统、造血系统、神经系统等，中毒症状为腹绞痛、贫血、神经麻痹等。铅的排泄很慢，可在体内蓄积，出现慢性中毒。

（2）汞　汞及其大部分化合物均有毒，金属汞蒸气由于其扩散和脂溶性，易于吸入体内。它们主要危害消化系统和中枢神经系统，中毒症状为口腔黏膜溃烂、胃肠道剧烈疼痛、肢体震颤等。除职业性汞中毒外，使用含汞农药、防霉剂、杀菌剂时亦有中毒机会。汞中毒极难治愈。

（3）镉　镉的毒性也很大，可在人体内蓄积造成慢性中毒。典型症状是骨痛病，患者全身关节、骨骼疼痛，甚至不进饮食、在疼痛中死去。

（4）砷　砷的三价化合物毒性很大，五价砷毒性较小，但它在体内可被还原为三价砷。工业污染大多为三价砷化合物。它可在体内蓄积，造成慢性中毒。它主要危害神经系统、抑制酶的活性。神经系统的损害可导致四肢远端剧烈疼痛、损害视神经，导致视力减退等。

（5）硼　硼是有相当毒性的物质。硼酸过去作为食物防腐剂，长期食用后会造成硼中毒。慢性硼中毒的典型症状是经久不愈的腹泻，医学上称为"硼肠炎"，现已禁止使用硼酸和硼砂作为食品防腐剂。

金属元素的毒性主要表现为与蛋白质（氨基酸）或核酸的反应。金属与蛋白质（氨基酸）的反应是由于氨基酸中有羧基（—COOH）和氨基（—NH_2），能与金属以配位键结合，形成金属螯合物。与蛋白质反应同等重要的是金属与核酸的反应，核酸中含有各种含氮碱、磷酸和糖。其中含氮碱中的—N 和—NH、磷酸和糖中的—OH 都易与某些金属反应，而某些金属与核酸中的这些碱基结合后，就会引起核酸立体结构的改变，从而可能影响细胞的遗传，甚至有可能使人畸变或致癌。

 **知识拓展**　　不平"钒"的金属元素

—— 摘选自　林水啸《化学教育》

钒（Vanadium），元素符号为 V，在元素周期表中位于第四周期、第ⅤB族，原子序数为 23，原子量为 50.94。

钒的发现与制取，经历了不平凡的历程。早在 1801 年，西班牙墨西哥矿物学家安德烈斯·曼努埃尔·德里奥在钒铅矿中发现了钒，但当时有人认为这是被污染的元素铬，因此没有被公认。后来在 1831 年，瑞典化学家尼斯·加百列·西弗斯特姆在从铁矿石提炼铁中再次发现了钒。由于钒的化合物颜色多彩，因此借用古希腊神话中一位美丽女神"凡娜迪丝（Vanadis）"的名字给它命名为"Vanadium"。直到 1869 年，英国化学家亨利·罗斯科用

氢气还原二氧化钒首次制得纯净的金属钒。

金属钒有着不平凡的性能。钒是一种银白色、质地坚硬、高熔点、延展性好的金属，具有耐腐蚀性强、不易被氧化等特点，素有"维生素"之称。钒最初大多应用于钢铁工业，只需在钢中加入百分之几的钒，就能使钢的弹性、机械强度大增，钒钢抗磨损和抗爆裂性极好；钒在钛合金中也具有优异改良作用，常被应用于航空航天材料。钒常见化合价有：$+5$，$+4$，$+3$，$+2$，不同价态的钒盐色彩缤纷，可制成鲜艳的颜料和彩色玻璃。钒氧化物是化学工业中常用的一种催化剂，例如，工业上接触法制硫酸，其中二氧化硫催化氧化生成三氧化硫所用的就是以 V_2O_5 为主的催化剂。钒酸盐在脊椎动物和人体中发挥其功能作用，主要是基于钒酸盐和磷酸盐之间结构的相似性。钒的应用现已涵盖冶金、化工、电池、航天、医药等众多领域。

 致用小贴

重金属的毒性

重金属是指原子量超过 40（钙）以上金属的总称。人体中的重金属元素有些是人体健康必需的常量元素和微量元素，有些是有害于人体健康的，如铅、镉、汞等。这些元素侵入人体后会使某些酶失去活性而出现不同程度的中毒症状。比如，铅可以在人体和动植物组织中蓄积，其主要的毒性效应是导致贫血、神经机能失调和肾损伤等。镉的毒性很强，可以在人体的肝、肾等组织中蓄积，从而造成各种脏器组织尤其是肾脏的破坏。汞及其化合物都属于剧毒物质，震惊世界的日本熊本县水俣镇 1956 年发生的水俣病就是甲基汞中毒。污染源是一家氮肥工厂，工厂废水中的有机汞造成鱼中毒，通过食物链造成人中毒。1971 年，甲基汞造成伊拉克 6530 人中毒，其中 459 人死亡。

目标测试

1.何谓金属键？用金属键解释金属的物理性质。

2.试从碱金属和碱土金属的原子结构来说明它们的化学性质。

3.将铅粒分别加到 $MgCl_2$、$Al(NO_3)_3$、$CaSO_4$、$Hg(NO_3)_2$ 的溶液中，在哪些溶液中能发生化学反应？写出有关的化学反应方程式。

4.下列金属在盐酸中能否溶解？为什么？

（1）锡；（2）铜；（3）银；（4）铁；（5）汞；（6）铝

5.有一瓶经常使用的氢氧化钠溶液，发现用 H_2SO_4 中和时有大量气体，这些气体为何物？

6.什么是硬水？硬水有哪几种？如何使硬水软化？

7.在澄清的石灰水中通入 CO_2，先产生浑浊，当通入过量的 CO_2 时，浑浊现象消失，溶液又变为澄清，再加热，又变浑浊，为什么？写出有关的化学反应方程式。

扫码做自测题

资 源 获 取 步 骤

第一步 微信扫描二维码

第二步 关注"易读书坊"公众号

第三步 进入公众号，在线自测或下载自测题

第十章 环境污染和环境化学

知识导图

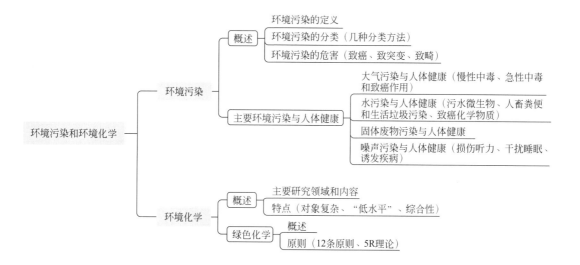

学习目标

1. 熟悉环境污染的概念、主要类型及其危害。

2. 熟悉环境化学的主要研究领域和内容。

3. 掌握绿色化学的特点。

4. 了解绿色化学的原则。

第一节 环境污染

　　环境问题与材料、能源、信息并列为现代文明的四大支柱，又与人口、粮食、资源等问题并列为人类面临的四大挑战。环境是人类赖以生存的基础，然而由于近年来人类对环境过度地改造和利用，由人类生产和活动产生的大量有害物质排入环境中，破坏了环境的结构和状态，使环境不断恶化，从而干扰了人类的正常生活条件，对人类健康产生了直接或间接甚至潜在的不利影响。更具体地说就是有害物质，特别是工业"三废"（废液、废渣和废气）对水体、大气、土壤和食物等环境因素的污染，并达到致害的程度。这些有害物质既有无机

物，又有有机物，本书重点介绍无机物造成的环境污染。

一、概述

1. 环境污染的定义

环境污染指自然的或人为的向环境中添加某种物质而超过环境的自净能力而产生危害的行为。主要对环境自然生态系统和人类的健康产生危害，即使当时不造成危害，但后续效应有害也算是污染行为，如氮氧化物的排放，本身并不有害，但在阳光催化下与自由基等物质作用会转化成光化学烟雾，对生物造成危害，对建筑物等造成腐蚀污水排放污染。

2. 环境污染的分类

按环境要素可分为大气污染、水体污染和土壤污染等；按污染的性质可分为生物污染、化学污染和物理污染；按污染物的形态可分为废气污染、废水污染、固体废物污染以及噪声污染、辐射污染等；按污染产生的来源可分为工业污染、农业污染、交通运输污染和生活污染等；按污染物的分布范围分，又可分为全球性污染、区域性污染、局部性污染等。

3. 环境污染的危害

环境污染往往具有使人或哺乳动物致癌、致突变和致畸的作用，统称"三致作用"。"三致作用"的危害，一般需要经过比较长的时间才显露出来，有些危害甚至影响到后代。

（1）致癌作用　致癌作用是指导致人或哺乳动物患癌症的作用。早在1775年，英国医生波特就发现清扫烟囱的工人易患阴囊癌，他认为患阴囊癌与经常接触煤烟灰有关。1915年，日本科学家通过实验证实，煤焦油可以诱发皮肤癌。污染物中能够诱发人或哺乳动物患癌症的物质叫作致癌物。致癌物可以分为化学性致癌物（如亚硝酸盐、石棉和砷、铬、镍等及其化合物）、物理性致癌物（如镭的核聚变物）和生物性致癌物（如黄曲霉毒素）三类。

（2）致突变作用　致突变作用是指导致人或哺乳动物发生基因突变、染色体结构变异或染色体数目变异的作用。人或哺乳动物的生殖细胞如果发生突变，可以影响妊娠过程，导致不孕或胚胎早期死亡等。人或哺乳动物的体细胞如果发生突变，可以导致癌症的发生。常见的致突变物有氰化钾等。

（3）致畸作用　致畸作用是指作用于妊娠母体，干扰胚胎的正常发育，导致新生儿或幼小哺乳动物先天性畸形的作用。科学家们经过研究发现，孕早期接触放射性碘可引起胎儿先天畸形。

二、 主要环境污染与人体健康

1. 大气污染与人体健康

大气污染主要是指大气的化学性污染。大气中化学性污染物的种类很多，对人体危害严重的多达几十种。我国的大气污染属于煤炭型污染，主要的污染物是烟尘和二氧化硫，此外，还有氮氧化物和一氧化碳等。这些污染物主要通过呼吸道进入人体内，不经过肝脏的解毒作用，直接由血液运输到全身。所以，大气的化学性污染对人体健康的危害很大。这种危害可以分为慢性中毒、急性中毒和致癌作用三种：

（1）慢性中毒　大气中化学性污染物的浓度一般比较低，对人体主要产生慢性毒害作用。科学研究表明，城市大气的化学性污染是慢性支气管炎、肺气肿和支气管哮喘等疾病的重要诱因。

（2）急性中毒　在工厂大量排放有害气体并且无风、多雾时，大气中的化学污染物不易散开，就会使人急性中毒。例如，1961年，日本四日市的三家石油化工企业，因为不断地大量排放二氧化硫等化学性污染物，再加上无风的天气，致使当地居民哮喘病大发生。后来，当地的这种大气污染得到了治理，哮喘病的发病率也随着降低了。

（3）致癌作用。大气中化学性污染物具有致癌作用的有很多，比如含铅化合物。含铅化合物能够通过空气、食品和水进入人体。它还能依附在尘粒上，储存在血液、骨骼和软组织里。铅可引起严重的肾病、肝病、神经系统疾病和其他器官问题。除此以外，它还能导致心理紊乱，痉挛和智力迟钝，尤其对儿童危害更大。几十年来，铅一直通过含铅汽油产生的尾气进入大气。2003年，俄罗斯禁止生产含铅汽油，这导致该国大气里的铅浓度迅速降低。铅跟其他重金属一样，也能渗透到植物里，因此人们在燃烧落叶时，一定要小心，因为这种非常危险的毒素可能会通过燃烧，再次回到空气里。

大气污染还包括大气的生物性污染和大气的放射性污染。大气的生物性污染物主要有病原菌、霉菌孢子和花粉。病原菌能使人患肺结核等传染病，霉菌孢子和花粉能使一些人产生过敏反应。大气的放射性污染物主要来自原子能工业的放射性废弃物和医用 X 射线源等，这些污染物容易使人患皮肤癌和白血病等。

 知识拓展 大气中主要污染物及其危害

大气中的主要污染物有：硫氧化物、氮氧化物、碳氧化物等。大气中的硫氧化物主要是二氧化硫，它主要来源于含硫燃料（如煤和石油）的燃烧，含硫矿石（特别是含硫较多的有色金属矿石）的冶炼，化工、炼油和硫酸厂等的生产过程，它最突出的环境特性是能够在大气中氧化最终生成硫酸或硫酸盐，是酸雨或化学烟雾的成因之一。二氧化硫为无色有刺激性的气体，对眼、鼻、咽喉、肺等器官有强刺激性，能引起黏膜炎、嗅觉和味觉障碍、倦怠无力等慢性疾患。氮氧化物包括一氧化氮和二氧化氮等，主要来自汽车废气以及煤和石油燃烧的废气。一氧化氮会刺激呼吸系统，还能与血红素结合成亚硝基血红素而使人中毒；二氧化氮能严重刺激呼吸系统，并能使血红素硝基化，危害比一氧化氮的更大。大气中的碳氧化物包括一氧化碳、二氧化碳等。一氧化碳是人类向大气排放量最大的污染物，主要来自燃料的不完全燃烧，特别是汽车移动源燃烧，现代发达国家城市空气中的一氧化碳有 80% 是汽车排放的，一氧化碳浓度较高时能使人出现不同程度中毒症状，危害人体的脑、心、肝、肾、肺及其他组织。

2. 水污染与人体健康

河流、湖泊等水体被污染后，对人体健康会造成严重的危害，这主要表现在以下三个方面。

第一，饮用污染的水和食用污水中的生物，能使人中毒，甚至死亡。例如，1956年，日本熊本县的水俣湾地区出现了一些病因不明的患者。患者有痉挛、麻痹、运动失调、语言和听力发生障碍等症状，最后因无法治疗而痛苦地死去，人们称这种怪病为水俣病。科学家们后来研究清楚了这种病是由当地含 Hg 的工业废水造成的。Hg 转化成甲基汞后，富集在鱼、虾和贝类的体内，人们如果长期食用这些鱼、虾和贝类，甲基汞就会引起以脑细胞损伤为主的慢性甲基汞中毒。孕妇体内的甲基汞甚至能使患儿发育不良、智能低下和四肢变形。

第二，被人畜粪便和生活垃圾污染的水体，能够引起病毒性肝炎、细菌性痢疾等传染病，以及血吸虫病等寄生虫疾病。

第三，一些具有致癌作用的化学物质，如砷（As）、铬（Cr）、苯胺等污染水体后，可以在水体中的悬浮物、底泥和水生生物体内蓄积。长期饮用这种污水，容易诱发癌症。

3.固体废物污染与人体健康

固体废物是指人类在生产和生活中丢弃的固体物质，如采矿业的废石、工业的废渣、废弃的塑料制品以及生活垃圾。应当认识到，固体废物只是在某一过程或某一方面没有使用价值，实际上往往可以作为另一生产过程的原料被利用，因此，固体废物又称"放在错误地点的原料"。但是，这些"放在错误地点的原料"往往含有多种对人体健康有害的物质，如果不及时加以利用、长期堆放、越积越多，就会污染生态环境，对人体健康造成危害。

4.噪声污染与人体健康

噪声对人的危害是多方面的：第一，损伤听力。长期在强噪声中工作，听力就会下降，甚至造成噪声性耳聋。第二，干扰睡眠。当人的睡眠受到噪声的干扰时，就不能消除疲劳、恢复体力。第三，诱发多种疾病。噪声会使人处在紧张状态，致使心率加快、血压升高，甚至诱发胃肠溃疡和内分泌系统功能紊乱等疾病。第四，影响心理健康。噪声会使人心情烦躁，不能集中精力学习和工作，并且容易引发工伤和交通事故。因此，我们应当采取多种措施，防治环境污染，使包括人类在内的所有生物都生活在美好的生态环境。

第二节　环境化学

生活中化学无处不在，小到衣食住行，大到军事领域，甚至在生命过程中也充满了各类生物化学反应，应该说化学是研究生物的基础，对生命过程奥秘的探索从来都离不开化学。环境化学（environmental chemistry）是研究化学物质，特别是化学污染物在环境中的各种存在形态及特性、迁移转化规律、污染物对生态环境和人类影响的科学，主要研究有害化学物质在环境介质中的存在、化学特性、行为和效应及其控制的化学原理和方法，是环境科学研究和环境科学的基础内容之一。

一、　概述

从学科研究任务来说，环境化学的特点是要从微观的原子、分子水平上来研究宏观的环境现象和变化的化学机制及其防治途径，其核心是研究化学污染物在环境中的化学转化和效应。

1.主要研究领域和内容

研究污染物（主要是化学污染物）在环境（包括大气圈、水圈、土壤岩石圈和生物圈）中的迁移、转化的基本规律，形成环境污染化学这一介于环境科学与化学之间的一门新兴的边缘分支学科。

研究环境中污染物的种类和成分及其定量分析方法，形成环境分析化学（常简称环境分析）。它是环境化学的分支学科。

研究环境中天然的和人为释放的化学性质的迁移、转化规律及其与环境质量和人类健康的关系，形成环境地球化学。它是介于环境与地球化学之间的一门新兴的边缘分支学科。

2.环境化学的特点

环境化学是在化学科学的传统理论和方法基础上发展起来的，以化学物质在环境中出现而引起的环境问题为研究对象，以解决环境问题为目标的一门新兴学科。综合起来有以下三个方面的特点。

（1）对象复杂　一方面，环境中的化学污染物质大多数来源于人为排放的废弃物质，也有一小部分是天然物质；另一方面，各种污染物质在环境体系中可以同时发生多种机制的化学和物理变化过程，即使是一种化学污染物质，其所含的特定元素会有不同的化合价和化学形态，这就决定了环境化学研究对象是一个组成繁杂、形态多变、机制复杂的体系。

（2）"低水平" 化学污染物质在环境中的浓度水平很低，一般仅为 10^{-6} 级或 10^{-9} 级，有时甚至可达 10^{-12} 级。与之共存的其他化学成分却大部分处于常量水平。为了对这些处于微量和痕量浓度水平的污染物质做出可靠的定性、定量检测和行为判断，不仅需要有一系列灵敏、准确和精细的现代分析测试技术，而且同时要求建立对低浓度下污染物质的物理化学和生物化学性质和行为进行探索的特殊研究技术和方法。

（3）综合性 环境化学研究还具有综合性的特点。研究化学污染物质在环境生态系中的分布、迁移、转化和归宿，尤其是它们在环境介质中的积累、相互作用和生物效应等问题，包括化学污染等物质致癌、致畸、致突变的生化机制，物质的结构、形态与生物毒性之间的相关性，多种污染物毒性的协同作用和拮抗作用的机制以及化学污染物质在食物链转移过程中的生化机制等，这些问题的研究和解决，化学无疑是主要的理论基础和技术基础，但还需要配合生物学、地学、物理学、气象学、数学等多种其他科学方法进行综合的多方面考察与分析，才能获得反映客观实际的规律和结论，企图用单一的方法去研究环境化学问题是不可取的。

二、 绿色化学

发达国家对环境的治理，已开始从治标，即从末端治理污染转向治本，即开发清洁工业技术，消减污染源头，生产环境友好产品。"绿色技术"已成为 21 世纪化工技术与化学研究的热点和重要科技前沿。

（一）概述

"绿色化学"由美国化学会（ACS）提出，目前已得到世界广泛的响应。其核心是利用化学原理从源头上减少和消除工业生产对环境的污染；反应物的原子全部转化为期望的最终产物。绿色化学又称绿色技术、环境无害化学、环境友好化学、清洁化学。绿色化学即是用化学及其他技术和方法去减少或消除那些对人类健康、社区安全、生态环境有害的原料、催化剂、溶剂、试剂、产物、副产物等的使用和产生。

传统的化学虽然可以得到人类需要的新物质，但是在许多场合中却既未有效地利用资源，又产生大量排放物，造成严重的环境污染。绿色化学则是更高层次的化学，它的主要特点是充分利用资源和能源，采用无毒、无害的原料；在无毒、无害的条件下进行反应，以减少废物向环境排放；提高原子的利用率，实现"零排放"；生产出有利于环境保护、社区安全和人体健康的环境友好的产品。

传统化学向绿色化学的转变可以看作是化学从"粗放型"向"集约型"的转变。绿色化学可以变废为宝，可使经济效益大幅度提高。

（二）原则

绿色化学的研究者们总结出了绿色化学的 12 条原则，这些原则可作为实验化学家开发和评估一条合成路线、一个生产过程、一个化合物是不是绿色的指导方针和标准。

1. 12 条原则

① 防止污染优于污染形成后处理。

② 设计合成方法时应最大限度地使所用的全部材料均转化到最终产品中。

③ 尽可能使反应中使用和生成的物质对人类和环境无毒或毒性很小。

④ 设计化学产品时应尽量保持其功效而降低其毒性。

⑤ 尽量不用辅助剂，需要使用时应采用无毒物质。

⑥ 能量使用应最小，并应考虑其对环境和经济的影响，合成方法应在常温、常压下操作。

⑦ 最大限度地使用可更新原料。

⑧ 尽量避免不必要的衍生步骤。

⑨ 催化试剂优于化学计量试剂。

⑩ 化学品应设计成使用后容易降解为无害物质的类型。

⑪ 分析方法应能真正实现在线监测，在有害物质形成前加以控制。

⑫ 化工生产过程中各种物质的选择与使用，应使化学事故的隐患最小。

2. 5R 理论

为了更明确地表述绿色化学在资源使用上的要求，人们又提出了 5R 理论。

① 减量（reduction）　减量是从省资源、少污染角度提出的。减少用量、在保护产量的情况下如何减少用量，有效途径之一是提高转化率、减少损失率；其二是减少"三废"排放量。主要是减少废气、废水及废弃物（副产物）的排放量，必须排放标准以下。

② 重复使用（reuse）　重复使用这是降低成本和减废的需要。诸如化学工业过程中的催化剂、载体等，从一开始就应考虑有重复使用的设计。

③ 回收（recycling）　回收主要包括：回收未反应的原料、副产物、助溶剂、催化剂、稳定剂等非反应试剂。

④ 再生（regeneration）　再生是变废为宝，节省资源、能源，减少污染的有效途径。它要求化工产品生产在工艺设计中应考虑到有关原材料的再生利用。

⑤ 拒用（rejection）　拒绝使用是杜绝污染的最根本办法，它是指对一些无法替代，又无法回收、再生和重复使用的毒副作用、污染作用明显的原料，拒绝在化学过程中使用。

绿色化学是人类的一项重要战略任务。绿色化学的根本目的是从节约资源和防止污染的观点来重新审视和改革传统化学，从而使人们对环境的治理可以从治标中转向治本。实行绿色化学，坚持可持续发展，把保护环境作为每一个人的信仰，保护环境，人人有责。

 致用小贴

PM2.5 对人体的危害

PM2.5 是指大气中直径小于或等于 $2.5\mu m$ 的颗粒物，也称为可入肺颗粒物。粒径 $10\mu m$ 以上的颗粒物，会被挡在人的鼻子外面；粒径在 $2.5\sim10\mu m$ 之间的颗粒物，能够进入上呼吸道，但部分可通过痰液等排出体外，另外也会被鼻腔内部的绒毛阻挡，对人体健康危害相对较小；而粒径在 $2.5\mu m$ 以下的细颗粒物，直径相当于人类头发的 1/10 大小，不易被阻挡，被吸入人体后会直接进入支气管，干扰肺部的气体交换，引发包括哮喘、支气管炎和心血管病等方面的疾病。

PM2.5 对人体健康损害极大，它能负载大量空气中的重金属等有害物质穿过鼻腔中的鼻纤毛，进入上呼吸道、肺部甚至肺泡，对人体呼吸系统、心血管系统、免疫系统、神经系统和生育能力、遗传等造成严重破坏和影响。

**目标测试**

1.主要的环境污染有哪些？各有哪些危害？

2.环境化学的主要研究领域和内容有哪些？

3.绿色化学的主要特点有哪些？

4.什么是绿色化学的"5R"原则？

资源获取步骤

第一步　微信扫描二维码

第二步　关注"易读书坊"公众号

第三步　进入公众号，在线自测或下载自测题

实 验 部 分

实验一　溶液的配制

一、实验目标

1. 学会配制各种浓度的溶液。
2. 练习托盘天平、量筒或量杯的使用方法。
3. 练习吸量管和容量瓶的使用方法。

二、仪器与试剂

1. 仪器

托盘天平、烧杯、玻璃棒、量筒或量杯（10mL 和 50mL 各一只）、滴管、表面皿、10mL 吸量管、100mL 容量瓶。

2. 试剂

氯化钠、结晶硫酸铜、$\varphi_B = 0.95$ 酒精、1.000mol/L 盐酸溶液。

三、实验原理

配制一定浓度的溶液，首先要了解所配溶液的体积、浓度大小及单位、溶质的纯度（分析纯和优级纯试剂）和溶质的摩尔质量。然后通过计算得出所需溶质的量，再进行称量或量取，在相应的容器中，加水溶解稀释到一定体积，摇匀即可。常用的计算公式为：

物质的量浓度
$$c_B = \frac{n_B}{V}$$

质量浓度
$$\rho_B = \frac{m_B}{V}$$

体积分数
$$\varphi_B = \frac{V_B}{V}$$

稀释公式
$$c_1 V_1 = c_2 V_2$$

四、实验步骤及报告

1. 质量浓度溶液的配制

配制 $\rho_B = 9g/L$ 氯化钠溶液 100mL。

用托盘天平称取固体氯化钠_____g，在小烧杯中用少量蒸馏水溶解，再定量转移至 100mL 量筒中，加水至 100mL，混合均匀，回收。

2. 体积分数浓度溶液的配制

由 $\varphi_B=0.95$ 酒精配制 $\varphi_B=0.75$ 消毒酒精 50mL。

用 100mL 量筒量取 $\varphi_B=0.95$ 酒精_____ mL，加蒸馏水至 50mL，混合均匀，回收。

3.物质的量浓度溶液的配制

（1）配制 100mL、0.1mol/L 硫酸铜溶液

用托盘天平称取固体 $CuSO_4 \cdot 5H_2O$ _____ g，在小烧杯中用少量蒸馏水溶解，再定量转移至 100mL 量筒中，加水至 100mL，混合均匀，回收。

（2）配制 100mL、0.1000mol/L 盐酸溶液

用吸量管量取 1.000mol/L 盐酸溶液_____ mL，放到 100mL 容量瓶中，加水到刻度，盖好塞子，混合均匀，回收。

实验二　化学反应速率和化学平衡

一、实验目标

1.巩固浓度、温度和催化剂对化学反应速率的影响等基本知识，加深浓度、温度对化学平衡影响等基础知识的理解。

2.体会用定量方法研究化学反应速率、化学平衡规律基本程序。

3.掌握相关的实验操作规范。

二、仪器与试剂

1.仪器

试管、试管架、胶头滴管、NO_2 平衡球。

2.试剂

0.01mol/L $KMnO_4$ 溶液、0.1mol/L $H_2C_2O_4$ 溶液、0.2mol/L $H_2C_2O_4$ 溶液、3mol/L H_2SO_4 溶液、0.1mol/L $Na_2S_2O_3$ 溶液、0.1mol/L H_2SO_4 溶液、3％的 H_2O_2 溶液、家用洗涤剂、MnO_2 粉末、0.1mol/L $K_2Cr_2O_7$ 溶液、浓 H_2SO_4 溶液、6mol/L $NaOH$ 溶液、冰水、热水。

三、实验原理

增大浓度化学反应速率加快：

$$2KMnO_4 + 5H_2C_2O_4 + 3H_2SO_4 \xrightarrow{} K_2SO_4 + 2MnSO_4 + 10CO_2 + 8H_2O$$

升高温度，反应速率加快；降低温度，反应速率减慢：

$$Na_2S_2O_3 + H_2SO_4 \xrightarrow{} Na_2SO_4 + SO_2\uparrow + S\downarrow + H_2O$$

二氧化锰能加快过氧化氢的分解，起催化作用。

在其他条件不变时，增大反应物的浓度或减小生成物的浓度，平衡向右（正反应方向）移动；增加生成物的浓度或减小反应物的浓度，平衡向左（逆反应方向）移动：

$$Cr_2O_7^{2-}（橙色）+ H_2O \Longleftrightarrow 2\,CrO_4^{2-}（黄色）+ 2H^+$$

在其他条件不变时，升高反应温度，有利于吸热反应，平衡向吸热反应方向移动；降低反应温度，有利于放热反应，平衡向放热反应方向移动：

$$2NO_2（红棕色气体）\Longleftrightarrow N_2O_4（无色气体）+ 56.9kJ$$

四、实验步骤及报告

1.影响化学反应速率的因素

（1）浓度对反应速率的影响

取两支试管，分别向试管中加入 1mL 3mol/L H_2SO_4 和 3mL 0.01mol/L $KMnO_4$ 溶液。向第一支试管中加入 2mL 0.1mol/L $H_2C_2O_4$ 溶液；向第二支试管中加入 2mL 0.2mol/L $H_2C_2O_4$ 溶液。请同学们观察两支试管里褪色时间的长短。

（2）温度对反应速率的影响

取两支试管，各加入 5mL 0.1mol/L $Na_2S_2O_3$ 溶液；另取两支试管各加入 5mL 0.1mol/L H_2SO_4 溶液；将 4 支试管分成两组（盛有 $Na_2S_2O_3$ 和 H_2SO_4 的试管各一支），一组放入冷水中一段时间后相互混合，另一组放入热水中一段时间后相互混合，请同学们观察两支试管里出现浑浊的先后顺序并记录。

（3）催化剂对反应速率的影响

① 在一支试管里加入 3％的 H_2O_2 溶液 3 mL 和合成洗涤剂（产生气泡以示有气体生成）3～4 滴，观察现象。

② 在另一支试管里加入 3％的 H_2O_2 溶液 3 mL 和合成洗涤剂 3～4 滴，再加入少量二氧化锰，观察现象。

2.化学平衡的移动

（1）浓度对化学平衡移动的影响

取两支试管，分别向试管中加入 5 mL 0.1mol/L $K_2Cr_2O_7$ 溶液，向第一支试管中加入 3～10 滴浓 H_2SO_4 溶液，向第二支试管中滴加 10～20 滴 6mol/L NaOH 溶液，观察并记录溶液颜色的变化。

（2）温度对化学平衡移动的影响

将 NO_2 平衡球分别浸泡在冰水和热水中，观察两边颜色变化并解释。

实验三　电解质溶液

一、实验目标

1.区分强电解质与弱电解质。

2.学会用酸碱指示剂及 pH 试纸测定溶液的酸碱性。

3.试验盐类水溶液的酸碱性。

4.观察难溶电解质沉淀的生成及溶解。

二、仪器与试剂

1.仪器

试管、点滴板。

2.试剂

锌粒、醋酸钠、2mol/L 盐酸、2mol/L 醋酸、浓氨水、0.01mol/L 氯化钡、0.01mol/L 硫酸钠、0.01mol/L 硝酸铅、6mol/L 盐酸、0.1mol/L 下列溶液（氢氧化钠、盐酸、碳酸

钠，氯化钠、氯化铵、氯化镁、三氯化铁、硫化钠、碘化钾、碳酸氢钠、硝酸银)、广泛 pH 试纸、红色和蓝色石蕊试纸、酚酞试液、甲基橙试液。

三、实验原理

1.强电解质在水中完全电离，弱电解质在水中部分电离

2.指示剂显色原理

$$HIn \Longleftrightarrow H^+ + In^-$$
$$\text{(酸色)} \qquad \text{(碱色)}$$

$$[H^+] = K_a \frac{[HIn]}{[In^-]}$$

指示剂的颜色变化与溶液中 $[H^+]$ 即溶液的 pH 有关。

3.盐类水解的四种情况

强碱弱酸盐：$\qquad Ac^- + H_2O \Longleftrightarrow HAc + OH^- (pH>7)$

强酸弱碱盐：$\qquad NH_4^+ + H_2O \Longleftrightarrow NH_3 \cdot H_2O + H^+ \ (pH<7)$

弱酸弱碱盐：$NH_4^+ + Ac^- + H_2O \Longleftrightarrow NH_3 \cdot H_2O + HAc$

$$K_a > K_b, (pH<7); \ K_b > K_a, (pH>7)$$

强酸强碱盐：不发生水解（pH＝7）。

4.影响盐类水解的因素

(1) 温度↑，水解度 β↑；

(2) 酸度↑，强碱弱酸盐 β↑，强酸弱碱盐 β↓。

5.溶度积原理

(1) $IP < K_{sp}$：不饱和溶液，无沉淀析出，若有沉淀，则沉淀溶解。

(2) $IP = K_{sp}$：饱和溶液。

(3) $IP > K_{sp}$：过饱和溶液，有沉淀析出。

四、实验步骤及报告

1.区别强、弱电解质

试 剂 及 用 量	现　象	结论或方程式
2mol/L HCl 1mL＋Zn 粒 1 粒		
2mol/L HAc 1mL ＋ Zn 粒 1 粒		

2.溶液的酸碱性

(1) 用酸碱指示剂指示溶液的酸碱性

溶　液	指示剂		红（蓝）石蕊试纸
	甲基橙（1 滴）	酚酞（1 滴）	
1mL H₂O			
① 酸(1mL H₂O ＋0.1mol/L HCl 2 滴)			
② 碱(1mL H₂O ＋0.1mol/L NaOH 2 滴)			

（2）用 pH 试纸指示溶液的酸碱性（置于点滴板上测定，试剂浓度均为 0.1mol/L）：

溶液	HAc	HCl	纯水	$NH_3 \cdot H_2O$	NaOH	NaCl	NH_4Cl	Na_2CO_3	$NaHCO_3$
pH 测得值									
pH 计算值									

3. 盐类的水解

（1）盐溶液的酸碱性比较（置于点滴板上测定，试剂浓度均为 0.1mol/L）：

溶液	红色石蕊试纸	蓝色石蕊试纸	pH 试纸	酸碱性
Na_2CO_3				
NaCl				
NH_4Cl				

（2）温度对盐的水解的影响

试剂及用量		条件	颜色比较	结论或方程式
取固体 NaAc 0.1g＋H_2O 4mL＋酚酞 2 滴分装 2 支试管	1	至沸 3min		
	2			

（3）酸碱度对盐类水解的影响

试剂及用量	条件	颜色比较	结论或方程式
①0.1mol/L $FeCl_3$ 2mL	至沸 1～2min		
0.1mol/L $FeCl_3$ 2mL ＋ 1mol/L HCl 5 滴			
②0.1mol/L Na_2S 2mL	小火煮沸		
0.1mol/L Na_2S 2mL＋1mol/L NaOH 5 滴			

4. 沉淀的生成和溶解

操 作 步 骤	现象	解释、结论或方程式
(1)沉淀的生成 ①0.01mol/L Na_2SO_4 1mL ＋0.01mol/L $BaCl_2$ 2～3 滴 ②0.01mol/L $Pb(NO_3)_2$ 1mL＋ 0.1mol/L KI 2～3 滴		
(2)沉淀的溶解 ①0.1mol/L $MgCl_2$ 5 滴＋0.1mol/L NaOH 4 滴,沉淀中＋6mol/L HCl 2 滴 ②0.1mol/L NaCl 5 滴＋0.1mol/L $AgNO_3$ 1 滴,沉淀中＋浓 $NH_3 \cdot H_2O$ 3 滴		

实验四　氧化还原和电极电势

一、实验目标

1. 掌握电极电势对氧化还原反应的影响。

2. 定性观察浓度、酸度对电极电势的影响。

3.定性观察浓度、酸度、温度、催化剂对氧化还原反应的方向、产物、速度的影响。

4.通过实验了解原电池的装置。

二、仪器与试剂

1.仪器

试管、烧杯、伏特计、表面皿、U 形管。

2.试剂

2mol/L HCl、浓 HNO_3、1mol/L HNO_3、3mol/LHAc、1mol/L H_2SO_4、3mol/L H_2SO_4、0.1mol/L $H_2C_2O_4$、浓 $NH_3 \cdot H_2O$（2mol/L）、6mol/L NaOH、40％ NaOH。1mol/L $ZnSO_4$、1mol/L $CuSO_4$、0.1mol/L KI、0.1mol/L $AgNO_3$、0.1mol/L KBr、0.1mol/L $FeCl_3$、0.1mol/L Fe_2（SO_4）$_3$、0.1mol/L $FeSO_4$、1mol/L $FeSO_4$、0.4mol/L $K_2Cr_2O_7$、0.001mol/L $KMnO_4$、0.1mol/L Na_2SO_3、0.1mol/L Na_3AsO_3、0.1mol/L $MnSO_4$、0.1mol/L NH_4SCN、0.01mol/L I_2 水、Br_2 水、CCl_4、固体 NH_4F、固体 $(NH_4)_2S_2O_8$、饱和 KCl、锌粒、琼脂、电极（锌片、铜片、铁片、碳棒）、水浴锅、导线、鳄鱼夹、砂纸、红色石蕊试纸。

三、实验原理

氧化剂和还原剂的氧化、还原能力强弱，可根据它们的电极电势的相对大小来衡量。电极电势的值越大，则氧化态的氧化能力越强，其氧化态物质是较强氧化剂。电极电势的值越小，则还原态的还原能力越强，其还原态物质是较强还原剂。只有较强的氧化剂才能和较强的还原剂反应。即 $\varphi_{氧化剂} - \varphi_{还原剂} > 0$ 时，氧化还原反应可以向正方向进行。故根据电极电势可以判断氧化还原反应的方向。

利用氧化还原反应而产生电流的装置，称原电池。原电池的电动势等于正、负两极的电极电势之差：$E = \varphi_正 - \varphi_负$。根据能斯特方程：

$$\varphi = \varphi^\ominus + \frac{0.05916}{n_{半}} \times \lg \frac{[氧化型]}{[还原型]}$$

式中，[氧化型]/[还原型] 表示氧化态一边各物质浓度幂次方的乘积与还原态一边各物质浓度幂次方乘积之比。所以氧化型或还原型的浓度、酸度改变时，则电极电势 φ 值必定发生改变，从而引起电动势 E 将发生改变。准确测定电动势是用对消法在电位计上进行的。本实验只是为了定性进行比较，所以采用伏特计。浓度及酸度对电极电势的影响，可能导致氧化还原反应方向的改变，也可以影响氧化还原反应的产物。

四、实验步骤及报告

1.电极电势和氧化还原反应

（1）在试管中分别加入 0.5mL 0.1mol/L KI 溶液和 2 滴 0.1mol/L $FeCl_3$ 溶液，混匀后加入 0.5mL CCl_4，充分振荡，观察 CCl_4 层颜色有何变化？

（2）用 0.1mol/L KBr 溶液代替 KI 进行同样实验，观察 CCl_4 层是否有 Br_2 的橙红色？

（3）分别用 Br_2 水和 I_2 水同 0.1mol/L $FeSO_4$ 溶液作用，有何现象？再加入 1 滴 0.1mol/L NH_4SCN 溶液，又有何现象？

根据以上实验事实，定性比较 Br_2/Br^-、I_2/I^-、Fe^{3+}/Fe^{2+} 三个电对电极电势的相对高低，指出哪个物质是最强的氧化剂，哪个物质是最强的还原剂，并说明电极电势和氧化还原反应的关系。

2. 浓度和酸度对电极电势的影响

(1) 浓度的影响

① 在两只 50mL 烧杯中，分别加入 30mL 1mol/L $ZnSO_4$ 和 30mL 1mol/L $CuSO_4$ 溶液。在 $ZnSO_4$ 溶液中插入 Zn 片，在 $CuSO_4$ 溶液中插入 Cu 片，用导线将 Zn 片和 Cu 片分别与伏特计的负极和正极相连，用盐桥连通两个烧杯溶液，测量电动势。

② 取出盐桥，在 $CuSO_4$ 溶液中滴加浓 $NH_3 \cdot H_2O$ 溶液并不断搅拌，至生成的沉淀溶解而形成蓝色溶液，放入盐桥，观察伏特计有何变化。利用能斯特方程解释实验现象。

$$2CuSO_4 + 2NH_3 \cdot H_2O = Cu_2(OH)_2SO_4 + (NH_4)_2SO_4$$
$$Cu_2(OH)_2SO_4 + 2NH_3 \cdot H_2O = 2[Cu(NH_3)_4]^{2+} + SO_4^{2-} + 2OH^-$$

③ 再取出盐桥，在 $ZnSO_4$ 溶液中滴加浓 $NH_3 \cdot H_2O$ 溶液并不断搅拌至生成的沉淀溶解后，放入盐桥，观察伏特计有何变化。利用能斯特方程解释实验现象：

$$ZnSO_4 + 2NH_3 \cdot H_2O = Zn(OH)_2 + (NH_4)_2SO_4$$
$$Zn(OH)_2 + 4NH_3 = [Zn(NH_3)_4]^{2+} + 2OH^-$$

(2) 酸度的影响

① 取两只 50mL 烧杯，在一只烧杯中注入 30mL 1mol/L $FeSO_4$ 溶液，插入 Fe 片，另一只烧杯中注入 30mL 0.4mol/L $K_2Cr_2O_7$ 溶液，插入碳棒。将 Fe 片和碳棒通过导线分别与伏特计的负极和正极相连，用盐桥连通两个烧杯溶液，测量电动势。

② 往盛有 $K_2Cr_2O_7$ 的溶液中，慢慢加入 1mol/L H_2SO_4 溶液，观察电压有何变化？再往 $K_2Cr_2O_7$ 的溶液中逐滴加入 6mol/L NaOH，观察电压有何变化？

3. 浓度和酸度对氧化还原产物的影响

(1) 取两支试管，各放一粒锌粒，分别注入 2mL 浓 HNO_3 和 1mol/L HNO_3，观察所发生的现象。写出有关反应式。浓 HNO_3 被还原后的产物可通过观察生成气体的颜色来判断。稀 HNO_3 的还原产物可用气室法检验溶液中是否有 NH_4^+ 生成的方法来确定。

气室法检验 NH_4^+：将 5 滴被检验溶液滴入一个表面皿中，再加 3 滴 40%NaOH 混匀。将另一个较小的表面皿中黏附一小块湿润的红色石蕊试纸，把它盖在大的表面皿上做成气室。将此气室放在水浴上微热 2min，若石蕊试纸变蓝色，则表示有 NH_4^+ 存在。

加入 3mL 去离子水，用 pH 试纸测定其 pH 值，再分别加入 5 滴 0.1mol/L HCl 或 0.1mol/L NaOH 溶液，测定它们的 pH 值。

(2) 在 3 支试管中，各加入 0.5mL 0.1mol/L Na_2SO_3 溶液，再分别加入 1mol/L H_2SO_4、蒸馏水、6mol/L NaOH 溶液各 0.5mL，摇匀后，往三支试管中加入几滴 0.001mol/L $KMnO_4$ 溶液。观察反应产物有何不同？写出有关反应式。

4. 浓度和酸度对氧化还原反应方向的影响

(1) 浓度的影响

① 在一支试管中加入 1mL 水、1mL CCl_4 和 1mL 0.1mol/L $Fe_2(SO_4)_3$ 溶液，摇匀后，再加入 1mL 0.1mol/L KI 溶液，振荡后观察 CCl_4 层的颜色。

② 取另一支试管加入 1mL CCl_4、1mL 0.1mol/L $FeSO_4$ 和 1mL 0.1mol/L $Fe_2(SO_4)_3$ 溶液，摇匀后，再加入 1mL 0.1mol/L KI 溶液，振荡后观察 CCl_4 层的颜色与上一实验中的颜色有何区别？

③ 在以上两个试管中分别加入固体 NH_4F 少许，振荡后观察 CCl_4 层的颜色变化。

（2）酸度的影响

在试管中加入 0.1mol/L Na_3AsO_3 溶液 5 滴，再加入 I_2 水 5 滴，观察溶液的颜色。然后用 2mol/L HCl 酸化，又有何变化？再加入 40% NaOH，有何变化？写出有关反应方程式，并解释之。

5. 酸度、温度和催化剂对氧化还原反应速率的影响

（1）浓度的影响

在两支各盛有 1mL 0.1mol/L KBr 溶液的试管中，分别加入 3mol/L H_2SO_4 和 3mol/L HAc 溶液 0.5mL，然后往两支试管中各加入 2 滴 0.001mol/L $KMnO_4$ 溶液。观察并比较两支试管中紫红色褪色的快慢。写出有关反应方程式，并解释之。

（2）温度的影响

在两支试管中分别加入 1mL 0.1mol/L $H_2C_2O_4$、5 滴 1mol/L H_2SO_4 和 1 滴 0.001mol/L $KMnO_4$ 溶液，摇匀，将一支试管放入 80℃ 水浴中加热，另一支不加热，观察两支试管褪色的快慢。写出有关反应方程式，并解释之。

（3）催化剂的影响

在两支试管中分别加入 2 滴 0.1mol/L $MnSO_4$ 溶液 1mL 1mol/L HSO_4 和少许固体 $(NH_4)_2S_2O_8$，振荡使其溶解。然后往一支试管中加入 2～3 滴 0.1mol/L $AgNO_3$ 溶液，另一支不加，微热。比较两支试管反应现象有何不同？为什么？

五、注意事项

（1）电极 Cu 片、Zn 片及导线头、鳄鱼夹等必须用砂纸打干净，若接触不良，会影响伏特计的读数，正极接在 3V 处。

（2）$FeSO_4$ 和 Na_2SO_3 必须新鲜配制。

（3）滴瓶使用时不能倒持滴管，也不能将滴管插入试管中，而要悬空，从试管上方按实验用量滴入，用完立即插回原试液滴瓶中。

（4）试管中加入锌粒时，要将试管倾斜，让锌粒沿试管内壁滑到底部。

【附注】盐桥的制法。称取 1g 琼脂，放在 100mL 饱和 KCl 溶液中浸泡一会，加热煮成糊状，趁热倒入 U 形玻璃管（里面不能有气泡）中，冷却后即成。

实验五　同离子效应和缓冲溶液

一、实验目标

1. 验证同离子效应。
2. 学会缓冲溶液的配制，试验缓冲溶液的性质。
3. 练习刻度吸量管的使用方法。

二、仪器与试剂

1. 仪器

大试管、试管、5mL 和 10mL 刻度吸量管、玻璃棒。

2.试剂

醋酸钠晶体、2mol/L 氨水、2mol/L 醋酸、1/15mol/L 磷酸氢二钠、1/15mol/L 磷酸二氢钾、0.1mol/L 盐酸、0.1mol/L 氢氧化钠、0.1mol/L 氯化钠、蒸馏水、甲基橙试液、酚酞试液、万能指示剂。

三、实验原理

1.同离子效应

在弱电解质溶液中，加入含弱电解质阴离子或阳离子的强电解质，而使弱电解质电离度 α 减小的效应。

2.缓冲作用

缓冲溶液能抵抗少量酸碱，保持溶液 pH 基本不变。

3.缓冲溶液 pH 计算公式

（1）$pH = pK_a + lg\dfrac{[共轭碱]}{[共轭酸]}$

（2）$pH = pK_a + lg\dfrac{n_B}{n_A}$

（3）$pH = pK_a + lg\dfrac{V_b}{V_a}$

4.缓冲容量

当缓冲溶液的总浓度愈大，其缓冲容量愈大；总浓度一定时，[共轭碱]＝[共轭酸] 时，其缓冲容量最大。

四、实验步骤及报告

1.同离子效应

操　作　步　骤	现象	解释、结论或方程式
（1）取两支试管，各加 H_2O 1mL，2mol/L $NH_3 \cdot H_2O$ 2 滴，酚酞 1 滴，摇匀。其中一支加 NH_4Cl 晶体少许，振荡。将二者进行比较		
（2）取两支试管，各加 H_2O 1mL，2mol/L HAc 2 滴，甲基橙 1 滴，摇匀。其中一支加 NaAc 晶体少许，振荡。将二者进行比较		

2.缓冲溶液的配制

试 剂 量	（1）	（2）	（3）
1/15mol/L Na_2HPO_4(mL)	9.5	6.2	1.2
1/15mol/L KH_2PO_4(mL)	0.5	3.8	8.8
pH（理论值）			
pH（实验值）			

3.缓冲溶液的缓冲作用

（1）缓冲溶液的稀释

试管号	缓冲溶液量	蒸馏水量	万能指示剂量	颜色变化	结论
1		2mL	1滴		
2	加自制缓冲液(2)2mL		1滴		
3	加自制缓冲液(2)1mL	1mL	1滴		
4	加自制缓冲液(2)0.5mL	1.5mL	1滴		

（2）缓冲溶液的抗酸、抗碱作用

试管号	蒸馏水或缓冲溶液或溶液的量	加酸或碱的量	颜色变化	结论
1	蒸馏水 2mL，万能指示剂 1滴	0.1mol/L HCl 1滴		
2	蒸馏水 2mL，万能指示剂 1滴	0.1mol/L NaOH 1滴		
3	缓冲液(1)2mL，万能指示剂 1滴	0.1mol/L HCl 1滴		
4	缓冲液(1)2mL，万能指示剂 1滴	0.1mol/L NaOH 1滴		
5	缓冲液(2)2mL，万能指示剂 1滴	0.1mol/L HCl 1滴		
6	缓冲液(2)2mL，万能指示剂 1滴	0.1mol/L NaOH 1滴		
7	缓冲液(3)2mL，万能指示剂 1滴	0.1mol/L HCl 1滴		
8	缓冲液(3)2mL，万能指示剂 1滴	0.1mol/L NaOH 1滴		
9	0.1mol/L NaCl 2mL，万能指示剂 1滴	0.1mol/L HCl 1滴		
10	0.1mol/L NaCl 2mL，万能指示剂 1滴	0.1mol/L NaOH 1滴		

　　附：万能指示剂（二甲氨基偶氮苯 0.6g，甲基红 0.4g，麝香草酚蓝 1.0g，溴麝香草酚蓝 0.8g，酚酞 0.2g，乙醇 100mL，0.01mol/L NaOH 溶液数滴）在不同 pH 时的颜色：

pH	4	5	6	7	8	9	10
颜色	红	橙	黄	黄绿	青绿	蓝	紫

实验六　醋酸电离常数的测定

一、实验目标

1.掌握利用酸度计测定醋酸电离常数的原理和测定方法。
2.学习酸度计的使用方法。
3.进一步理解并掌握电离平衡的概念。

二、仪器与试剂

1.仪器
PHS-3 型酸度计、50mL 容量瓶 4 只、10mL 吸量管、25mL 移液管、100mL 烧杯 5 只。
2.药品
醋酸溶液（0.2mol/L，实验室已标定）。

三、实验原理

　　本实验通过测定不同浓度醋酸溶液的 pH 值，来测定醋酸的电离平衡常数。醋酸（HAc）是弱电解质，在水溶液中存在下列电离平衡：

$$HAc \rightleftharpoons H^+ + Ac^-$$

$$K_a = \frac{[H^+][A^-]}{[HA]} = \frac{(c\alpha)^2}{c(1-\alpha)} = \frac{c\alpha^2}{1-\alpha}$$

当 $c/K_a > 400$ 时，可以认为 $1-\alpha \approx 1$，作近似处理得：

$$[H^+] = \sqrt{K_a c}$$

在一定温度下，用酸度计测定一系列已知浓度的醋酸溶液的 pH 值，根据 $pH = -lg[H^+]$，可求得各浓度 HAc 溶液对应的 $[H^+]$，代入上式可求得一系列对应的 K 值，取其平均值，即得该温度下醋酸的电离常数 K_a。

pH 计（又称酸度计）是测定溶液 pH 值的常用仪器。它的型号有多种，如雷磁 25 型、PHS-2 型、PHS-3 型等。下面介绍 PHS-3 型酸度计的使用方法。

PHS-3 型酸度计是一台 4 位十进制数字显示的酸度计，能准确测量水溶液的 pH 值（±0.01pH）及电极电位（±1mV）。仪器面板旋钮示意如下图所示。

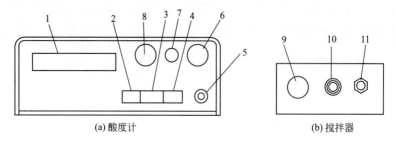

(a) 酸度计　　　　　　(b) 搅拌器

PHS-3 型酸度计面板旋钮示意图

1—显示器；2—关电源键；3—pH 按键；4—mV 按键；5—测量开关；6—定位调节器；
7—零点调节器；8—温度调节器；9—调速；10—指示灯；11—电源

PHS-3 型酸度计操作步骤如下：

1. 接通电源

把酸度计和搅拌器接到 220V 交流电源上。放开测量开关，按下 mV 按键，预热半小时。

2. 电极安装

把电极固定在电极夹上，并将电极插头插入电极插口，要求接触牢靠。

3. 零点调节与校正

4. 按下 mV 按键

5. 调节零点调节器，使数字显示在"±0.00"之间。

6. 定位

（1）向一小烧杯中倒入适量已知 pH 值的标准缓冲溶液，用去离子水洗净电极，再用滤纸轻轻吸干水，插入标准缓冲溶液中。

（2）按下 pH 按键。

（3）调节温度调节器，使指示的温度和被测标准缓冲溶液温度相同，启动搅拌器，将溶液搅拌均匀。

（4）按下测量开关键，调节定位调节器，使显示的读数和标准缓冲溶液的 pH 值相同，此时定位调节器不应再动。

7. 测量

放开测量开关。

（1）电极从一种溶液中取出后，应用去离子水冲洗（冲洗时下面放一烧杯），然后用滤纸吸干电极上的水。

（2）把电极浸在待测溶液中，将溶液搅拌均匀。

（3）按下测量开关，显示的读数即为待测溶液的 pH 值。

（4）测量完毕放开测量开关，关闭电源键，清洗电极。

四、实验步骤及报告

1. 配制不同浓度的醋酸溶液

将 4 只 50.00mL 容量瓶编成 1～4 号，用吸量管、移液管分别移取 2.50mL、5.00mL、10.00mL、25.00mL 已标定的醋酸溶液，把它们分别加入 1～4 号容量瓶中，再用蒸馏水稀释到刻度，摇匀，计算出这 4 瓶醋酸溶液的准确浓度，填入下表。加上已标定的 HAc 溶液共有 5 种不同浓度的溶液。

2. 测定醋酸溶液的 pH 值

把以上稀释的醋酸溶液和原醋酸溶液共 5 种不同浓度的溶液，按由稀到浓的次序，分别放入 5 个干燥的 50mL 烧杯中，编号 1～5 号，用酸度计分别依次测定它们的 pH 值，记录数据和室温，填入下表：

室温 _____℃

烧杯编号	$V(HAc)$ /mL	$c(HAc)$ /(mol/L)	pH 值	$[H^+]$ /(mol/L)	$c[Ac^-]$ /(mol/L)	$c[HAc]$ /(mol/L)	K_a	
							测定值	平均值
1	2.50							
2	5.00							
3	10.00							
4	25.00							
5	50.00							

3. 计算醋酸溶液的解离常数

根据实验数据计算出各溶液解离常数，求出平均值。

实验七　粗盐的提纯

一、实验目标

1. 掌握提纯 NaCl 的原理和方法。

2. 学习溶解、沉淀、常压过滤、减压过滤、蒸发、浓缩、结晶、干燥等基本操作。

二、仪器与试剂

1. 仪器

台秤、烧杯、量筒、电磁加热搅拌器、循环水泵、普通漏斗、漏斗架、布氏漏斗、吸滤瓶、蒸发皿、石棉网、酒精灯、药匙、滤纸。

2. 试剂

2mol/L HCl、2mol/L NaOH、1mol/L $BaCl_2$、1mol/L Na_2CO_3、2mol/L HAc、

0.5mol/L $(NH_4)_2C_2O_4$、25％的 KSCN 溶液、镁试剂（对硝基偶氮间苯二酚）、pH 试纸、粗食盐。

三、实验原理

化学试剂或医药用的 NaCl 都是以粗食盐为原料提纯的。粗盐中含有 Ca^{2+}、Mg^{2+}、K^+、SO_4^{2-} 等可溶性杂质和泥沙等不溶杂质。选择适当的试剂可使 Ca^{2+}，Mg^{2+}，SO_4^{2-} 等生成沉淀而除去。

首先在食盐溶液中加入过量的 $BaCl_2$ 溶液，除去 SO_4^{2-}，其反应式为：

$$Ba^{2+} + SO_4^{2-} = BaSO_4 \downarrow$$

过滤，除去难溶化合物和 $BaSO_4$ 沉淀。然后在滤液中加入 NaOH 和 Na_2CO_3 溶液，除去 Ca^{2+}、Mg^{2+} 和过量的 Ba^{2+}，反应式为：

$$Ca^{2+} + CO_3^{2-} = CaCO_3 \downarrow$$
$$Mg^{2+} + 2OH^- = Mg(OH)_2 \downarrow$$
$$Ba^{2+} + CO_3^{2-} = BaCO_3 \downarrow$$

过滤除去沉淀。溶液中过量的 NaOH 和 Na_2CO_3 可以用盐酸中和除去。

粗食盐中的 K^+ 与这些沉淀剂不起作用，仍留在溶液中。由于 KCl 在粗食盐中的含量较少且溶解度比 NaCl 大，所以在蒸发浓缩和结晶过程中 KCl 仍留在母液中，与 NaCl 结晶分离。

四、实验步骤及报告

1. 粗盐的溶解

称取 8g 粗食盐于 250mL 烧杯中，加 30mL 水，用电磁加热搅拌器加热搅拌使其溶解。

2. 除去 SO_4^{2-}

加热溶液至近沸，边搅拌边逐滴加入 1mol/L $BaCl_2$ 溶液 1～2mL。继续加热 5min，使沉淀颗粒长大而易于沉降。将烧杯取下，待沉淀沉降后，陈化半小时，在上层清液中加 1～2 滴 1mol/L $BaCl_2$ 溶液，如果出现浑浊，表示 SO_4^{2-} 尚未除尽，需继续加 $BaCl_2$ 溶液以除去剩余的 SO_4^{2-}。如果不浑浊，表示 SO_4^{2-} 已除尽。过滤，弃去沉淀。

3. 除去 Mg^{2+}、Ca^{2+}、Ba^{2+} 等

在滤液中滴加 1mL 2mol/L NaOH 和 3mL 1mol/L Na_2CO_3 溶液，加热至沸，待沉淀沉降后，在上层清液中滴加 Na_2CO_3 溶液至不再产生沉淀为止，抽滤，弃去沉淀。用 HCl 调节酸度除去 CO_3^{2-}：往溶液中滴加 2mol/L HCl，并加热搅拌，直到溶液的 pH 值约为 3～4。

4. 浓缩与结晶

把溶液倒入 250mL 烧杯中，蒸发浓缩到有大量 NaCl 结晶出现。适当冷却，用布氏漏斗进行减压过滤，尽量将结晶抽干，并用少量蒸馏水洗涤晶体 2 次，洗涤后也尽量将结晶抽干。将氯化钠晶体转移到蒸发皿中，在石棉网上用小火烘干。冷却后称量，计算产率。

实验八　硫酸铜结晶水的测定

一、实验目标

1. 了解结晶水合物中结晶水含量测定的原理和方法。

2.熟悉天平的使用。

3.学习研钵、干燥器的使用以及使用沙浴加热、恒重等基本操作。

二、仪器与药品

1.仪器

托盘天平、研钵、玻璃棒、三脚架、泥三角、瓷坩埚、坩埚钳、干燥器、酒精灯、药匙。

2.药品

硫酸铜晶体（$CuSO_4 \cdot xH_2O$）。

三、实验原理

硫酸铜晶体是一种比较稳定的结晶水合物，当加热到 150℃ 左右时将全部失去结晶水，根据加热前后的质量差，可推算出其晶体的结晶水含量。

四、实验步骤及报告（一磨、四称、两热、一算）

（1）研磨：在研钵中将硫酸铜晶体研碎（防止加热时可能发生迸溅）。

（2）称量：准确称量一个干燥洁净的瓷坩埚质量（W）。

（3）再称：称量瓷坩埚＋硫酸铜晶体的质量（W_1）。

（4）加热：小火缓慢加热至蓝色晶体全部变为白色粉末（完全失水），并放入干燥器中冷却。

（5）再称：在干燥器内冷却后（因硫酸铜具有很强的吸湿性），称量瓷坩埚和硫酸铜粉末的质量（W_2）。

（6）再加热：把盛有硫酸铜的瓷坩埚再加热，再冷却。

（7）再称重：将冷却后的盛有硫酸铜的瓷坩埚再次称量（两次称量误差≤0.1g）。

（8）计算：根据实验测得的结果计算硫酸铜晶体中结晶水的质量分数：

设分子式为 $CuSO_4 \cdot xH_2O$，则 $1 : x = \dfrac{m(CuSO_4)}{160} : \dfrac{m(H_2O)}{18}$

$$x = \frac{160(W_1 - W_2)}{18(W_2 - W)}$$

五、注意事项

① 称前研细；

② 小火加热；

③ 在干燥器中冷却；

④ 不能用试管代替坩埚；

⑤ 加热要充分，但不"过头"（温度过高，$CuSO_4$ 也分解）。

参 考 文 献

［1］ 谢吉民，等.无机化学.2版.北京：人民卫生出版社，2010.
［2］ 张天蓝，等.无机化学.6版.北京：人民卫生出版社，2012.
［3］ 周晓莉.无机化学.北京：化学工业出版社，2009.
［4］ 李华侃，等.无机化学.上海：科学普及出版社，2008.
［5］ 刘斌.无机化学.2版.北京：中国医药科技出版社，2010.
［6］ 李炳诗，李峰.无机化学.郑州.河南科学技术出版社，2012.
［7］ 刘志红.无机化学.2版.西安：第四军医大学出版社，2014.
［8］ 付煜荣，等.无机化学.7版.武汉.华中科技大学出版社，2016.
［9］ 牛秀明，等.无机化学.3版.北京：人民卫生出版社，2018.
［10］ 蔡自由，等.无机化学.3版.北京：中国医药科技出版社，2017.

元 素 周 期 表

IUPAC 2013

氧化态为单质的氧化态为0。
未列入；常见的为红色。
以 $^{12}C=12$ 为基准的原子量
（注◆的是半衰期最长同位
素的原子量）

s区元素	p区元素
d区元素	ds区元素
f区元素	稀有气体

95 ── 原子序数
Am ── 元素符号(红色的为放射性元素)
镅 ── 元素名称(注◆的为人造元素)
$5f^77s^2$ ── 价层电子构型
243.06138(2)◆

族 周期	1 I A	2 II A	3 III B	4 IV B	5 V B	6 VI B	7 VII B	8 VIII B(VIII)	9	10	11 I B	12 II B	13 III A	14 IV A	15 V A	16 VI A	17 VII A	18 VIII A(0)
1	1 H 氢 $1s^1$ 1.008																	2 He 氦 $1s^2$ 4.002602(2)
2	3 Li 锂 $2s^1$ 6.94	4 Be 铍 $2s^2$ 9.0121831(5)											5 B 硼 $2s^22p^1$ 10.81	6 C 碳 $2s^22p^2$ 12.011	7 N 氮 $2s^22p^3$ 14.007	8 O 氧 $2s^22p^4$ 15.999	9 F 氟 $2s^22p^5$ 18.998403163(6)	10 Ne 氖 $2s^22p^6$ 20.1797(6)
3	11 Na 钠 $3s^1$ 22.98976928(2)	12 Mg 镁 $3s^2$ 24.305											13 Al 铝 $3s^23p^1$ 26.9815385(7)	14 Si 硅 $3s^23p^2$ 28.085	15 P 磷 $3s^23p^3$ 30.973761998(5)	16 S 硫 $3s^23p^4$ 32.06	17 Cl 氯 $3s^23p^5$ 35.45	18 Ar 氩 $3s^23p^6$ 39.948(1)
4	19 K 钾 $4s^1$ 39.0983(1)	20 Ca 钙 $4s^2$ 40.078(4)	21 Sc 钪 $3d^14s^2$ 44.955908(5)	22 Ti 钛 $3d^24s^2$ 47.867(1)	23 V 钒 $3d^34s^2$ 50.9415(1)	24 Cr 铬 $3d^54s^1$ 51.9961(6)	25 Mn 锰 $3d^54s^2$ 54.938044(3)	26 Fe 铁 $3d^64s^2$ 55.845(2)	27 Co 钴 $3d^74s^2$ 58.933194(4)	28 Ni 镍 $3d^84s^2$ 58.6934(4)	29 Cu 铜 $3d^{10}4s^1$ 63.546(3)	30 Zn 锌 $3d^{10}4s^2$ 65.38(2)	31 Ga 镓 $4s^24p^1$ 69.723(1)	32 Ge 锗 $4s^24p^2$ 72.630(8)	33 As 砷 $4s^24p^3$ 74.921595(6)	34 Se 硒 $4s^24p^4$ 78.971(8)	35 Br 溴 $4s^24p^5$ 79.904	36 Kr 氪 $4s^24p^6$ 83.798(2)
5	37 Rb 铷 $5s^1$ 85.4678(3)	38 Sr 锶 $5s^2$ 87.62(1)	39 Y 钇 $4d^15s^2$ 88.90584(2)	40 Zr 锆 $4d^25s^2$ 91.224(2)	41 Nb 铌 $4d^45s^1$ 92.90637(2)	42 Mo 钼 $4d^55s^1$ 95.95(1)	43 Tc 锝 $4d^55s^2$ 97.90721(3)◆	44 Ru 钌 $4d^75s^1$ 101.07(2)	45 Rh 铑 $4d^85s^1$ 102.90550(2)	46 Pd 钯 $4d^{10}$ 106.42(1)	47 Ag 银 $4d^{10}5s^1$ 107.8682(2)	48 Cd 镉 $4d^{10}5s^2$ 112.414(4)	49 In 铟 $5s^25p^1$ 114.818(1)	50 Sn 锡 $5s^25p^2$ 118.710(7)	51 Sb 锑 $5s^25p^3$ 121.760(1)	52 Te 碲 $5s^25p^4$ 127.60(3)	53 I 碘 $5s^25p^5$ 126.90447(3)	54 Xe 氙 $5s^25p^6$ 131.293(6)
6	55 Cs 铯 $6s^1$ 132.90545196(6)	56 Ba 钡 $6s^2$ 137.327(7)	57~71 La~Lu 镧系	72 Hf 铪 $5d^26s^2$ 178.49(2)	73 Ta 钽 $5d^36s^2$ 180.94788(2)	74 W 钨 $5d^46s^2$ 183.84(1)	75 Re 铼 $5d^56s^2$ 186.207(1)	76 Os 锇 $5d^66s^2$ 190.23(3)	77 Ir 铱 $5d^76s^2$ 192.217(3)	78 Pt 铂 $5d^96s^1$ 195.084(9)	79 Au 金 $5d^{10}6s^1$ 196.966569(5)	80 Hg 汞 $5d^{10}6s^2$ 200.592(3)	81 Tl 铊 $6s^26p^1$ 204.38	82 Pb 铅 $6s^26p^2$ 207.2(1)	83 Bi 铋 $6s^26p^3$ 208.98040(1)	84 Po 钋 $6s^26p^4$ 208.98243(2)◆	85 At 砹 $6s^26p^5$ 209.98715(5)◆	86 Rn 氡 $6s^26p^6$ 222.01758(2)◆
7	87 Fr 钫 $7s^1$ 223.01974(2)◆	88 Ra 镭 $7s^2$ 226.02541(2)◆	89~103 Ac~Lr 锕系	104 Rf 𬬻◆ $6d^27s^2$ 267.122(4)◆	105 Db 𬭊◆ $6d^37s^2$ 270.131(4)◆	106 Sg 𬭳◆ $6d^47s^2$ 269.129(3)◆	107 Bh 𬭛◆ $6d^57s^2$ 270.133(2)◆	108 Hs 𬭶◆ $6d^67s^2$ 270.134(2)◆	109 Mt 鿏◆ $6d^77s^2$ 278.156(5)◆	110 Ds 𫟼◆ $6d^87s^2$ 281.165(4)◆	111 Rg 𬬭◆ 281.166(6)◆	112 Cn 鿔◆ 285.177(4)◆	113 Nh 鿭◆ 286.182(5)◆	114 Fl 𫓧◆ 289.190(4)◆	115 Mc 镆◆ 289.194(6)◆	116 Lv 𫟷◆ 293.204(4)◆	117 Ts 鿬◆ 293.208(6)◆	118 Og 鿫◆ 294.214(5)◆

★ 镧系

| 57 La 镧 $5d^16s^2$ 138.90547(7) | 58 Ce 铈 $4f^15d^16s^2$ 140.116(1) | 59 Pr 镨 $4f^36s^2$ 140.90766(2) | 60 Nd 钕 $4f^46s^2$ 144.242(3) | 61 Pm 钷 $4f^56s^2$ 144.91276(2)◆ | 62 Sm 钐 $4f^66s^2$ 150.36(2) | 63 Eu 铕 $4f^76s^2$ 151.964(1) | 64 Gd 钆 $4f^75d^16s^2$ 157.25(3) | 65 Tb 铽 $4f^96s^2$ 158.92535(2) | 66 Dy 镝 $4f^{10}6s^2$ 162.500(1) | 67 Ho 钬 $4f^{11}6s^2$ 164.93033(2) | 68 Er 铒 $4f^{12}6s^2$ 167.259(3) | 69 Tm 铥 $4f^{13}6s^2$ 168.93422(2) | 70 Yb 镱 $4f^{14}6s^2$ 173.045(10) | 71 Lu 镥 $4f^{14}5d^16s^2$ 174.9668(1) |

★ 锕系

| 89 Ac 锕 $6d^17s^2$ 227.02775(2)◆ | 90 Th 钍 $6d^27s^2$ 232.0377(4) | 91 Pa 镤 $5f^26d^17s^2$ 231.03588(2) | 92 U 铀 $5f^36d^17s^2$ 238.02891(3) | 93 Np 镎 $5f^46d^17s^2$ 237.04817(2)◆ | 94 Pu 钚 $5f^67s^2$ 244.06421(4)◆ | 95 Am 镅 $5f^77s^2$ 243.06138(2)◆ | 96 Cm 锔 $5f^76d^17s^2$ 247.07035(3)◆ | 97 Bk 锫 $5f^97s^2$ 247.07031(4)◆ | 98 Cf 锎 $5f^{10}7s^2$ 251.07959(3)◆ | 99 Es 锿 $5f^{11}7s^2$ 252.0830(3)◆ | 100 Fm 镄 $5f^{12}7s^2$ 257.09511(5)◆ | 101 Md 钔 $5f^{13}7s^2$ 258.09843(3)◆ | 102 No 锘 $5f^{14}7s^2$ 259.1010(7)◆ | 103 Lr 铹 $5f^{14}6d^17s^2$ 262.110(2)◆ |

电子层：K L M N O P Q